# 반도체 장비요소 기술공학

Technical Engineering of Semiconductor Equipment

최재성 지음

북스힐

# 머리말

오늘날 우리가 살아가고 있는 일상생활 중심에 반도체가 자리 잡고 있다. 4차 산업혁명의 중심이 되는 인공지능(AI), 사물인터넷(IoT), 자율주행 자동차, 스마트 공장 등 첨단 산업의 쌀이 바로 반도체다. 반도체를 제조하기 위해서는 필수적으로 반도체 장비가 필요하다. 반도체 장비는 기계 공학, 전기 및 전자 공학, 제어 공학, 광학, 물리학, 화학, 신소재 공학 등 최첨단 기술의 집약체이다. 반도체 제조 장비는 메인 프레임에 가열 장치, 플라즈마 장치, 반송 장치, 가스 및 케미컬 공급 장치 등 여러 종류의 핵심 모듈이 장착되어 있다. 각 모듈 장치는 또한 여러 가지의 부품의 조합으로 이루어져 있다. 반도체 칩 제조 공정이 점점 미세화 되면서 제조 공정에 사용되는 반도체 장비 역시 성능의 고도화가 필수적으로 요구되고 있다. 반도체 장비 성능의 향상 없이는 반도체 공정의 고도화도 불가능하다. 반도체 장치는 초정밀의 정확성(high accuracy), 장비 성능의 고 재현성(high reproducibility), 고장 없는 고 신뢰성(high reliability)이 요구된다. 또한, 장비 내부에서도 생산성 향상을 위해 공정 챔버가 여러개로 이루어져 있어 공정 챔버 간 성능의 균일성(chamber to chamber matching)이 요구된다. 즉, 성능(performance)의 극대화뿐만 아니라 편차 없는 성능의 구현이 필수적인 것이다. 이 책은 반도체 장비를 구성하는 핵심 모듈의 종류와 기능, 동작 원리와 이들 핵심 모듈을 구성하는 부품의 종류와 기능, 동작원리를 이해하는데 도움이 되고자 제작하였다. 반도체 장비는 지속적으로 발전하고 있지만 반도체 장비의 요소 기술의 원리는 기본적으로 동일하다. 본 교재는 학생뿐만 아니라 일반인들도 장비의 요소 기술에 대해 이해하기 쉽게 제작하려고 노력하였다.

본 교재는 총 10장으로 구성되어 있다.

제1장에서는 반도체 제조 공정의 개요에 대하여 기술하였다. 사진(Photo Lithography), 식각(Etch), 확산(Diffusion), 이온 주입(Ion Implantation), 박막(Thin Film), 세정(Cleaning), 평탄화(CMP) 공정에 대해 기술하였다. 반도체 제조 장비와 장비 요소 기술의 이해를 위해서는 반도체 공정에 대한 지식이 필수적으로 요구된다.

제2장에서는 반도체 제조 장비의 개요에 대하여 기술하였다. 반도체 제조 장비의 기본 구조와 동작 원리에 대해서 기술하였다.

제3장에서는 유량 조절 장치의 이해에 대하여 기술하였다. 유량 조절 장치의 종류, 기능, 장치 구성, 장치의 작동 원리에 대하여 심화 학습하도록 상세히 기술하였다.

제4장에서는 밸브 장치의 이해에 대하여 기술하였다. 밸브 장치의 종류, 기능, 장치 구성, 장치의 작동 원리에 대하여 심화 학습하도록 상세히 기술하였다.

제5장에서는 진공 장치의 이해에 대하여 기술하였다. 진공 펌프 및 진공 센서 장치의 종류, 기능, 장치 구성, 장치의 작동 원리에 대하여 심화 학습하도록 상세히 기술하였다.

제6장에서는 가열 장치의 이해에 대하여 기술하였다. 히터(Heater) 및 온도 센서, 정전척(ESC) 장치의 종류, 기능, 장치 구성, 장치의 작동 원리에 대하여 심화 학습하도록 상세히 기술하였다.

제7장에서는 냉각 장치의 이해에 대하여 기술하였다. 냉각 장치의 종류, 기능, 장치 구성, 장치의 작동 원리에 대하여 심화 학습하도록 상세히 기술하였다.

제8장에서는 플라즈마 장치의 이해에 대하여 기술하였다. 플라즈마 발생 장치 및 플라즈마 매칭 장치의 종류, 기능, 장치 구성, 장치의 작동 원리에 대하여 심화 학습하도록 상세히 기술하였다.

제9장에서는 반송 장치의 이해에 대하여 기술하였다. 웨이퍼 반송 장치의 종류, 기능, 장치 구성, 장치의 작동 원리에 대하여 심화 학습하도록 상세히 기술하였다.

제10장에서는 제어 장치의 이해에 대하여 기술하였다. 제어 장치의 종류, 기능, 장치 구성, 장치의 작동 원리에 대하여 심화 학습하도록 상세히 기술하였다.

그동안 반도체 공정이나 소자 측면에서는 많은 책들이 나와 있으나 반도체 장비 및 부품에 대한 체계적인 책들은 흔치 않았다. 최근 반도체 소부장(소재 · 부품 · 장비) 국산화에 대한 관심이 매우 뜨겁다. 이 책은 반도체 장비를 구성하는 핵심 부품(요소 기술)의 이해에 대한 갈증을 해소 시켜 주기 위해 제작되었으며 독자 여러분들에게 반도체 제조 장비와 부품(요소 기술)을 이해하는데 많은 도움이 되길 희망한다.

저자 최재성

# 차 례

1장

# 반도체 제조 공정 개요

반도체를 제조하기 위해서는 포토마스크를 사용하는 포토리소그래피 공정을 중심으로 크게 8가지 단위 공정들이 반복하여 진행하게 된다. 그 8가지 공정을 8대 공정이라 불리는데 이들 공정을 열거하면 포토리소그래피(Photo Lithography) 공정, 식각(Etch) 공정, 확산(Diffusion) 공정, 이온 주입(Ion Implantation) 공정, 박막 공정 중 화학기상증착(CVD; Chemical Vapor Deposition) 공정, 박막 공정 중 물리기상증착(PVD; Physical Vapor Deposition) 공정, 세정(Cleaning) 공정, 평탄화(CMP; Chemical Mechanical Polishing) 공정으로 분류된다. 이 들 각각의 공정을 최적화 하여야만 양품의 칩을 제조할 수 있고 원하는 수율(Yield)을 확보할 수 있게 된다. 반도체 장비 및 부품을 이해하기 위해서는 먼저 이들 8대 공정을 이해하는 것이 매우 중요하다.

## 1.1 포토리소그래피(Photo Lithography) 공정

흔히 사진(Photo) 공정이라고도 불리며 반도체 제작의 핵심 공정이다. 반도체를 제작하기 위하여서는 여러 층(Layer)들을 쌓으면서 진행하게 되는데 그 각각의 층 단계 마다 별도의 포토 마스크(Photo Mask)를 사용하여 사진 공정이 진행된다. 사진 공정을 진행하는데는 크게 다음 3단계를 거치게 되는데 첫 번째 단계는 감광액(Photo Resist) 도포(Coating)공정이며 두 번째 단계는 감광액 위에 자외선을 쏘여주는 노광(Exposure) 공정이며 세 번째 단계는 감광액을 현상(Develop) 하는 공정으로 이루어지게 된다. 공정이 끝나면 공정의 완성도 검사를 위해 원하는 수치(CD; Critical Dimension) 검사, 정렬도(Overlay) 검사, 결함(Defect) 검사 등을 수행하게 된다. 이들 공정에 대하여 자세히 살펴보도록 한다.

첫 단계인 감광액 도포 공정은 웨이퍼 위에 포토레지스트라는 감광액을 바르는 공정인데 감광액을 바르는 공정이 이루어지는 장비는 트랙(Track)이라는 장비에서 이루어진다. 트랙의 코터(Coater) 안으로 웨이퍼를 넣기 전에 웨이퍼와 포토레지스트간의 접착력을 증진시키기 위하여 HMDS(Hexa Methyl Di Silazane)를 기체화하여 웨이퍼 위에 뿌려주어 웨이퍼 표면의 OH기를 치환시켜 웨이퍼 표면을 소수성으로 만들어 웨이퍼와 포토레지스트 사이의 접착력(Adhesion)을 증가시킨다. 이 후 웨이퍼는 포토레지스트 도포를 위하여 트랙 내의 코터(Coater) 유닛으로 이송되어 진다. 포토레지스트(감광액)는 노즐(Nozzle)을 통하여 웨이퍼 위에 분사되고 웨이퍼는 코터 내의 스핀들(Spindle)위에서 고속으로 회전하면서 웨이퍼 중심에 분사된 포토레지스트가 원심력에 의해 웨이퍼 전면에 균일하게 도포(Coating)되게 된다. 포토레지스트의 두께는 스핀들 회전수, 포토레지스트의 점도(Viscosity)에 의해 결정되며 포토레지스트 온도, 습도, 배기압에 의하여 두께 균일도가 결정된다. 포토레지스트는 빛에 반응하는 감응제(PAC; Photo Active Compound), 고형제(Resin), 포토레지스트를 액상으로 유지시켜주기 위한 유기 용제(Solvent)로 구성되어 있다. 원하는 포토레지스터의 두께와 균일도를 얻기 위해서는 포토레지스트의 점도와 스핀들의 회전 속도(RPM)와 온,습도 등 코터 내의 환경을 적절히 조절하는 것이 필수적이다. 도포가 완료된 웨이퍼는 이후 Soft Bake 공정을 통하여 도포된 포토레지스트내의 Solvent를 휘발 시킨 후 웨이퍼를 쿨링(Cooling)하는 것으로 도포 공정을 마친다. 도포 공정을 마친 웨이퍼는 두 번째 단계인 노광 공정을 위하여 노광기(Exposure Tool)로 들어가 노광 공정을 진행하게 된다. 노광기는 주로 스테퍼(Stepper)나 스캐너(Scanner)가 사용되어 진다. 노광기내에서 이루어지는 노광 공정은 자외선을 만드는 광원(Light Source)을 이용하여 반도체 회로 패턴이 그려진 포토마스크를 통과한

자외선이 투영 렌즈(Projection Lenz)를 통하여 포토레지스트가 도포된 웨이퍼위에 전사되게 하는 과정이다. 통상 포토마스크 패턴의 4분의 1정도 크기로 축소 투영되어 진다. 노광 공정에서 중요한 공정 변수로는 해상도(Resolution) 와 초점 심도(DOF; Depth of Focus) 가 있다. 해상도와 밀접한 관계가 있는 것은 광원의 파장(Wave Length) 과 투영 렌즈의 개구수(Numerical Aperture) 이며 파장이 짧은 광원을 사용할수록, 개구수가 큰 렌즈를 사용할수록 해상도가 좋아진다. 그러나 초점심도(DOF)는 광원의 파장이 짧아질수록 개구수가 클수록 나빠지므로 해상도와 초점심도 사이에는 역비례 관계로 트레이드오프(Trade- Off) 관계가 있으므로 공정 진행시 이점을 유의하여 진행하여야 한다. 노광이 끝난 웨이퍼는 마지막 단계인 현상(Develop) 공정을 진행하기 위해 다시 트랙장비로 이송된다. 현상을 위해서는 트랙 장비 내 디벨로퍼(Developer) 유닛으로 이송되는데 디벨로퍼에 이송 전에 노광 공정에서 발생한 포토레지스트 단면의 정상파(Standing Wave) 모양을 없애 주기 위해 PEB(Post Expose Bake) 유닛(Unit)에서 열을 가하여 정상파 단면을 직선에 가깝게 수정하여 준다. 이 후 웨이퍼를 쿨링시킨 후에 디벨로퍼 유닛으로 웨이퍼를 이송하여 빛을 받은 포토레지스트를 TMAH(Tetra Methyl Ammonium Hydroxide)라는 알칼리성 현상 용액을 물과 희석시켜 웨이퍼 위에 노즐을 통하여 분사시켜 주여 감광된 포토레지스트를 제거시켜 준다. 이 과정에서 과다하게 현상할 경우 패턴의 크기가 작아지고, 현상이 부족할 경우는 포토레지스트가 잔류하거나 패턴의 크기가 작아지게 됨으로 주의하여야 한다. 따라서 현상 시간, 현상 온도, 현상액의 농도 제어에 유의하여야 한다. 이와 같이 포토레지스트 현상 공정이 끝나면 최종적으로 패터닝 된 포토레지스트 내의 잔존하는 용매(Solvent)를 날려주고 포토레지스트의 최종 모양을 만들어 주기 위해 Hard Bake를 실시한 후 실온으로 쿨링 시킨 다음 웨이퍼를 트랙에서 언로딩(Unloading)하여 다음 공정으로 보낸다.

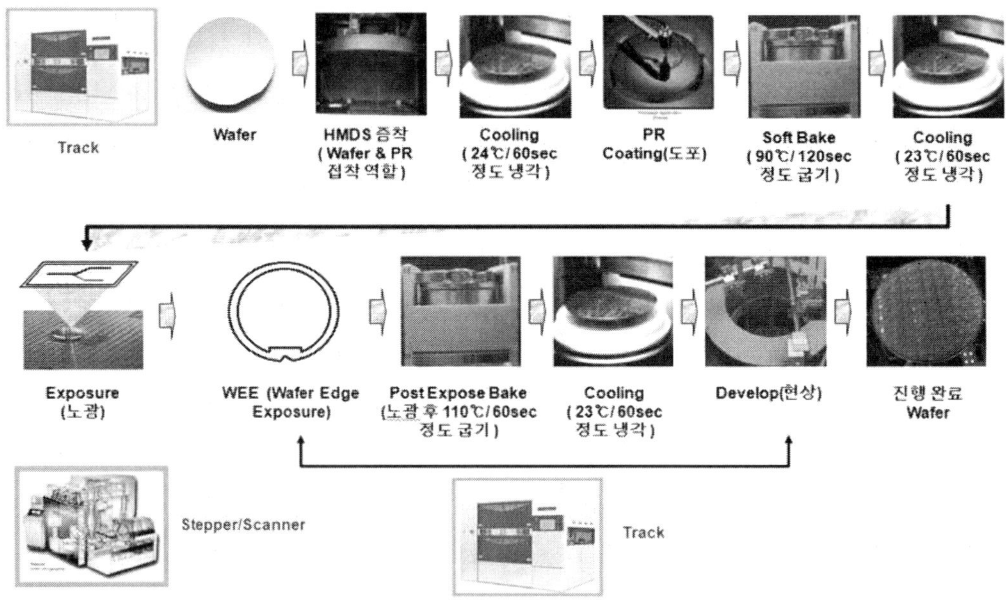


그림 1.1.1 포토리소그래피 공정 흐름도

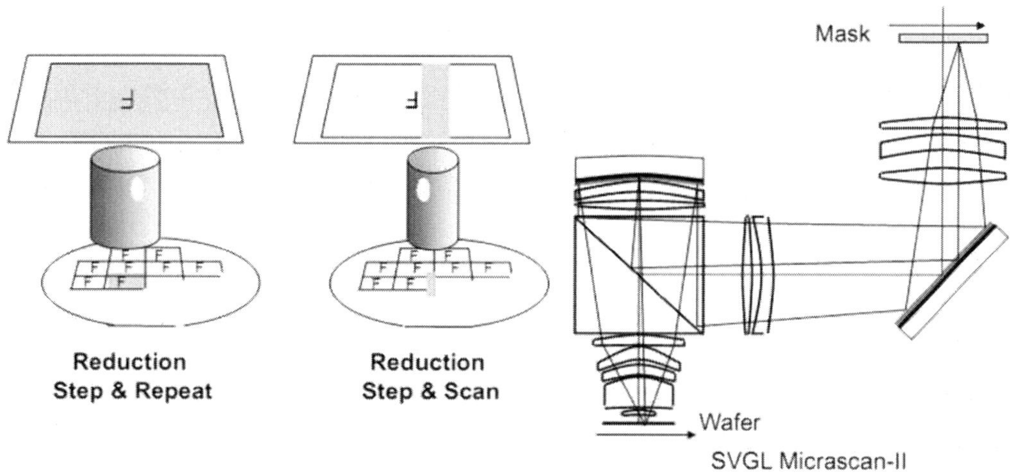


그림 1.1.2 축소투영 노광기(Stepper & Scanner)

## 1.2 식각(Etching) 공정

사진공정(포토리소그래피공정)이 완료된 웨이퍼는 다음 공정인 식각 공정으로 통상 넘어간다. 식각 공정이란 웨이퍼 표면에 원하는 회로 패턴을 만들어 주기 위해 화학 물질(Chemical) 이나 반응성 가스(Gas)를 사용하여 사진 공정에서 포토레지스트가 제거된 부분에 식각 물질을 침투시켜 하부 물질(일반적으로 박막)을 제거시키는 공정을 말한다. 식각의 종류에는 화학 물질을 사용하는 습식 식각(Wet Etching)과 반응성 가스를 사용하는 건식 식각(Dry Etching)으로 크게 나눌 수 있다. 습식식각의 특성은 등방성 식각(Isotropic Etching) 특성을 나타낸다. 등방성 식각이란 식각 반응이 수직 방향과 수평 방향으로의 식각이 동시에 같은 식각율(Etch Rate)을 가지며 일어나는 특징을 갖는다. 습식 식각의 장점으로는 식각 반응시 원하는 식각 대상물 외에는 식각이 잘 일어나지 않아 식각 선택비(Selectivity)가 매우 우수한 반면에 등방성 식각 프로파일로 식각 후 패턴 치수(CD; Critical Dimension)가 손실(loss)되는 경향이 있다. 반면에 건식 식각의 특성은 이방성 식각(Anisotropic Etching) 특성을 나타낸다. 이방성 식각이란 식각 반응이 수직 방향으로만 일어나고 수평 방향으로는 거의 일어나지 않는 특징을 가진다. 건식 식각의 장점으로는 이러한 식각 프로파일을 갖는 특성으로 인하여 식각 후 패턴 치수의 손실이 거의 없다. 반면에 습식 식각에 비하여 상대적으로 식각 선택비가 떨어지는 단점을 갖고 있다. 최근에는 반도체 칩 사이즈가 점점 작아짐에 따라 패턴 폭이 따라서 작아지는 경향으로 인하여 CD 손실이 거의 없는 건식 식각을 주로 사용한다. 다만 일부 산화막 식각이나 질화막 식각, 포토레지스트 잔류막 제거 등에는 아직도 습식 식각을 사용하기도 한다. 이에 최근에 많이 사용하는 건식 식각에 대하여 좀 더 자세히 살펴 보기로 한다.

건식 식각 과정을 설명하면 식각 대상 물질과 반응하는 가스를 가스 공급 장치를 통하여 공정 챔버(Process Chamber)내로 주입시킨 후 챔버 내에 전기장(경우에 따라서는 자기장도 함께 인가)을 인가하여 챔버 내의 가스에 플라즈마(Plasma)를 발생시키면 가스는 이온(Ion), 라디칼(Radical), 전자(electron) 상태로 변화되며 이들 이온과 라디칼이 건식 식각 반응에 기여하게 된다. 플라즈마 발생 장치를 RF(Radio Frequency) Generator라고 하며 통상 교류 13.56MHz 주파수를 갖는다. 플라즈마 소스(Source)는 주로 CCP(Charge Coupled Plasma) 또는 ICP(Inductively Coupled Plasma) 방식을 주로 사용한다. 또한 플라즈마 발생장치인 RF Generator에서 공급된 Power가 손실 없이 Chamber에 전달되도록 RF Generator와 공정 Chamber 사이에 RF 정합장치(Matcher)를 장착한다. 건식 식각 메커니즘은 크게 화학적 식각(Chemical Etching), 물리적 식각(Physical Etching), 이온 반응성 식각(Reactive Ion Etching; RIE)으로 구분할 수 있다. 화학적 식각은 주로 플라즈마 상태에서 발생한 라디칼(Radical)이라는 여기(excitation)된 중성 원자 또는 분자들이 웨이퍼 상 식각 대상 물질(주로 박막층)과 화학적 결합을 일으켜 휘발성 화합물로 치환되어 떨어져 나가면서 식각이 일어나는 원리이다. 반면에 물리적 식각은 주로 플라즈마 상태에서 발생한 이온(Ion)들이 웨이퍼 상 식각 대상 물질(주로 박막층)을 물리적인 충돌 에너지를 가하여 식각 부분을 떼어 내는 원리이다. 이온 반응성 식각은 화학적 식각과 물리적 식각을 동시에 이용하는 식각 방법으로 화학적 식각, 물리적 식각만 단독으로 일어나는 경우보다 훨씬 반응성이 좋아 식각률(Etch Rate)이 높아진다. 이렇게 크게 3가지 식각 원리를 통하여 식각이 일어난다. 식각 과정에서 발생한 화합물들은 가스 상태로 진공 펌프를 통해 공정 챔버 밖으로 배출이 되며 배출된 가스들은 스크러버(Scrubber)라는 정화 장치를 통해 정화된 후 대기로 방출된다.

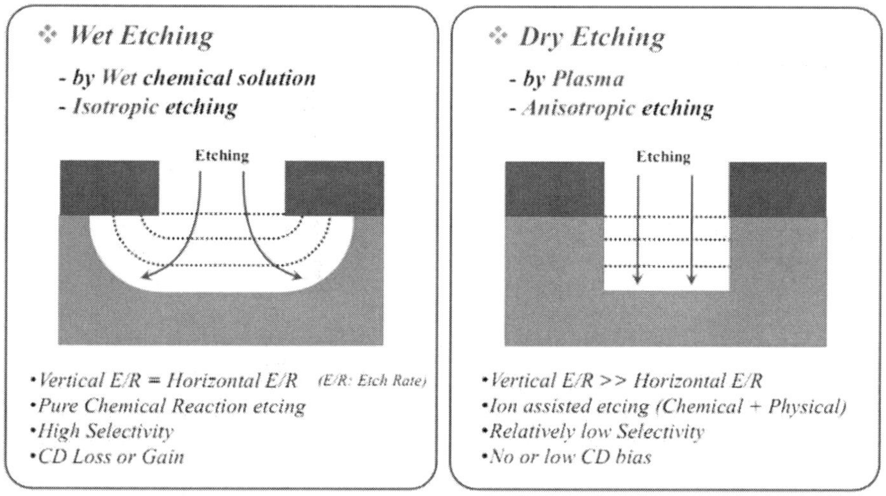


그림 1.2.1 식각 종류(습식 식각과 건식 식각)

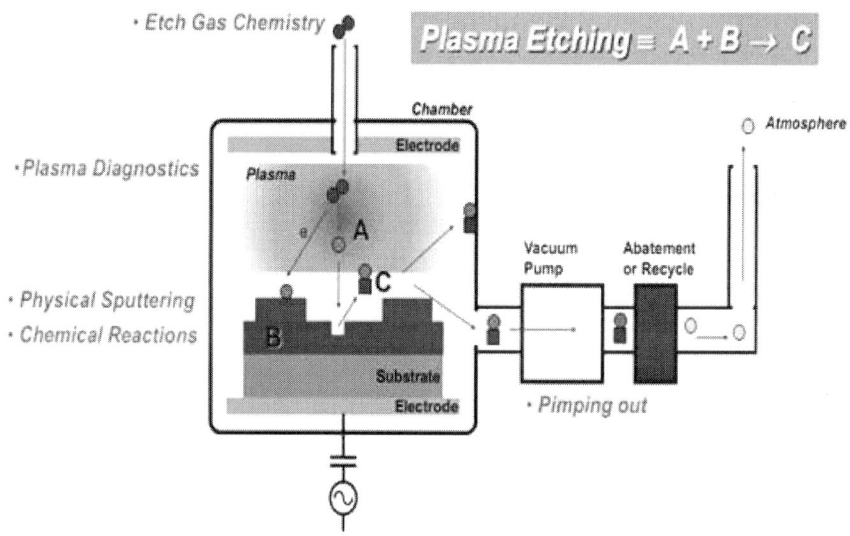


그림 1.2.2 건식 식각 시스템

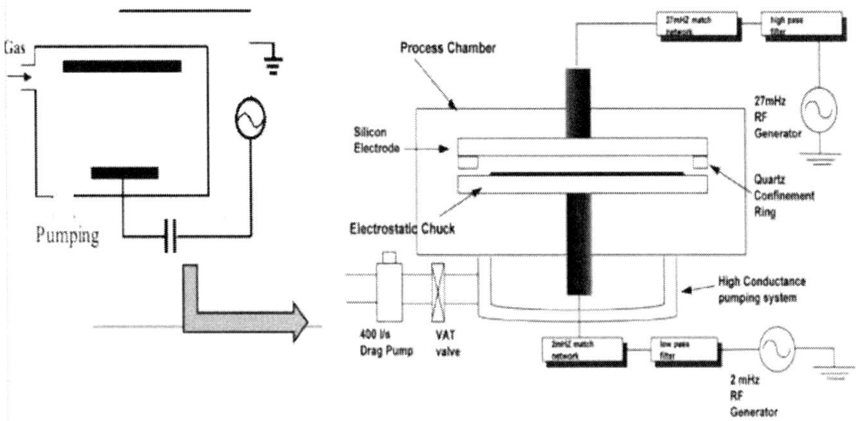


그림 1.2.3 플라즈마 소스 (CCP)

## 1.3 확산(Diffusion) 공정

확산(Diffusion)이란 의미는 원자나 분자 등의 물질이 퍼지는 현상을 말하는데 확산이 이루어진다는 의미는 농도가 높은 곳에서 낮은 곳으로 물질이 이동한다는 의미이다. 따라서 확산이 일어나기 위해서는 농도 구배(기울기;Gradient)가 있어야 하며 또한 확산이 일어나기 위해서는 에너지가 필요하다. 반도체 제조 공정에서 확산이 일어나는데 필요한 에너지는 열에너지(Thermal Energy) 이다. 반도체 제조 공정에서의 확산 공정은 크게 둘로 나눌 수 있는데 가장 대표적인 것이 열 산화(Thermal Oxidation) 공정이고 두 번째가 불순물 확산 (Impurity Diffusion)공정이다. 먼저 열 산화 공정에 대하여 알아보자. 열 산화는 산소($O_2$)나 수증기($H_2O$)와 같은 산화제(Oxidant)를 공정 챔버(통상 Diffusion Furnace라 불리는 확산로 내 석영 튜브(Quartz Tube))내로 가스(gas) 형태로 주입시킨 후 확산로 내를 고온(통상 800~1,000℃)으로 올려 이들 산화제가 열 확산에 의하여 실리콘 웨이퍼와 반응을 하여 산화막(oxide film; $SiO_2$)을 형성한다. 산화 방법은 산화제의 종류에 따라 달라진다. 산화제로 순수한 산소($O_2$)를 사용하는 방법을 건식 산화(Dry Oxidation)라고 하며, 산소($O_2$)와 수소($H_2$)를 혼합하여 수증기($H_2O$)를 만들어 사용하는 방법을 습식 산화(Wet Oxidation)이라 한다. 통상 습식 산화 방법이 건식 산화 방법에 비해 산화 성장 속도(Oxidation Growth Rate)가 높은 반면 막질의 밀도(Density)는 건식 산화에 비하여 다소 떨어진다. 산화 속도는 건식 산화, 습식 산화 모두 온도 의존성을 갖는데 온도가 높아지면 산화 속도가 증가한다. 또한 산화 속도는 웨이퍼 기판의 결정 방향에 따라서도 달라지는데 통상 결정 방향이 (111)경우가 (100) 경우 보다 산화 속도가 다소 높다. 또한 산화 속도는 공정 챔버내의 압력에 따라서도 차이가 있는데 압력이 낮은 경우 보다 압력이 높은 경우가 산화 성장 속도가 빠르다. 확산로로는 과거에는 수평확산로(Horizontal Diffusion Furnace)를 사용하였는데 최근에는 거의 대부분의 경우 수직확산로(Vertical Diffusion Furnace)를 사용한다. 수직확산로를 사용하면 클린룸 내 장비 점유 면적을 줄일 수 있고, 웨이퍼 위에 형성되는 자연 산화막(Native Oxide)의 발생도 줄일 수가 있어 산화막 품질도 수평확산로를 사용한 것과 비교하여 우수하게 제어할 수 있는 장점이 있다.

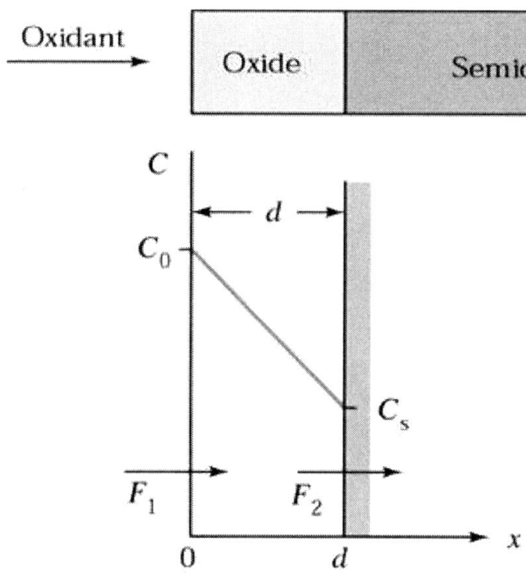


그림 1.3.1 열 산화 모델

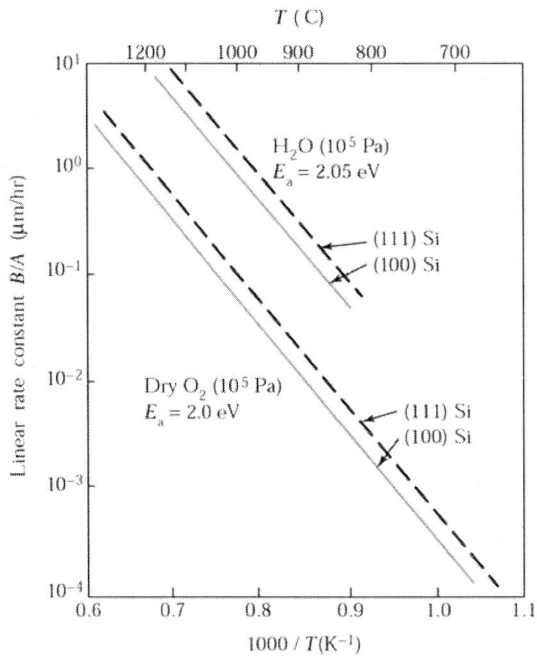


그림 1.3.2 산화 성장 속도와 온도 상관관계

이번에는 두 번째 확산 공정인 불순물 확산(Impurity Diffusion)에 대해 살펴보자. 반도체에서의 불순물 확산이란 대표적인 n-type 불순물인 인(P; Phosphorous) 이나 비소(As; Arsenic), 대표적인 p-type 불순물인 붕소(B; Boron)와 같은 물질을 실리콘 웨이퍼에 의도적으로 주입하는 것을 말한다. 이러한 불순물이 들어가야 반도체가 전기적으로 활성화(Activation)가 되는 것이다. 이러한 불순물을 웨이퍼에 침투 시키는 방법에는 크게 두 가지 방법이 있는데 그 첫 번째 방법이 불순물 확산 방법이고, 두 번째 방법이 다음 2.4 이온주입 공정에서 소개할 이온주입(Ion Implantation) 방법이다. 불순물 확산 방법은 불순물을 고체 또는 액체 또는 가스 상태로 확산로 (Diffusion Frurnace)내로 주입시킨 후 고온의 열에너지를 가하면(통상 800~1200℃) 처음에는 불순물들이 웨이퍼 표면에 일정한 농도로 증착이 일어나고(pre-deposition) 이 후 점차 시간이 경과하면서 시간에 따라 불순물이 실리콘 웨이퍼 내부로 확산이 일어난다(drive-in). 확산되는 깊이와 농도는 각각 불순물 종류, 불순물 농도, 확산로 내의 온도와 확산 시간의 함수이며 통상 온도와 시간이 길수록 확산 깊이가 깊어진다. 불순물 종류에 따라 확산되는 정도(확산계수; D; Diffusion Coefficient)도 다르다. 따라서 이들 확산과 연관되는 변수(Parameter)

들을 잘 제어하면 확산 농도와 확산 깊이를 잘 제어할 수 있다. 확산의 농도와 깊이는 각각 4-포인트 프루브(4-point probe)와 SIMS(Secondary Ion Mass Spectroscopy)라는 계측 장치를 사용하여 면저항(Sheet Resistance) 및 불순물 분포를 측정할 수 있다.

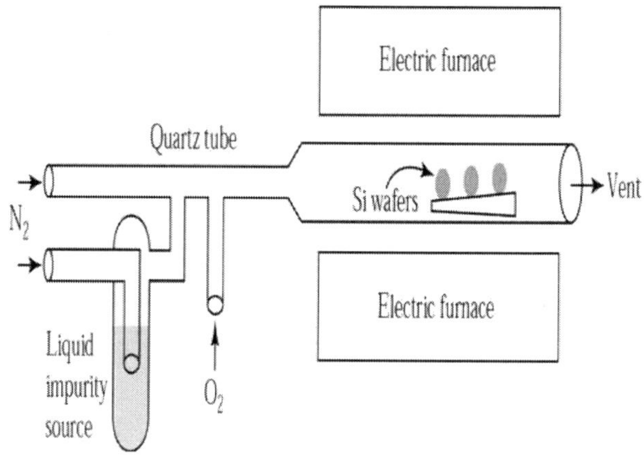


그림 1.3.3 불순물 확산 장치 개념도

## 1.4 이온 주입 (Ion Implantation) 공정

이온 주입(Ion Implantation)이란 불순물을 함유한 가스를 이온 상태로 추출한 후 이를 빔(Beam) 형태로 만들어서 이온에 고전압을 걸어서 이온에 운동에너지(Kinetic Energy)를 실어서 빔을 가속(Acceleration)시켜서 실리콘 웨이퍼 내부로 침투시키는 불순물 주입 방법을 말한다. 확산로에서 진행하는 불순물 확산 방법에 비하여 저온에서 진행할 수 있고, 진공 상태에서 진행되므로 오염의 위험이 덜하며, 측면 확산(Lateral Diffusion)이 발생하지 않기 때문에 원하는 지역만 불순물 주입을 정교하게 제어할 수 있는 장점이 있다. 하지만 열확산 방법에 비하여 장비가 고가이며 이온에 에너지를 주어 실리콘 웨이퍼 내의 격자를 이루는 원자들과의 충돌하므로 이로 인하여 실리콘의 격자 손상을 가져오는 단점이 있다. 그러나 이러한 단점에도 불구하고 최근에는 정교한 이온 주입 제어가 가능하다는 장점 때문에 불순물 주입은 주로 이온 주입 공정으로 진행하고 있다. 이온 주입에 있어서 중요한 제어 요소는 정확히 원하는 불순물 원소(도판트(dopant)라고 칭함)를 추출하여 원하는 불순물 농도로 원하는 깊이만큼 웨이퍼 전면에 균일하게 주입하는 것이라 할 수 있다. 이를 위해서는 이온 주입 공정의 공정 파라미터(parameter)들을 잘 제어하여야 한다. 깊이 제어를 위해서는 이온을 가속시키는데 필요한 에너지(가속전압과 전하수의 곱)를 잘 제어하여야 하며 일반적으로 동일 도판트(dopant)의 경우 가속 에너지를 높이면 이온 주입 깊이를 깊게 할 수 있으며 얕은 주입을 원하면 가속 에너지를 낮추면 된다. 통상 가속 에너지는 10~800 eV 범위이다. 물론 매우 깊은 곳에까지 주입하는 경우에는 MeV 범위에서도 진행하기도 한다. 또한 도판트 종류에 따라 같은 에너지를 주더라도 주입 깊이가 달라진다. 일반적으로 가벼운 도판트 경우가 무거운 도판트의 경우에 비해 같은 에너지를 인가하였을 때 더욱 깊이 들어간다. 또 하나 중요한 공정 파라미터인 불순물 농도는 통상 도즈(Dose)라고 표현하는데 이는 단위면적당 주입되는 이온의 개수를 말하며 도즈는 전기적인 값인 빔전류(Beam Current)로 제어할 수 있는데 빔전류는 단위 시간 당 주입 이온수와 정비례 관계에 있다. 즉 빔전류를 높이면(High Current) 불순물 농도를 높일 수가 있고 빔전류를 낮추면(Medium Current) 불순물 농도를 낮출 수 있다. 통상 빔전류는 mA단위로 나타낸다. 불순물 주입 농도는 원하는 지역의 농도 규격치(Specification)에 따라 빔전류와 주입 시간을 제어하면 된다.

이온주입에 의해 형성되는 농도 분포는 이온이 운동 에너지를 갖고 실리콘 격자 속으로 들어가면서 격자들과 충돌 및 산란에 의해 저항을 받다가 결국에는 운동에너지가 소멸되며 멈추게 된다. 이런 과정에서 이온은 실리콘 웨이퍼 내로 직진으로 똑바로 들어가지 못하고 충돌에 의한 궤적을 그리는데 이 이온이 그리는 궤적을 R(Range)이라고 하며 궤적이 웨이퍼 표면과 수직한 거리를 투영거리 Rp (Projection Range)라고 한다. Rp를 중심으로 이온 농도의 분포는 가우시안(Gaussian) 분포를 이룬다, 다만 일부의 이온들은 실리콘 격자와의 충돌이 없이 뚫고 들어가 원하는 깊이보다 깊숙한 거리까지 침투하는 경향이 있는데 이러한 경향을 채널링(Channeling)이라고 한다. 이러한 채널링 현상이 많이 생기면 농도 분포가 원하는 깊이 이상으로 되므로 스펙 범위를 벗어나게 된다. 따라서 이를 방지하는 노력이 필요하다. 여러 가지 방법이 있는데 가장 대표적인 방법이 웨이퍼를 기울여서 이온의 채널링을 방지하는 것이다.

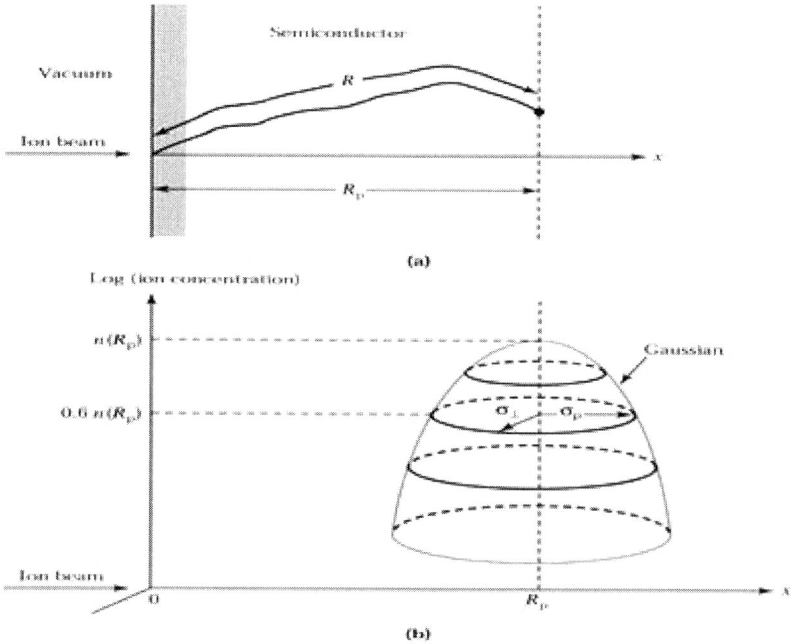


그림 1.4.1 이온 주입 궤적 및 이온 농도 분포도

이온 주입 공정에 문제점은 이온 주입과정에서 발생하는 격자 손상(Lattice Damage) 문제이다. 이온이 운동에너지를 가지고 실리콘 격자와 충돌하면서 실리콘 격자에 손상(Damage)을 주어 격자 위치 의 변형 등 격자 결함을 발생시킨다. 이러한 격자 결함은 이온의 질량이 클 경우 더욱 심각한 손상을 가져온다. 이러한 격자 손상이 일어나게 되면 아무리 불순물들이 주입되어도 전기적으로 활성화가 되지 못한다. 따라서 이러한 격자 손상을 이온 주입 전 상태로 복구를 시켜주어야만 주입된 불순물들이 전기적으로 활성화(Electrically Activation)가 된다. 이러한 손상된 격자를 원래 상태로 만들어주기 위하여서는 열처리(Thermal Annealing)가 반드시 필요하다. 열처리 방법은 크게 두 가지로 나눌 수 있다. 첫 번째 방법은 수직 확산로(Vertical Diffusion Furnace)를 사용하는 방법이다. 800~1000℃ 의 고온에서 장시간(약 4~6시간 정도) 열처리를 하여 복구하는 방법이다. 두 번째 방법은 RTP(Rapid Thermal Processor)라는 급속 열처리 시스템을 사용하는 방법으로 할로겐 램프를 가열하여 고온에서(약 1000℃ 이상) 수~수십 초 동안의 짧은 시간 안에 열처리를 하는 방법이다. 수직 확산로를 사용하는 경우보다 시간이 짧고, 도판트의 2차 확산을 방지할 수 있다는 장점 때문에 최근에는 이 방법이 수직 확산로를 이용하는 방법보다 많이 쓰인다.

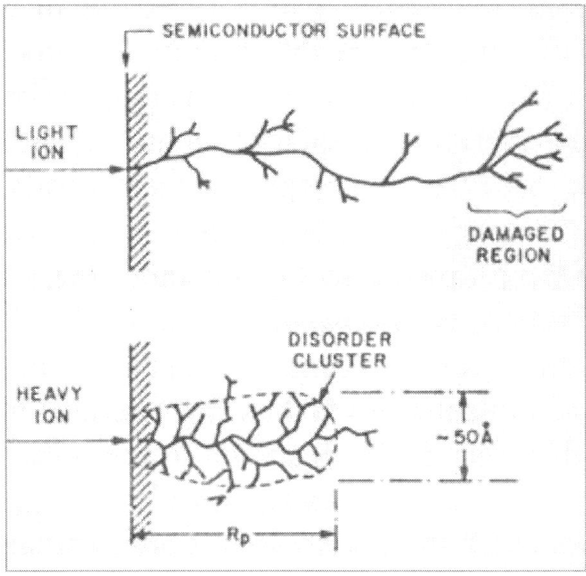


그림 1.4.2 이온 주입에 의한 격자 손상도

## 1.5 박막(Thin Film) 공정 - 화학기상증착(Chemical Vapor Deposition) 공정

박막이란 얇은(Thin) 막(Film)을 웨이퍼 상에 증착(Deposition) 하는 공정으로 크게 두 가지 방법으로 나눌 수 있는데 그 첫 번째 방법이 화학기상증착(CVD; Chemical Vapor Deposition) 방법이고, 두 번째 방법이 물리기상증착(Physical Vapor Deposition) 방법이다. 이들 박막의 용도는 주로 절연체 또는 금속 전도체로 주로 사용되어 진다. 이번 챕터에서는 화학기상증착에 대하여 알아보도록 한다.

화학기상증착(CVD)이란 화학 반응 가스를 공정 챔버내로 주입하여 챔버 내에서 반응 기체들이 화학적으로 반응하여 기판 위에 박막 형태로 증착하는 방법이다. 이 방법은 두께 조절이 용이하고 박막의 피복 형태(Step Coverage)가 우수하여 여러 종류의 절연막과 금속 박막을 형성하는데 사용된다. 박막 공정이 일어나는 공정 챔버내의 압력 및 방식에 따라 크게 APCVD(Atmospheric Pressure CVD), SACVD(Sub-Atmospheric

Pressure CVD), LPCVD(Low Pressure CVD), PECVD(Plasma Enhanced CVD)로 나눌 수 있다. 이들 방법은 모두 반응 가스들을 분해하기 위한 반응 에너지 소스(Source)로 열 에너지(Thermal Energy)를 사용하며 특히 PECVD 방법은 열 에너지에 더하여 플라즈마(Plasma)를 추가 에너지 소스로 사용한다. 각 방식의 특징을 살펴보면 APCVD 방식은 대기압(760 Torr) 상태에서 진행하며 주입되는 화학 가스들의 반응이 다른 방식보다 높아서 빠른 시간내에 증착이 이루어진다. 즉, 증착 속도(Deposition Rate)가 빠른 장점이 있다. 반면에 박막의 피복 상태가 다른 방식에 비해 떨어지고, 막의 밀도(Density)가 치밀하지 못하며, 파티클(Particle) 발생으로 인한 오염(Contamination) 문제를 야기시킬 수 있는 단점이 있다. 이를 극복하기 위하여 APCVD 방식보다 다소 낮은 압력(~수 Torr 범위)에서 진행하는 SACVD가 있다. 이는 APCVD 장점을 살리면서도 APCVD 단점을 보완할 수 있는 방법으로 APCVD 대안 공정으로 주로 사용된다. LPCVD 방식은 반응 원리는 APCVD나 SACVD와 유사하나 이들 방법보다 훨씬 챔버 안의 압력을 낮춰(수십~수백 mTorr 범위)서 사용한다. 압력을 낮추게 되면 챔버 내의 반응 가스들의 평균자유행로(Mean Free Path) 가 길어져서 반응 가스들이 패턴 깊숙한 곳까지 침투하여 박막을 균일하게 입힐 수 있는 장점이 있어 많이 사용된다. 압력을 낮추기 위해서는 진공 펌프(Vacuum Pump)를 공정 챔버와 연결시켜서 챔버내의 압력을 원하는 압력으로 제어할 수 있다. 또한 공정 챔버내의 반응하고 남은 잔여 부산물도 진공 펌프를 이용하여 함께 배출할 수 있기 때문에 파티클 발생 등 오염원을 제거할 수 있는 장점이 있다. PECVD 방식은 플라즈마를 사용하여 반응 가스를 이온화 시켜서 반응성을 좋게 할 수 있으며 LPCVD에 비하여 챔버내의 공정 압력은 비슷하나 LPCVD 경우(300~900℃) 보다 저온(300~400℃)에서 공정을 진행할 수 있는 장점이 있다. 다만 PECVD 방식은 LPCVD 방식에 비하여 공정 제어에 필요한 파라미터들이 많고 시스템 구성이 복잡하다는 단점이 있다. PECVD 방식 중 플라즈마의 밀도를 높여서 사용하는 HDP(High Density Plasma CVD) 방식 개발되어 사용되고 있는데 이 방식은 증착(Deposition)과 식각(Etching)을 번갈아 가며 진행하여 단차의 피복성을 개선하는 데 효과적으로 사용되고 있다.

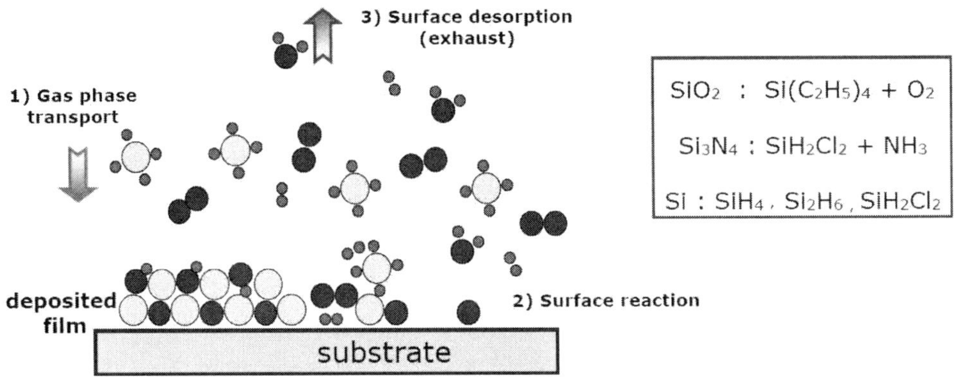


그림 1.5.1 CVD 증착 메커니즘 모식도

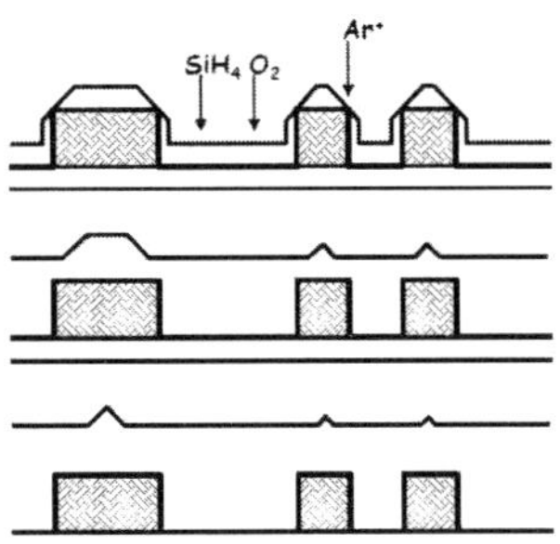


그림 1.5.2 HDPCVD 증착 후 프로파일 모식도

## 1.6 박막(Thin Film) 공정 - 물리기상증착(Physical Vapor Deposition) 공정

박막 증착의 두 번째 방법이 물리기상증착(Physical Vapor Deposition) 방법이다. 이번 챕터에서는 물리기상증착에 대하여 알아보도록 한다. 물리기상증착 방법에는 크게 둘로 나뉠 수 있는데 첫 번째 방법이 스퍼터링(Sputtering) 이란 방법이다. 스퍼터링 이란 '튀기다'라는 뜻으로 타겟(Target)이라 불리는 원통형 고체의 덩어리 표면이 장착된 (타겟은 주로 챔버내의 음극 전극에 연결된다) 공정 챔버내에 강한 전기장(DC 또는 RF를 이용하며 추가적으로 자석(Magnet)을 이용하기도 한다)을 걸어서 챔버 내에 주입된 기체(주로 아르곤(Ar))를 플라즈마 상태로 만들어 이온화된 $Ar^+$ 원자가 타겟 표면 방향으로 강한 운동 에너지를 가지고 가속되면서 타겟 표면과의 충돌에 의해 그 타겟의 표면에 있는 원자나 분자를 타겟 표면 밖으로 튀어나오게 하는 현상을 말한다. 타겟 물질은 웨이퍼 기판에 증착될 물질로 이루어져 있으며 스퍼터링된 타겟의 원자 나 분자는 직진성을 갖고 웨이퍼 위에 눈이 쌓이듯 증착된다. 공정 챔버내에는 이들 원자나 분자의 직진성을 좋게 할 수 있도록 고진공 펌프(Cryogenic Pump)를 사용하여 챔버내를 고진공 상태로 만든다. 원자나 분자의 직진성을 좋게 하게 되면 단차가 깊은 형태에서도 증착 상태가 균일하게 일어나게 할 수 있는 장점이 있다. 스퍼터링이 일어날 때 $Ar^+$ 이온은 타겟과의 충돌에 의해 대부분은 타겟에 박혀 열로서 손실되고 일부 $Ar^+$ 이온만이 타겟 입자를 떼어내는데 기여를 한다. 이러한 기여를 스퍼터링 효율이라고 하는데 생산성을 높이기 위해서는 스퍼터링의 효율을 높이는 것이 매우 중요하다.

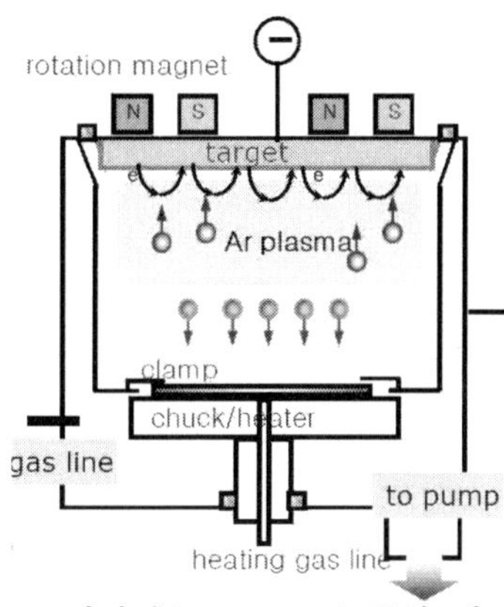


그림 1.6.1　스퍼터링(Sputtering) 증착 메커니즘 모식도

두 번째 방법은 진공 증발법(Vacuum Evaporation)이란 방법이 있다. 진공 증발법은 웨이퍼 기판에 증착할 박막과 동일한 재료(Source)를 고체 또는 액체 상태로 용기에 담아 이 재료를 열(Thermal)이나 전자 빔(Electron Beam)을 사용하여 기화(Evaporation) 시킨 후 기화된 재료를 웨이퍼 기판위에 증착시키는 방법이다. 용기 내 물질의 용융점이 낮은 물질(예:금(Au))은 주로 열을 사용하여 증착하고(Thermal Evaporation), 용융점이 높은 물질(예;텅스텐(W))은 주로 전자 빔을 사용하여 증착한다(E-Beam Evaporation). 증발이 일어나는 공정 챔버는 고진공 펌프를 이용하여 고진공 상태로 만들어 증착 과정에서의 직진성을 좋게 하고 오염을 방지할 수 있도록 한다.

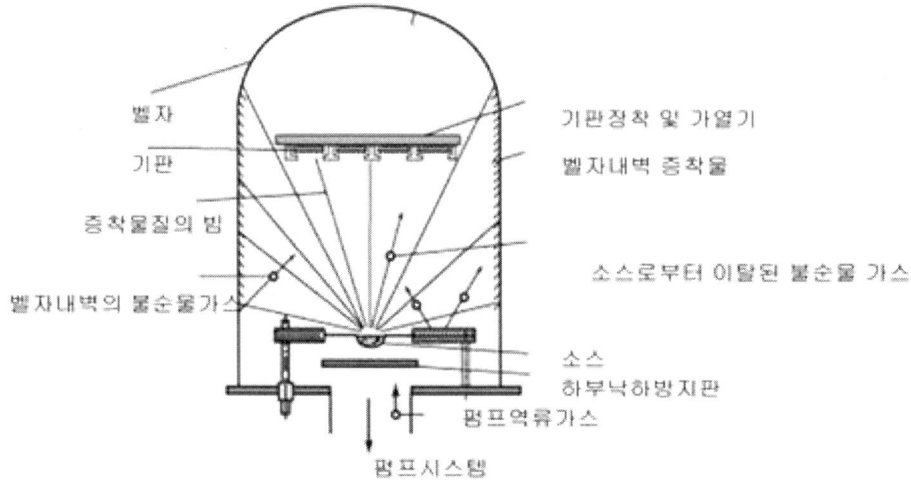


그림 1.6.2 진공 증발(Vacuum Evaporation) 증착 메커니즘 모식도

## 1.7 세정(Cleaning) 공정

세정 공정이란 실리콘 웨이퍼 위에 묻은 각 종 오염물(Contminant)을 제거하는 공정이다. 오염원에는 파티클(Particle), 유기물, 무기물, 금속 이온, 자연산화막(Native Oxide) 등 여러 가지 종류가 있다. 이들 ,오염물의 근원은 사람, 장비, 공정, 공정에 사용되는 각 종 재료 물질, 화학 약품이나 가스, 대기 등등 여러 가지 원인으로부터 발생할 수 있다. 이들 오염원에 웨이퍼가 노출되면 각 공정에서의 품질 저하 및 공정이 끝난 후 반도체 제품의 품질(수율이나 신뢰성 등)에 나쁜 영향을 미치므로 반드시 사전에 제거되어

야 한다. 이들 오염은 반도체 공정 진행 전이나 공정 진행 과정 중이나 공정 진행 후에 발생할 수 있는데 이들 오염원을 효과적으로 제거하기 위하여 각 공정 진행 전과 진행 후에 세정 공정을 진행한다. 세정 공정은 크게 습식 세정(Wet Cleaning) 방식과 건식 세정(Dry Cleaning) 방식이 있다. 습식 세정 방식은 화학 용액(Chemical Solution)을 사용하여 웨이퍼의 오염 물질을 제거하는 방법으로 오염물 종류에 따라 각각 이에 맞는 화학 용액, 예를 들면 황산($H_2SO_4$), 질산($HNO_3$), 불산(HF), 염산(HCL), 암모니아수 ($NH_4OH$ )등을 사용하게 된다. 습식 세정의 순서(Sequence)는 통상 적절한 온도와 농도에서 화학 용액 처리를 한 후 초순수로 웨이퍼를 세척하고 이 후 마지막으로 웨이퍼를건조(Dry) 시키는 과정을 거친다. 건식 세정은 플라즈마나 UV(Ultra Violet) 또는 염소(Cl; Chlorine)등의 가스를 이용하여 웨이퍼의 오염물을 제거하는 방법이다. 일반적으로 건식 세정 보다는 세정 능력이 뛰어난 습식 세정이 주로 사용되며 건식 세정은 습식 세정을 보완하는 정도로 사용되어진다. 습식 세정의 세정 원리는 크게 3가지 메커니즘으로 나눌 수 있는데 첫 번째가 용해(Dissolution) 방식이고, 이 방식은 오염원을 분해하여 녹이는 방식으로 주로 황산($H_2SO_4$)이나 염산(HCL)을 과산화수소수($H_2O_2$)와 적정 비율로 희석시켜 사용한다. 두 번째 메커니즘은 표면 리프트 오프(Lift-Off) 방식으로 웨이퍼 표면층에 묻혀있는 오염원을 묻혀있는 표면층 아래까지 식각하여 오염원을 제거하는 방식으로 주로 불산(HF) 이나 암모니아수($NH_4OH$)를 초순수나 초순수와 과산화수소수를 적절한 비율로 희석시켜 사용한다. 마지막 세 번째 메커니즘은 웨이퍼 표면에 묻은 오염물을 물리적으로 박리시키는 방법으로 주로 브러시(Brush) 스크럽(Brush Scrub)이나 초음파 메가소닉(Megasonic) 진동을 사용하여 오염원을 떼어내는 방식이다.

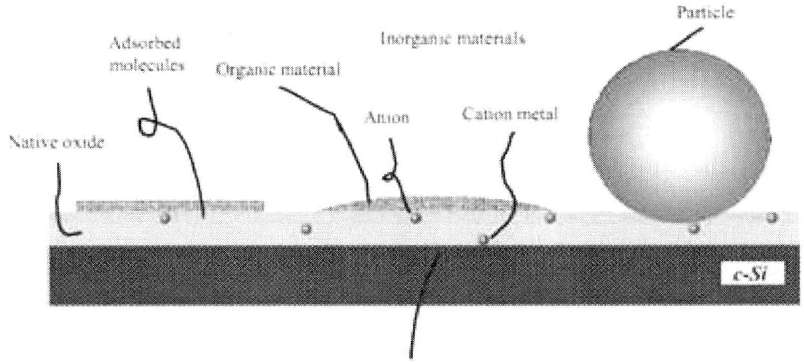

그림 1.7.1 대표적인 오염원의 종류

그림 1.7.2 화학 용액 및 메가소닉을 사용한 습식 세정

습식 세정을 하는 방식에는 크게 두가지로 나눌 수 있는데 하나는 뱃치(Batch) 세정 방식이고 또 하나는 매엽(Single) 세정 방식이다. 뱃치 방식은 웨이퍼들을 25장이나 50장을 한꺼번에 조(Bath)에 넣고 동시에 세정하는 방식이고, 매엽 방식은 웨이퍼를 한 장 한 장씩 낱장으로 세정하는 방식이다. 뱃치 방식은 매엽 방식에 비하여 생산성(Throughput)이 우수하고 화학 약품 사용량이 적다는 장점이 있는 반면에, 장비가 커서 클린룸 면적을 많이 차지하며, 파티클(Particle) 오염(Contamination)에 취약하다는 단점

이 있다. 매엽 방식은 생산성(Throughput)이 떨어지고 화학 약품 소모량이 많다는 단점이 있으나 파티클 오염에 강하다는 장점이 있다. 패턴의 미세화가 진행되면서 최근에는 매엽 방식 세정이 점점 늘어나는 추세이다.

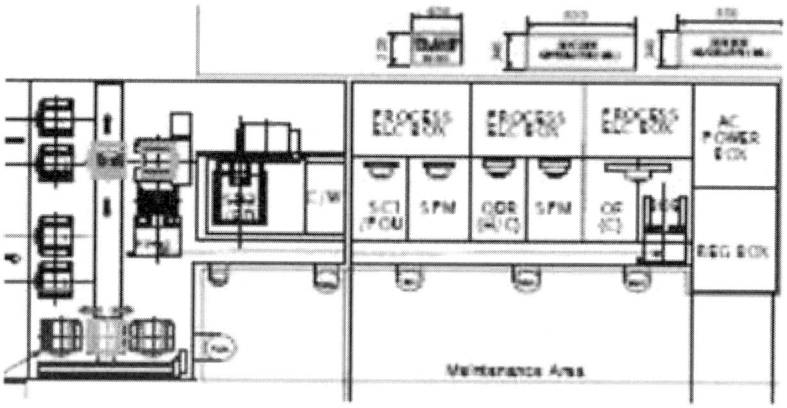


그림 1.7.3 뱃치(Batch) 방식 세정

그림 1.7.4 매엽(Single) 방식 세정

## 1.8 CMP(Chemical Mechanical Polishing) 평탄화(Planarization) 공정

반도체 공정에서 평탄화(Planarization) 공정이란 웨이퍼 위에 증착된 막 표면의 굴곡을 평평하게 만드는 공정이다. 반도체 패턴이 미세화가 되면서 포토리소그래피의 노광공정에서 해상도향상을 위하여 파장이 짧은 광원을 사용하다 보니 노광 대상 웨이퍼의 표면이 조금만 굴곡이 발생하여도 초점이 잘 맞지 않는 문제가 발생하게 되었다. 이 문제를 해결하기 위하여 노광 대상 웨이퍼 표면(정확히 말하면 표면의 막의 굴곡)을 평평하게 해 주어야 한다. 특히 다층 금속(Muti Layer Metal) 공정이 많아지는 추세에 따라 이러한 표면상의 굴곡은 노광 시 심각한 초점 불량(Defocus) 문제를 야기 시킨다. 이런 문제를 개선하기 위해서 여러 가지 평탄화 기술이 개발되었다. 평탄화 기술의 종류를 몇 가지 살펴보면 첫째 유리막($SiO_2$)에 보론(Boron) 과 인(Phosphorous)을 미량 섞은 필름(BPSG Film)을 후속 열처리(Thermal Flow)를 하면 BPSG 유리막이 흐르는 현상이 발생하여 하부에 단차가 있더라도 그 위에 평평한 유리막을 증착시켜 평탄화를 만들 수 있다. 두 번째는 SOG(Spin On Glass)라는 방법인데 웨이퍼 위에 Sol-Gel 상태의 유리막 용액을 떨어뜨린 후 웨이퍼를 고속 회전 시켜 웨이퍼위에 평평한 유리막을 형성하는 방법이다. 세 번째 방법은 표면에 굴곡이 진 막을 가진 웨이퍼를 식각(Etch) 공정 챔버내에 장착한 후 굴곡진 막을 식각할 수 있는 반응 가스를 사용하여 웨이퍼 전면을 에치백(Etch Back)하여 평탄화를 시키는 방법이 있다. 그러나  이들 방법들은 웨이퍼 표면을 완벽하게 평탄화 시키지 못하기 때문에 공정의 미세화가 더욱 더 빠르게 진행되면서 한계에 부딪히게 되었다. 이러한 문제를 해결하기 위한 방법으로 도입된 평탄화 방법이 CMP(Chemical Mechanical Polishing) 공정이다. CMP 공정은 반도체 소자의 집적도 증가 및 구조의 변화(2D->3D)로 인하여 더욱 CMP 공정의 필요성이 증대되고 있다.

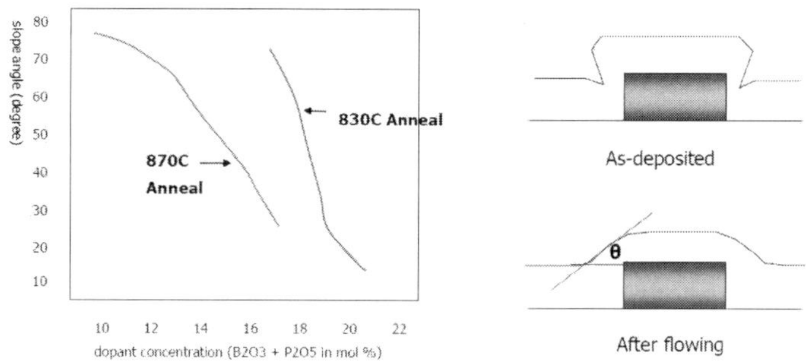


그림 1.8.1 BPSG를 이용한 평탄화

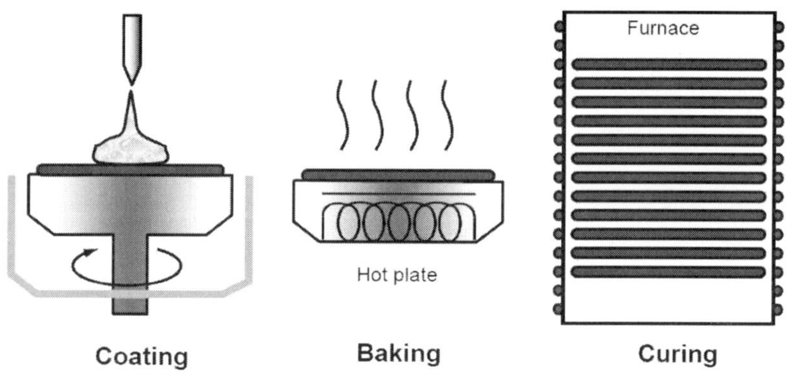


그림 1.8.2 SOG를 이용한 평탄화

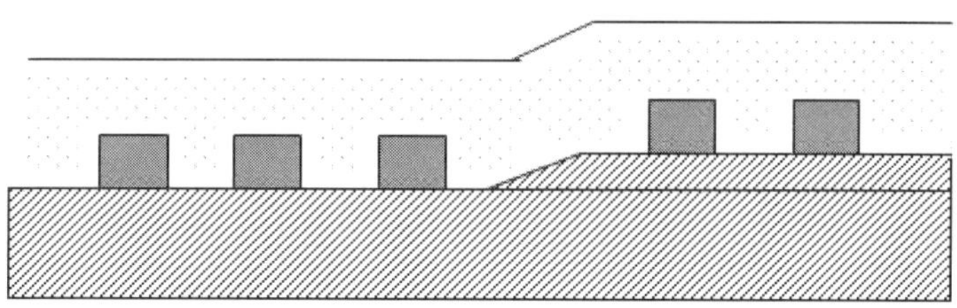

그림 1.8.3 ETCH BACK을 이용한 평탄화

이제부터는 CMP를 이용한 평탄화 방법에 대하여 자세히 살펴본다. CMP란 평탄도가 좋은 정반(Platen) 위에 연마 패드(Pad)를 부착하고, 헤드(Head)라는 부위에 웨이퍼를 고정시키고, 헤드에 부착된 웨이퍼 뒷면을 잡아준 상태에서웨이퍼를 패드 위에 올려놓은 후 헤드에 압력(Down Force)을 주어서 패드가 장착된 정반과 웨이퍼의 앞면이 서로 반대 방향으로 돌면서 상대 속도를 가지면 헤드가 누르는 압력과 더해져서 마찰이 일어난다. 이 때 연마액과 화학 용액이 혼합된 슬러리(Slurry)라는 용액을 웨이퍼와 패드 사이에 주입하면서 헤드에 일정한 압력을 가하면 기계적인 마찰을 통해 웨이퍼의 표면을 평탄화하는 표면 연마 공정이 수행된다. 슬러리를 이용하면 슬러리 내의 연마 입자로 인한 기계적인 연마(Mechanical Polishing)와 슬러리 내의 화학 약품(산 또는 염기성 약품)에 의한 화학적 연마(Chemical Polishing)가 동시에 일어난다. 슬러리가 패드와 웨이퍼 사이에서 잘 스며들면서 유동되도록 패드의 표면은 기공 모양을 하고 있고 돌기가 형성되어 있다. 슬러리는 연마 대상 막질의 종류에 따라 슬러리 종류도 구분하여 사용한다. 대상 막질이 산화막이면 산화막에 맞는 슬러리를 사용하고, 금속막이면 금속막에 맞는 최적화된 슬러리를 사용한다.

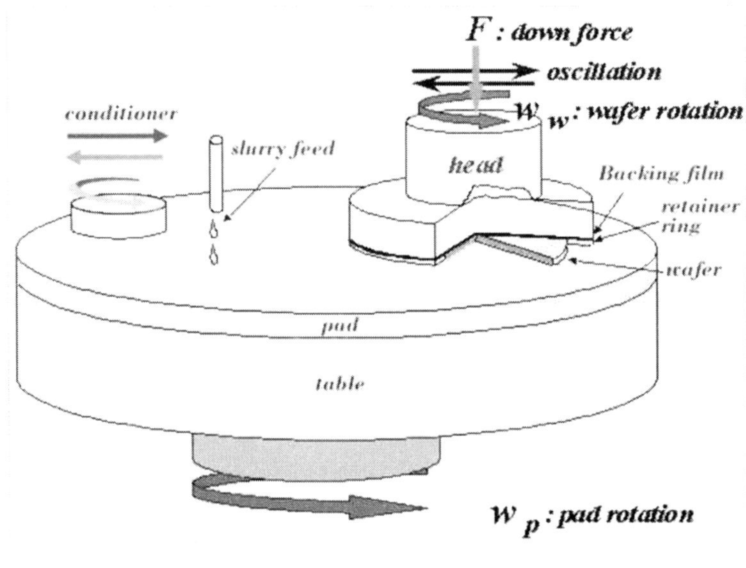


그림 1.8.4 CMP를 이용한 평탄화

CMP 공정에서 사용되는 패드는 폴리우레탄(Poly Urethane) 재질로 되어 있기 때문에 장시간  패드를 사용하면 웨이퍼와의 마찰과 슬러리의 침투 후 연마과정에서 생기는 연마 찌꺼기(Residue)가 기공(Pore)에 쌓여 패드의 기능이 떨어져 연마 대상물질을 갈아내는 연마 속도(Removal Rate)가 떨어진다. 이러한 연마 속도의 저하를 막기 위하여 패드의 표면 상태를 초기 상태로 유지시켜 주어야 한다. 이러한 작업을 패드 컨디셔닝(Pad Conditioning)이라하며 이러한 작업을 위해서는 아주 작은 입자 크기를 갖는 공업용 다이아몬드를 부착한 패드 컨디셔너(Pad Conditioner)라는 장치가 필요하다. 패드 컨디셔너를 이용하여 주기적으로 연마 패드를 초기화 시켜주어 연마 속도를 유지 시켜주도록 한다. 주기는 공정 내용에 따라 최적화 시키도록 하여야 한다.

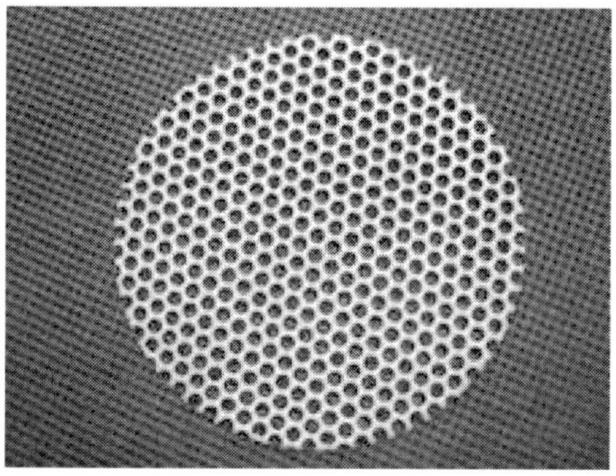

그림 1.8.5  패드 컨디셔너(Pad Conditioner)

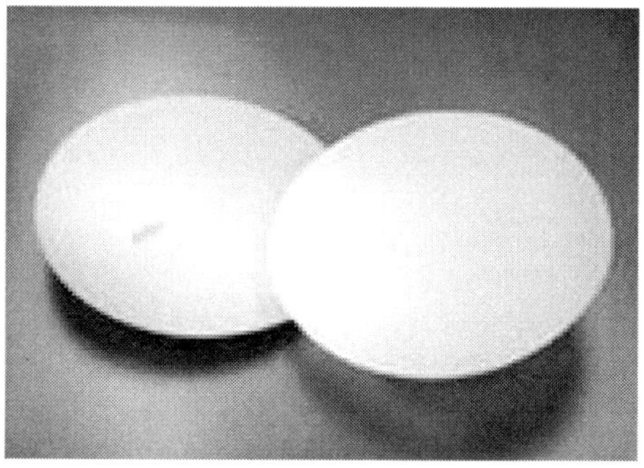

그림 1.8.6  패드(Pad)

CMP 연마 공정을 진행할 때 중요한 공정 변수(Process Variable)에 대해 살펴보도록 하자. CMP 공정은 연마 대상 막질을 갈아내는 공정이므로 첫째 변수는 가능한 빠른 시간 안에 연마를 끝내는 것이다. 따라서 연마 속도(Removal Rate)가 무엇보다도 중요하다. 연마 속도는 헤드에 가해지는 압력(Down Force)과 정반에 붙어있는 패드의 회전 속도(헤드와의 상대 속도)에 정비례 관계에 있다. 즉, 압력과 회전 속도를 높이면 연마 속도가 증가하고, 낮추면 연마 속도가 낮아진다. 두 번째 공정변수는 균일도(Uniformity)이다. 웨이퍼 전면에 골고루 연마 속도가 균일하여야 한다. 균일한 연마가 이루어지지 않으면 웨이퍼의 어떤 부분은 과다 연마(Over Polishing)가 일어나고, 어떤 부분은 연마가 덜 일어나는(Under Polishing) 문제가 일어나서 소자의 특성에 심각한 영향을 미치게 된다. 이러한 균일성은 웨이퍼 내에서도 요구되어지나 웨이퍼와 웨이퍼 간, 로트(Lot)와 로트 간에도 균일성을 반드시 유지하여야 한다. 또한 패턴(Pattern)이 조밀(Dense)하거나 고립(Isolation)되어 있는 부분이 웨이퍼 내에 혼재되어 있는 경우 특히 균일성 확보에 유의하여야 한다. 세 번째 변수로는 결함(Defect)이다. 웨이퍼를 연마하다가 보면 각종 이물질(Slurry 잔류물, 패드 컨디셔너의 다이아몬드 입자의 탈착물 등)로 인하여 웨이퍼위에 이물질 덩어리(Residue)나 스크래치(Scratch) 등의 결함(Defect)를 유발 시킬 수 있다. 또한 슬러리의 화학 작용의 문제나 패드의 상태, 헤드의 과다 압력 등으로 인하여 연마 과정에서 막질의 패임(Dishing), 침식(Erosion) 등의 문제가 발생할 수 있으므로 유의하여야 한다. 이러한 공정 변수(Variable)들을 잘 제어하는 것이 매우 중요하다고 하겠다.

CMP 연마 공정을 마치면 연마된 웨이퍼 막질의 표면이 연마 찌꺼기, 각종 유기 및 금속 불순물 등으로 매우 오염이 심한 상태 이다. 이러한 오염 물질들을 연마 공정이 끝나면 화학약품(Chemical)이나 브러시 스크러버(Brush Scrubber), 메가소닉(Megasonic) 등을 사용하여 깨끗하게 제거시켜 주어야 한다. 이러한 제거 공정을 Post CMP 세정(Cleaning)이라고 하며 통상 CMP Polisher와 한 장비 내에서 인라인(In-Line) 형태로 진행되어진다.

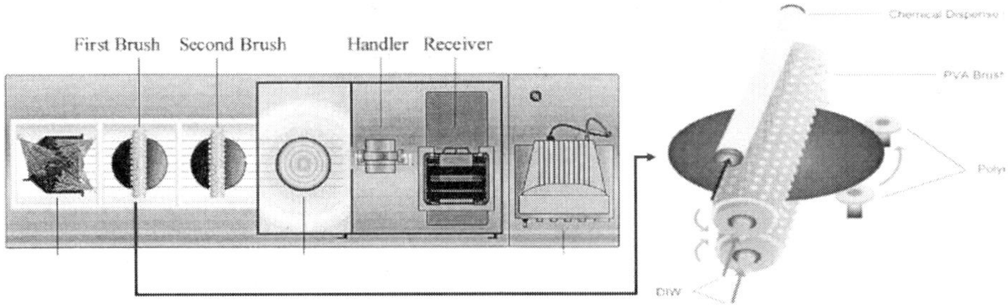


그림 1.8.7 Post CMP 세정(Cleaning)

2장

# 반도체 제조 장비 개요

반도체를 제조하는 과정은 전장에서 설명한 8대 주요 공정을 중심으로 제조가 이루어진다. 이들 8대 공정을 진행하기 위해서는 각 공정에 필요한 핵심 주 장비(Main Equipment)들이 필요하다. 반도체 공정이 이루어지는 공장(Fab) 내부는 청정도(Cleaness)를 엄격하게 관리하여야 함으로 이들 주 장비들은 클린룸(Clean Room)이라 불리는 공장(Fab) 내에 설치가 되어 운영되어 진다. 이 장에서는 반도체 제조용 주 장비의 구조의 개요에 대하여 기술할 것이다. 반도체 요소기술을 이해하는데 있어서 장비의 구성에 대해 이해하는 것이 매우 중요하다. 반도체 장비는 대부분 메인 프레임이 거의 유사하게 구성되어 있기 때문에 먼저 기본 장비 구성을 이해해야만 다음 장부터 기술되는 핵심 모듈 부품을 이해하기가 용이해진다.

이번 장에서 먼저 기본 장비 구성에 대해 기술한 후 다음 장부터 장비를 구성하는 각 모듈별 장치에 대하여 자세하기 기술하도록 하겠다.

## 2.1 반도체 제조 장비 구조(Structure) 개요

반도체 제조에는 수많은 종류의 제조 장비와 부품, 각종 재료들이 사용된다. 이들 중 반도체 제조의 근간을 이루는 것이 바로 반도체 제조 장비이다. 반도체 제조 장비에는 각 공정에 따라 여러 가지 종류가 있다. 하지만 이러한 제조 장비들이 종류별로 다 다르지만 제조 장비를 이루는 기본 구조(Structure)는 유사하다. 장비를 잘 살펴보면 기본적으로 장비에 웨이퍼를 로딩(Loading)하는 로딩 부위( Loading Port, EFEM(Equipment Front End Module)), 로딩된 웨이퍼를 진공 분위기로 바꿔주는 독립된 공간인 로드락(Load Lock) 챔버, 로봇이 장착되어 로드락에 있는 웨이퍼를 공정 챔버로 반송하는 중간 역할을 하는 반송(Transfer) 챔버, 실제 웨이퍼가 삽입되어 공정이 진행되는 공정(Process) 챔버, 로드락 챔버와 반송챔버와 공정 챔버 내를 진공으로 유지시켜 주기위한 진공 시스템(진공 펌프, 진공 게이지, 트로틀 밸브, 게이트 밸브 등), 챔버 내로 가스를 공급 및 제어하기 위한 가스 공급 시스템(Gas Supply System), 세정 장비의 경우는 케미컬 공급 시스템(Chemical Supply System), 장비의 각 모듈에 전기를 공급하는 전원부(전장부), 배기(Exhaust) 및 배수(Drain) 장치, 열 또는 플라즈마 에너지원을 공급하기 위한 히터(Heater) 및 플라즈마 장치(Plasma Generator, Matcher), 장비의 열 및 웨이퍼의 열을 냉각시키기 위한 냉각 및 열교환 시스템(Chiller, Heat Exchanger), 배기 가스 환경 정화 시스템(Scrubber), 장비를 전반적으로 제어하기 위한 두뇌 격인 제어 장치(Main Controller, 각 종 Controller) 등으로 구성되어 있다. 이 장에서는 이들 장비의 Main 프레임의 주요 구성 요소에 대하여 전반적인 이해를 하도록 한다. 자세한 장비 구성 요소 기술에 대한 설명은 별도의 장에서 기술 하도록 한다.

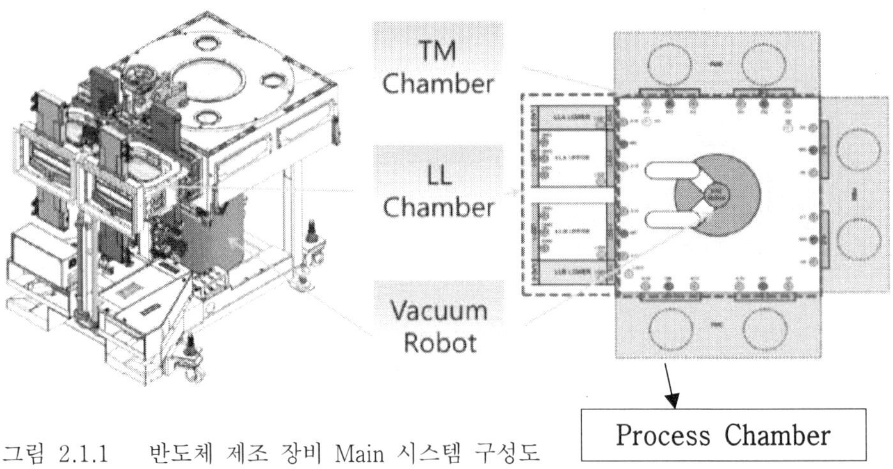


그림 2.1.1 반도체 제조 장비 Main 시스템 구성도

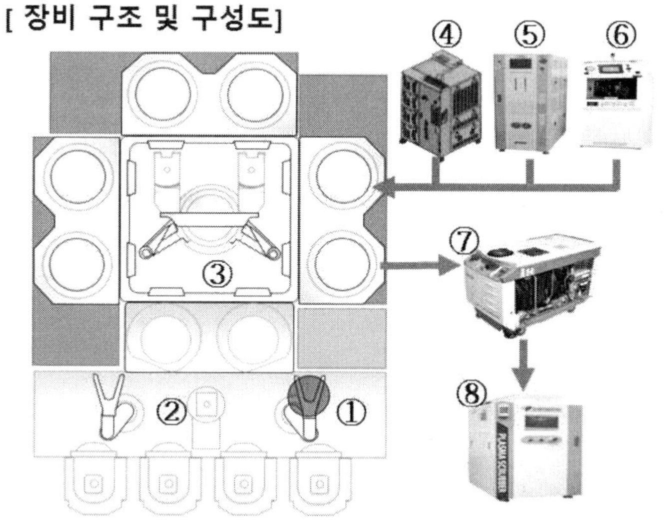


**[ 주변 장치 명칭 ]**

| 항목 | 명칭 |
|---|---|
| ① | EFEM |
| ② | Loadlock Robot |
| ③ | TM(Transfer Module) Robot |
| ④ | RF Generator |
| ⑤ | Chiller |
| ⑥ | Gas Cabinet |
| ⑦ | Pump |
| ⑧ | Scrubber |

그림 2.1.2 반도체 장비 구조 및 주변 장치 구성도

### 2.1.1 EFEM(Equipment Front End Module)

반도체 장비 안으로 웨이퍼를 이송 시켜 주기 위해서는 웨이퍼를 담은 캐리어인 FOUP(Front Opening Unified Pod)를 전 공정으로부터 공장 상부에 달린 FOUP 운송 장치인 OHT(Over Head Transfer)를 이용하여 다음 공정이 진행되는 장비의 Load Port 위치로 옮겨진다. 옮겨진 FOUP를 장비 안으로 반입 시키는 역할을 하는 장치를 EFEM(Equipment Front End Module)이라고 부른다. 즉, EFEM은 일반적으로 Lord Port, 대기 로봇(ATM Robot)과 리니어 스테이지(Linear Stage), 웨이퍼 얼라이너(Aligner), 필터(FFU;Fan Filter Unit), EFEM 콘트롤러, Operation Panel로 구성되어 있다. 즉, 로드 포트에 올려진 FOUP를 열어(Open) FOUP 내의 웨이퍼를 ATM 반송 로봇을 이용하여 반도체 장비 내로 자동으로 이송 처리하는 장치를 말한다. 로드 포트 모듈은 통상 2~4개 정도로 구성되어 있다. 장치내 스테이지에 위치한 대기 로봇(ATM Robot)이 카셋트에 장착되어 있는 웨이퍼를 낱장으로 집어서 장비의 로드락 챔버(Load Lock Chamber) 안으로 이송시켜 주는 역할을 하는 곳으로 이송 시 분진 발생을 막고 청정도 유지를 위하여 FFU(Fan Filter Unit)이 장착되어 있다. 또한 이송 시 웨이퍼를 균일한 방향으로 정렬하여 투입할 수 있도록 사전에 웨이퍼의 플랫 존(Flat Zone)을

맞추도록 하는 웨이퍼 얼라이너(Wafer Aligner)가 장착되어 있다. 장비의 생산성(Throughput)에도 큰 영향을 미치는 핵심 모듈이라 하겠다.

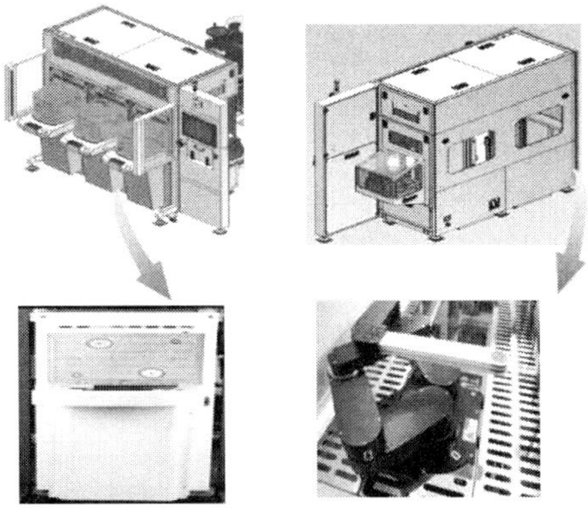

그림 2.1.3 EFEM 구성도

### 2.1.2 Load Lock Chamber

EFEM에서 ATM 로봇이 웨이퍼를 Main 장비 안으로 이송하게 되는데 이때 이송되는 웨이퍼는 대기압 분위기에서 이송이 진행되며 이송이 완료되면 EFEM과 Load Lock 챔버 사이에 위치한 Door 가 닫히고, 이후 Load Lock 챔버내를 진공 펌프를 사용하여 진공 분위기로 바꾼 후 웨이퍼를 트랜스퍼 챔버(Transfer Chamber)로 전달하는 역할을 하는 챔버이다. 진공 분위기가 트랜스퍼 챔버 및 공정 프로세스 챔버와 마찬가지로 되어야 안정된 공정을 진행하기 때문에 반드시 이곳에서 웨이퍼의 분위기를 진공상태로 바꿔주어야 한다. 즉, Load Lock 챔버 공간은 웨이퍼가 장비 외부에서 장비 내부로 들어가는 공간이며 장비 내부와 외부를 격리시켜 준다. 또한, 공정 쳄버에서 공정이 끝나면 다시 웨이퍼를 트랜스퍼 챔버에 있는 진공 로봇이 웨이퍼를 Load Lock 챔버로 이송하게 된다. 이 후 웨이퍼를 장비 밖으로 언로딩(Unloading)하기 위하여 진공으로 되어 있는 Load Lock 챔버 내의 분위기를 질소($N_2$) 가스를 사용하여 대기압 분위기로 바꿔주게 된다. 이러한 과정을 백필(Back Fill)이라고 한다. 챔버내를 대기압으로 바꿔주면 도어가 열리고 EFEM의 ATM 로봇이 웨이퍼를 언로딩하게 된다. Load Lock 챔버의 구성품으로는 웨이퍼 매핑(Mapping) 및 웨이퍼 상태 확인 기능(예로써 웨이퍼가 깨져있다든지 슬라이딩 되어 있다든지 하는 웨이퍼 상태 감지 기능), 챔버내를 진공으로 만드는 진공펌프,

진공도를 계측하는 진공 게이지, 도어(Door)개폐 밸브, 게이트 밸브 등으로 구성되어 있다. 챔버내를 급격히 대기압에서 진공으로 바꿔 줄 경우(혹은 그 반대의 경우) 분진(파티클) 발생 위험이 있으므로 소프트 스타트 밸브(Soft Start Valve)를 먼저 작동시킨 후 어느 정도 압력이 떨어졌을 때 메인 밸브(Isolation Valve)를 열도록 한다.

그림 2.1.4 Load Lock 챔버(Chamber) 사진

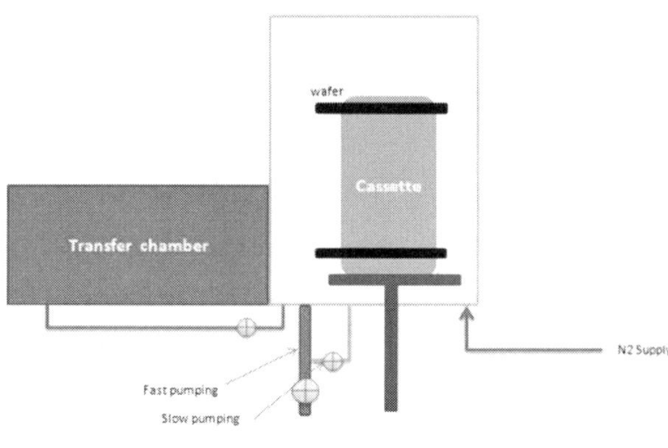


그림 2.1.5 Load Lock 챔버 구성도

### 2.1.3 Transfer Chamber

Load Lcok 챔버에서 이송된 웨이퍼를 공정(Process) 챔버 안으로 이송시켜 주기 위한 진공 로봇(Vacuum Robot)이 장착되어 있는 공간을 말한다. 진공 로봇은 진공 분위기 상태에서 웨이퍼를 로드락 챔버에서 공정 챔버로, 공정이 끝난 웨이퍼를 공정 챔버에서 로드락 챔버로 Pick - up 하여 제 위치에 놓여주는 역할을 한다. 이 진공 로봇의 속도 등 성능과 안정성에 따라 장비의 생산성(Throughput)에 지대한 영향을 주므로 로봇의 선택이 매우 중요하다. 진공 로봇의 Arm의 반송 속도 및 반송 정밀도, 클린도 유지가 매우 중요하며 주로 4~6축의 수평 다관절 로봇을 사용하고 있으며 웨이퍼는 진공 흡착, 패시브 에지, 에지 그립 척 등을 사용하고 있다. 척(Chuck) 또는 Arm을 2개 사용하여 장비 의 생산성(Throughput)을 높이는 경우도 있다. 척의 재질은 알루미늄, 세라믹 등 공정에 따라 적합한 재질을 사용한다. 로봇 구동 모터는 AC 서보 모터(Servo Motor) 또는 스테핑 모터(Stepping Motor)를 사용한다. Transfer 챔버도 챔버 내를 진공 분위기로 만들어 주기 위해 진공 시스템(진공펌프, 진공 게이지, 진공 밸브)이 장착되어 있다.

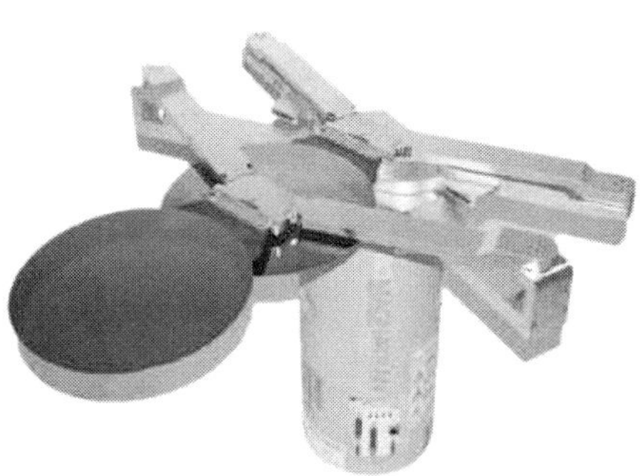

그림 2.1.6 Transfer Robot 과 Transfer Chamber 사진

### 2.1.4 Process Chamber

Transfer 챔버에서 진공 로봇을 사용하여 공정 챔버(Proess Chamber)의 슬릿 도어(Slit Door)를 열고 웨이퍼를 공정 챔버 내로 이송한 후, 공정 챔버 내의 웨이퍼를 지지하는 척 위해 웨이퍼를 안착시키고 진공 로봇은 슬릿 도어를 빠져 나오게 된다. 이 후 슬릿 도어가 닫히면 공정 챔버가 밀폐되어 지고, 공정 챔버 내로 공정에 사용되는 가스가 챔버에 주입이 되면 챔버내의 상부에 위치한 Shower Head를 통하여 가스가 챔버 내로 균일하게 분사된다. 분사된 가스는 열을 에너지 원으로 사용하는 경우는 히터(Heater)에 의해 열 분해 되어 반응이 일어나며, 플라즈마를 사용하는 경우는 플라즈마 전원 발생기(Plasma Generator)에서 발생한 전력이 매칭 박스(Matching Box)를 거쳐 챔버내로 전력 손실 없이 주입되어 챔버내에 전기장(또는 자기장)을 일으키면 전기장 내에서 발생한 전자가 챔버내에 주입된 가스와 충돌에 의해 플라즈마가 발생된다. 이때 충돌 과정에서 생기는 이온(Ion), 전자(Electron), 라디칼(Radical)에 의해 웨이퍼 위에 증착 또는 식각 반응이 일어나게 된다. 이들 플라즈마의 밀도(Density)가 높으면 그 만큼 증착 또는 식각 반응이 원활하게 일어나게 된다. 이때 챔버내의 압력은 진공을 유지하며 진공도는 공정에 따라 적절하게 유지되어 지도록 한다. 공정 챔버는 통상 여러 개로 이루어져 있는데(Multi Chamber) 공정 챔버의 역할이 똑 같은 경우도 있고, 필요에 따라서는 공정 챔버 별로 서로 다른 공정으로 이루어진 경우도 있다. 주의할 점은 공정 챔버가 동일하게 구성되어 있어도 챔버간에 미세한 차이가 있을 수가 있으므로 꼭 똑같은 공정 조건에서 똑 같은 결과가 나오라는 보장이 없으므로 챔버간 공정 결과가 동일하게 나오도록 조정이 필요하다.  챔버간 서로 다른 공정을 진행하는 경우는 프로세스 인테그레이션(Process Integration) 측면에서 서로 다른 공정을 연속적으로 진공 브레이크(Vacuum Break)없이 진행할 수 있다. 예를 들면 Ti 증착, TiN 증착, Aluminum 증착을 서로 다른 공정 챔버를 사용하여 순차적으로 진행할 수 있는 장점이 있다. 공정 챔버를 이와 같이 멀티 챔버(Multi Chamber)로 구성할 경우 각 공정 챔버마다 플라즈마 전원 및 매칭 박스가 필요하며, 진공 시스템도 각 챔버 마다 필요하고, 개스 연결 장치도 각 챔버마다 별도로 필요하게 된다. 이런 시스템 구성을 클러스터(Cluster) 방식이라고 하며 최근의 공정챔버는 이러한 방식 채용이 주류를 이루고 있다.

그림 2.1.7 Process Chamber 사진

공정(Process) 챔버에서 고려해야 할 주요 내용을 정리하면 다음과 같다.

1.가열방식

2.냉각방식

3.가스 공급 방식

4.배기 방식

5.웨이퍼 지지 방식

6.전극 구조(플라즈마 사용시)

7.플라즈마 방전 방식(플라즈마 소스)

8.챔버 재질

9.챔버 형상(구조 디자인)

10.챔버 구동 방식

11.센서 방식(진공, 온도 등등)

깨짐(Broken) 상태를 검출하는 역할을 한다.

# 3장

# 유량 조절 장치 이해

반도체 공정에 사용되는 가스나 케미칼들은 각 공정별로 여러 가지 종류의 가스나 케미칼 들을 사용하고 있으며 이 들 가스나 케미칼 들을 공정 챔버 또는 배쓰(Bath)에 적정한 양을 주입시켜서 공정을 진행한다. 이 때 정확한 공정 가스나 케미칼의 유량을 제어하는 것이 공정의 품질, 나아가서 칩의 수율을 확보하는데 매우 중요하다. 이러한 가스나 케미칼들의 유량을 제어하여 원하는 만큼만 주입시켜 주는 장치가 유량 조절 장치로 가스의 경우는 MFC(Mass Flow Controller)라는 가스유량 조절 장치가 그 역할을 담당하며, 케미칼의 경우는 초음파 유량계가 그 역할을 담당하고 있다. 이번 장에서는 이들에 대하여 학습하기로 한다.

## 3.1 MFC(Mass Flow Controller)

유량이란 관로를 지나 단위 시간에 흐르는 유체의 체적 또는 질량의 정도를 나타내는 양으로서 단위 시간에 흐르는 양을 체적으로 표현한 것을 체적 유량, 단위 시간에 흐르는 양을 질량으로 표현한 유량을 질량 유량이라 한다. 체적(volume) 유량은 L/min, mL/min

으로 나타내며 유체의 온도와 압력에 따라 달라지며, 질량(mass) 유량은 그 유체의 온도와 압력에 따라 달라지지 않으며 0 ℃ 1013 hPa 또는 25 ℃ 1013 hPa 조건하에서의 체적 유량으로 나타낸다. 질량 유량 단위로는 국제 단위(SI 단위)로는 g/min, kg/hr를 사용하고 있으나 MFC(Mass Flow Controller)의 경우는 sccm, slm을 질량 유량 단위로 주로 사용하고 있다. sccm은 0 ℃ 1013 hPa (1기압)상태에서 mL/min 를 의미하며, slm은 0 ℃ 1013 hPa 상태에서 L/min를 의미한다. 가스는 일반적으로 온도, 압력이 변하면 체적이 변하며 가스는 압력이 일정할 경우에도 온도가 높아지면 팽창하고 따라서 체적이 커진다. 따라서 체적식 질량계를 사용할 경우는 일정한 유량을 흘려 보내기 위해서는 온도나 압력이 변화에 따라 유량이 변하므로 유량을 조절해 주어야 한다. 반면에 질량 유량계인 MFC를 사용할 경우는 이러한 조정이 필요하지 않다.

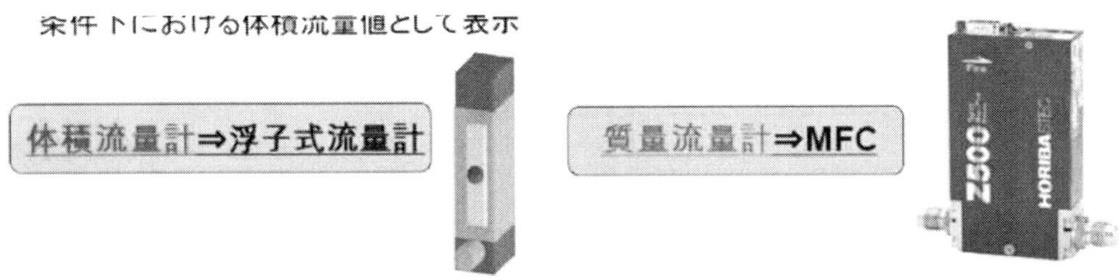


그림 3.1.1 체적유량계와 질량유량계

### 3.1.1 MFC 구조 및 동작원리

MFC란 외부에서 설정한 설정 신호와 MFC 내부 센서(sensor)에서 감지(sensing)한 유량의 출력을 비교하여 제어 밸브(control valve)를 구동하여 설정한 유량을 맞추는 장치이다. 단순한 MFM(Mass Flow Meter)는 세팅한 만큼의 유량을 흘려주는 역할을 하는데 반하여 MFC는 센서를 이용하여 유량을 감지하고 유량의 출력을 제어할 수 있는 콘트럴러(Controller)기능이 부가된 장치를 말한다. MFC는 내부 센서의 감지 방법에 따라 크게 열식 MFC(thermal type MFC)와 압력식(pressure type MFC)로 나뉜다. 먼저 열식 MFC에 대하여 설명한 이 후 압력식 MFC에 대해 설명하도록 한다.

3.1.1.1 열식(thermal type) MFC

유체가 흐르는 관로 둘레에 가열 물체를 두면 유체가 가열되며 흐르며 가열 물체의 상류 측과 하류 측의 유체의 온도가 차이가 발생한다. 또한 가열 물체는 열을 유체에 빼앗기므로 온도가 낮아지게 된다. 이러한 변화는 유체의 유속 및 유량과도 관계가 되므로 그 변화량을 검출하여 유속 또는 유량을 측정할 수 있다.

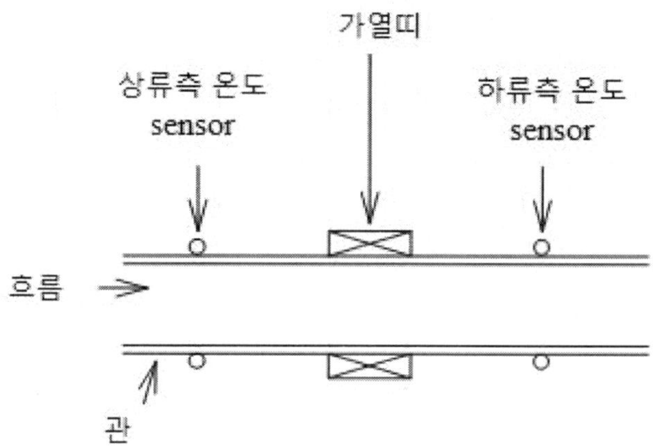


그림 3.1.2 열식 질량 유량계 기본 원리

3.1.1.2. 열식(thermal type) MFC 구조

열식 MFC의 구조는 크게 센서(sensor), Bypass, Control valve, 전기회로부로 구성되어 있다. Gas의 흐름(flow)는 MFC 입구(inlet)으로 들어와서 Sensor부와 Bypass로 나뉘어 흐른다. Sensor부로 흐르는 가스의 상류측과 하류측의 온도차를 감지하여 유량(flow rate)을 감지하여 출력 값(output valve)과 설정 값(setting value)의 차이에 따라 Control valve를 조절하여 유량(flow rate)를 조정한다. 실제 유량으로서 검출되는 양은 sensor부에서 검출되는 양이고 많은 양은 Bypass부로 흐른다. sensor 부에서 검출된 유량은 증폭회로, 보정회로를 거쳐서 유량 출력 신호로 보내지고 , 한편 비교제어

회로에는 설정 신호가 주어지고 비교회로에서 출력 신호와 설정신호를 비교하여 최적의 유량 제어를 위한 PID(비례-적분-미분) 제어 회로로 되어있다. 비교 제어회로에 출력이 valve control 회로를 통해 valve를 제어하고 있다. 이렇게 제어된 gas가 MFC 출구(outlet) 쪽으로 흐름이 일어난다.

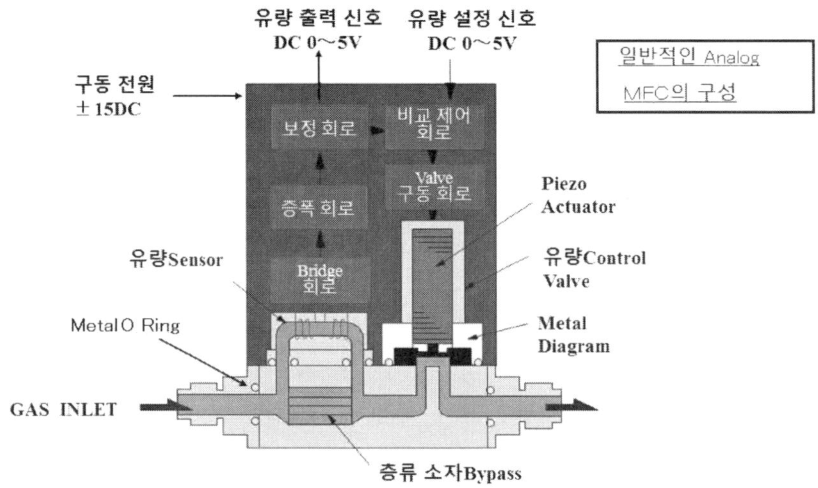


그림 3.1.3 열식 질량 유량계의 내부 구조

(a) 센서(sensor)부

유량이 영(zero)일 때는 모세관의 중심에 대해서 대칭적인 온도 분포가 나타나고 있다(아래 그림의 실선 그래프), 유체가 흐를 경우에는 상류 측의 저항체는 열을 빼앗기므로 온도가 내려가고 하류측의 저항체는 열이 주어져서 온도가 올라간다. 그 결과 온도 분포가 비대칭이 된다(아래 그림의 점선 그래프), 이 때의 온도차(⊿T)와 유체의 질량 유량에는 일정한 관계가 성립하며 이 온도차를 bridge 회로로 검출하면 질량 유량을 산출할 수 있다.

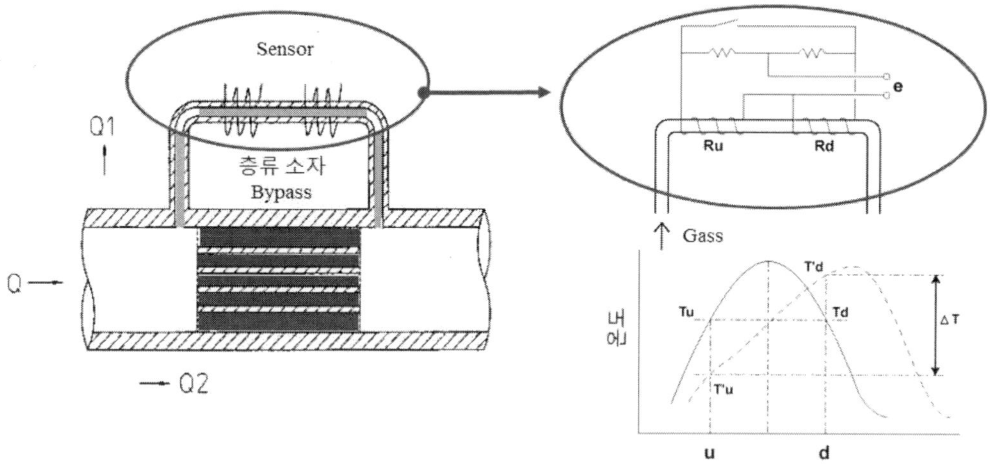


그림 3.1.4 센서(sensor)부 구조 및 측정 원리

(b) 바이패스(Bypass)부

MFC 입구(inlet)을 통과하는 가스의 일부는 센서로 가지만 많은 양의 가스 흐름은 바이패스(bypass)부를 통과한다. 바이패스부를 통과하는 가스의 흐름은 층류(laminar flow)를 유지하기 위하여 층류 소자를 사용한다. 층류흐름이 되어야 온도, 압력 등 외적요인에 의한 분류비의 변화가 없게된다. 만일 바이패스부를 통과하는 가스의 흐름이 난류상태가 되면 센서(sensor)부를 흐르는 가스의 흐름과 유량 특성이 달라져서 직진성이 떨어지며 분류비가 변화하여 큰 측정 오차가 발생한다. 또한 가스의 흐름이 난류성이되어 관로가 막히기 쉽다. 따라서 바이패스부를 흐르는 가스의 흐름을 층류로 유지하는 것이 매우 중요하다.

| 종 류 | 층류 소자 | 신터리스메탈 주식회사 | Etching Plate |
|---|---|---|---|
| 형 상 |  |  | 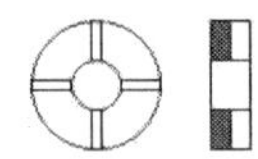 |
| 특 징 (결점) | 층류<br>Sensor부와 같은 유량을 가져 직선성이 뛰어난다<br>막힘이 적다 | 난류<br>Sensor부와 유량 특성이 다르다<br>직선성에 뒤떨어진다<br>막히기 쉽다 | 난류<br>Sensor부와 유량 특성이 다르다<br>직선성에 뒤떨어진다<br>막히기 쉽다 |

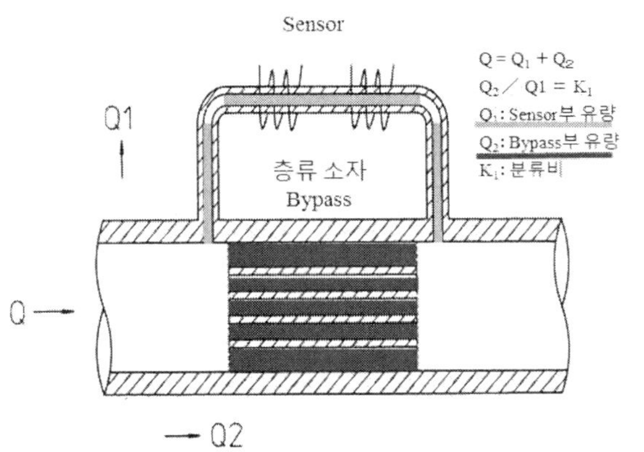


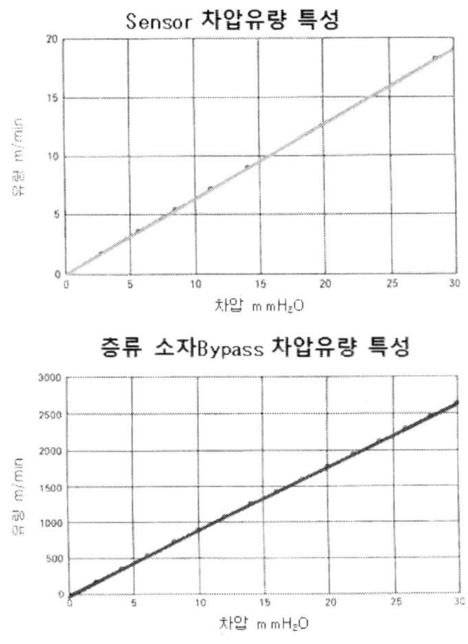


**층류 소자 Bypass의 채용에 의해, 온도·압력의 변화 특성이 Sensor와 같은 특성을 가져, 막힘이 없고 직선성이 뛰어난 이상적인 Bypass 구조. (실용 신안 제 1416269호)**

그림 3.1.5 바이패스(bypass)부 구조 및 측정 원리

(c) 제어 밸브(Control Valve)부

센서(sensor)부에서 검출된 유량은 증폭회로, 보정회로를 거쳐서 유량 출력 신호로 보내지고, 한편 비교제어회로에는 설정 신호가 주어지고 비교회로에서 출력 신호와 설정신호를 비교하여 최적의 유량 제어를 위한 PID(비례-적분-미분) 제어 회로로 되어있다. 비교 제어회로에 출력이 valve control 회로를 통해 control valve를 제어하고 있다. MFC에 사용되는 control valve에는 여러 가지 방식이 있으나 그 중 대표적인 방식으로는 Thermal valve 방식, 전자 valve 방식, Piezo valve 방식이 있다. Thermal valve 방식은 팽창축으로 감겨진 heater에 흐르는 전류를 제어하는 것에 따라 축의 열팽창을 제어하는 것으로써, valve의 개방도를 조정하는 방식이다. 전자 valve 방식은 자성체의 구동축을 가지고 있는 전자 coil에 흐르는 전류를 조정하는 것에 따라 자성체를 상하로 움직여서 밸브의 개방도를 변화 시키는 방식이다. Piezo valve 방식은 압전 소자에 전압을 가하면 압전 소자의 결정의 일그러짐이 생기는 piezo 효과를 이용하여 적층한 piezo stack에 인가하는 전압을 제어하는 것으로 밸브의 개방도를 변화시키는 방식이다. 가스는 control valve의 오리피스(orifice)를 통과하게 되는데 오리피스를 통과하는 유량은 가스의 종류(물성, 특히 분자량)에 의해 달라진다. 따라서 MFC 제작 시 사양에 따른 유량이 흐르게 valve 개방도를 기계적으로 조정한다. 이 조정된 유량을 valve 설정량이라고 한다. 즉, valve 설정량= valve 설정계수 * MFC의 F.S 유량으로 표현된다. 여기서 valve 설정계수란 $N_2$ gas로 valve를 설정하기 때문에 $N_2$ 가스를 기준으로 분자량과 차압비 및 실측에 의한 경험 수치를 가미해서 구해진다. Valve 설정 계수$(V_{set})=(M/28.01)^n *1.5*(50/P)$

여기서 M: 가스의 분자량, n: valve의 종류에 의한 계수(경험 수치)이다.

| | Thermal Valve 방식 | 전자 Valve 방식 | Piezo Valve 방식 |
|---|---|---|---|
| | 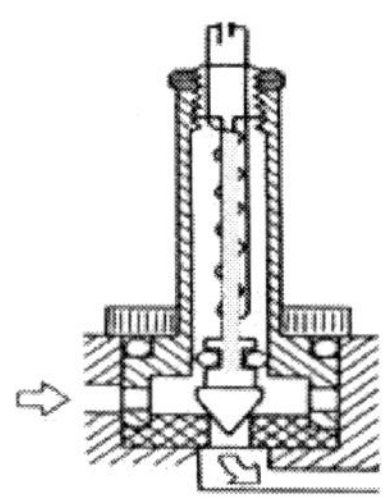 | 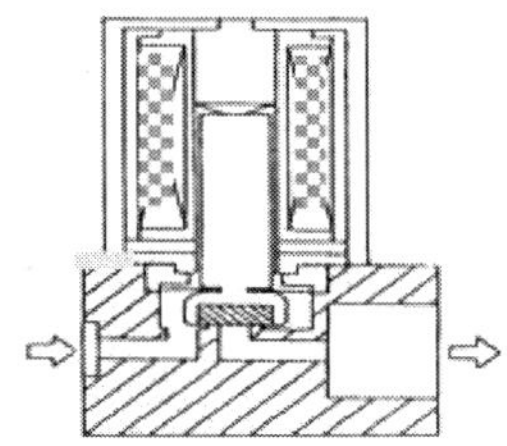 | 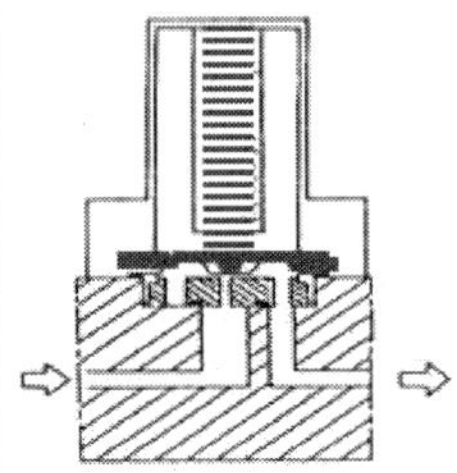 |
| 안정성 | ◎ | ○ | ◎ |
| UC | △ | ○ | ◎ |
| 고속 응답 | △ | ◎ | ◎ |

그림 3.1.6 제어 밸브(Control valve)부 구조 및 측정 원리

3.1.1.3 압력식(pressure type) MFC

열식(Thermal type) MFC의 단점은 sensor 부에 coil heater를 사용하기 때문에 센서 쪽 흐름이 있는 모세관 관로에 파티클 등 이물질이 들어가면 이로 인한 막힘이 발생하는 단점이 있다. 이로 인해 유량 측정 정밀도가 떨어지고 궁극적으로는 MFC 불량이 발생할 소지가 많다. 이런 단점을 개선하기 위해 coil heater를 사용하지 않은 압력식(pressure type) MFC가 개발되어 많이 사용되고 있다. 압력식 MFC는 관로내에서 인입부와 출력부 간 유량에 따른 유체의 압력 차이를 압력 센서(sensor)를 사용하여 검출한 후 이 값을 이용하여 유량을 측정할 수가 있다.

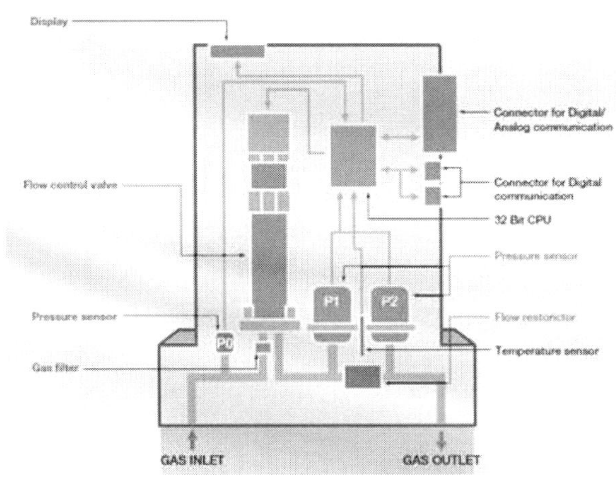


그림 3.1.7 압력식(pressure type) MFC 구조

압력식(Pressure type) MFC의 구조는 MFC inlet으로 공급되는 압력을 모니터링(monitoring)하기 위한 pressure sensor, particle로 인한 관로 막힘 차단을 위한 particle protection gas filter, 유량 조절을 위한 flow rate control valve, flow restrictor, $P_1$,$P_2$로 구성된 pressure sensor, temperature sensor로 구성되어 있다. 이들 센서로부터 감지된 값들을 내장된 CPU에서 정확한 실제 gas flow rate를 산출하고 설정치(set point value)와 비교하여 flow rate control valve를 구동시킨다. MFC의 gas flow rate는 상류측 압력(upstream pressure) $P_1$의 제곱에서 하류측 압력 $P_2$의 제공을 뺀 값과 비례한다.

즉, Q(mass flow rate)=k * ($P_1^2$ - $P_2^2$)으로 나타낼 수 있다.

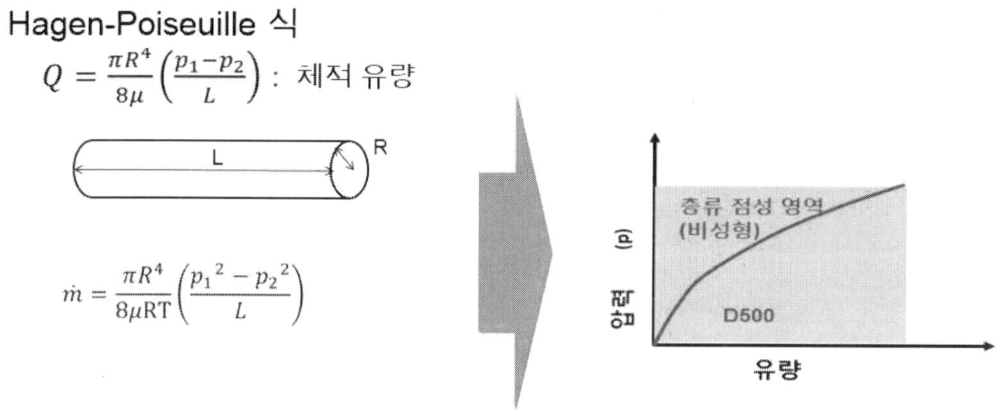


그림 3.1.8 압력식(pressure type) MFC 측정 원리

3.1.1.4 액체 유량계(Liquid MFC)

액체 소스의 유량을 제어하기 위한 유량계로 액체 소스 중 기화가 어려운 소스의 유량을 측정하는데 사용한다. 측정원리는 펠티에 (Peltier) 소자를 이용하여 액체의 유량의 계측 및 제어를 한다. 펠티에 (Peltier) 소자란 두 종류의 금속의 접합부에 전류를 흘리면 한 쪽 금속에서 다른 쪽으로 열이 이동하는 펠티에 효과를 이용하는 것으로, 펠티에 소자의 동작 원리는 P-N 접합부에 전류를 흘리면 N->P 접합부로는 흡열 현상이, P->N 접합부로는 발열 현상이 일어난다.액체의 흐름 인입부에 온도 센서를 설치하여 액체의 흐름에 따른 온도 변화(⊿T)의 정도에 따라 펠티에 소자의 전류값이 변화하여 액체의

유량을 정확하기 산출할 수 있다.

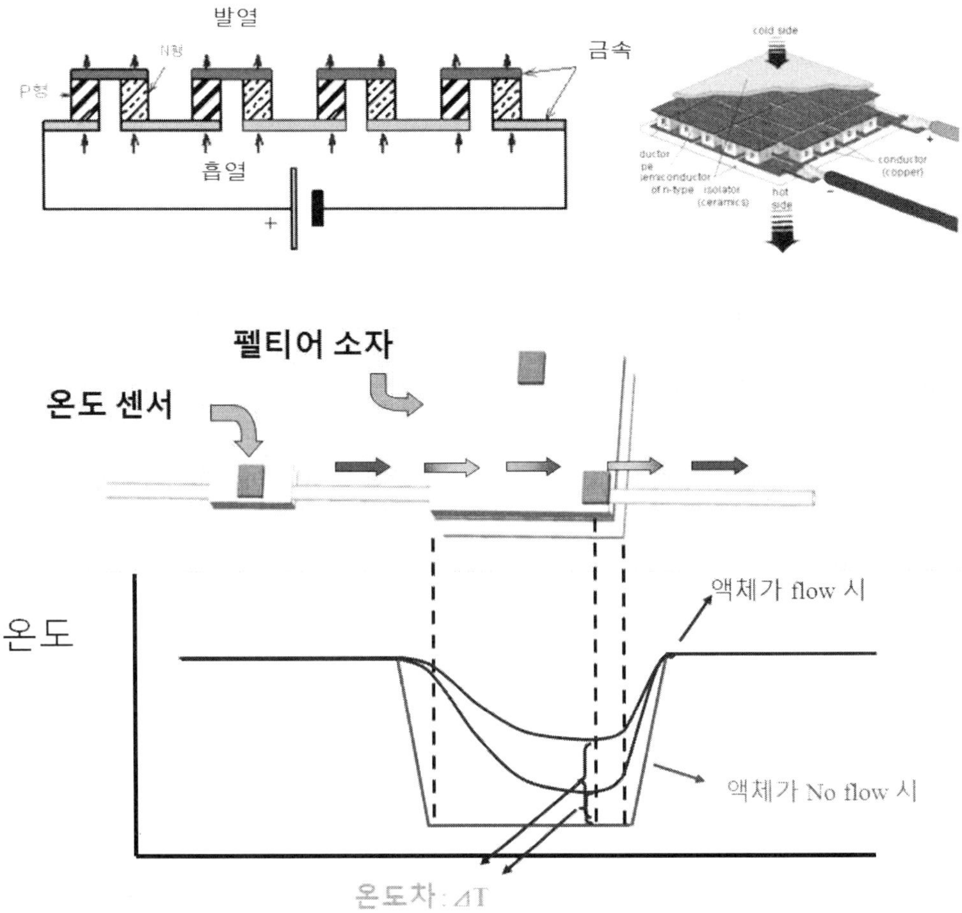


그림 3.1.9 펠티에(Peltier) 소자 구성 및 Liquid MFC 측정 원리

3.1.1.5 기화기(Vaporizer)

액체 소스를 챔버에 주입하기 위해서는 기화기(Vaporizer)를 사용하여 기화를 시켜야 한다. 기화 방법에는 캐리어(carrier)가스를 사용한 방법과 캐리어 가스를 이용하지 않고

직접 기화하는 넌캐리어(non carrier) 가스 타입으로 나뉜다. 캐리어 가스 타입의 기화기는 액체 유량 MFC에서 유량을 제어하고 별도의 캐리어 가스 MFC를 이용하여 캐리어 가스를 흘리면 이를 기화기 내에서 액체와 기체를 혼합하여 내부 열원에서 기화시켜 기화 가스의 유량을 조절하는 가스이며, 넌캐리어 가스타입은 액체는 제어 밸브에서 유량을 제어하고 동시에 제어 밸브에서 기화를 시키고 기화된 증기는 고온용 유량계에서 측정하고 제어 밸브로 피드백 하여 밸브 여닫음을 제어한다.

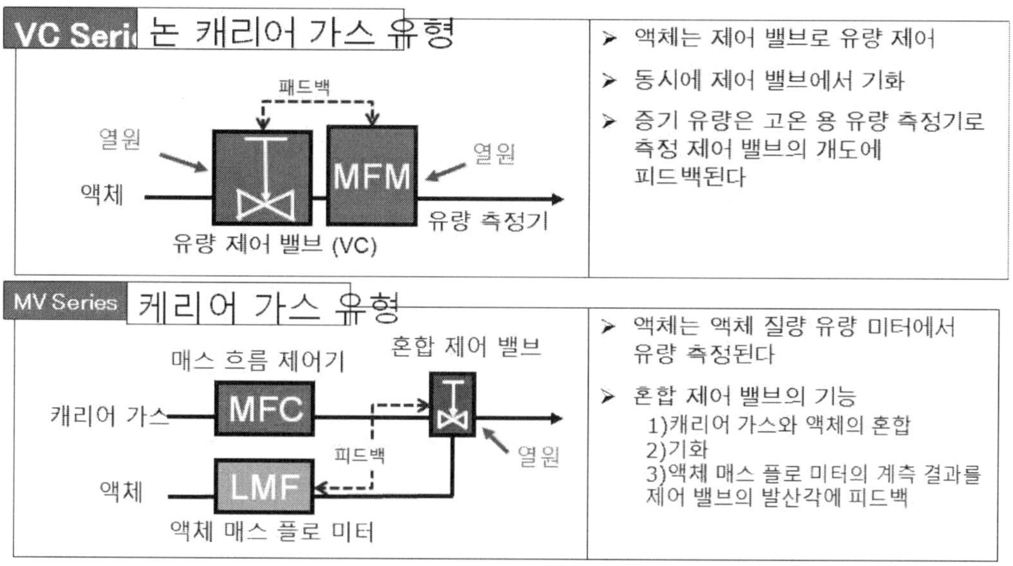


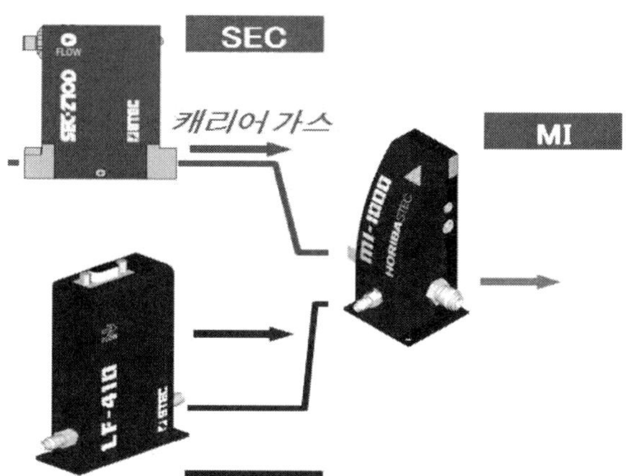


그림 3.1.10 캐리어 가스 타입 기화기

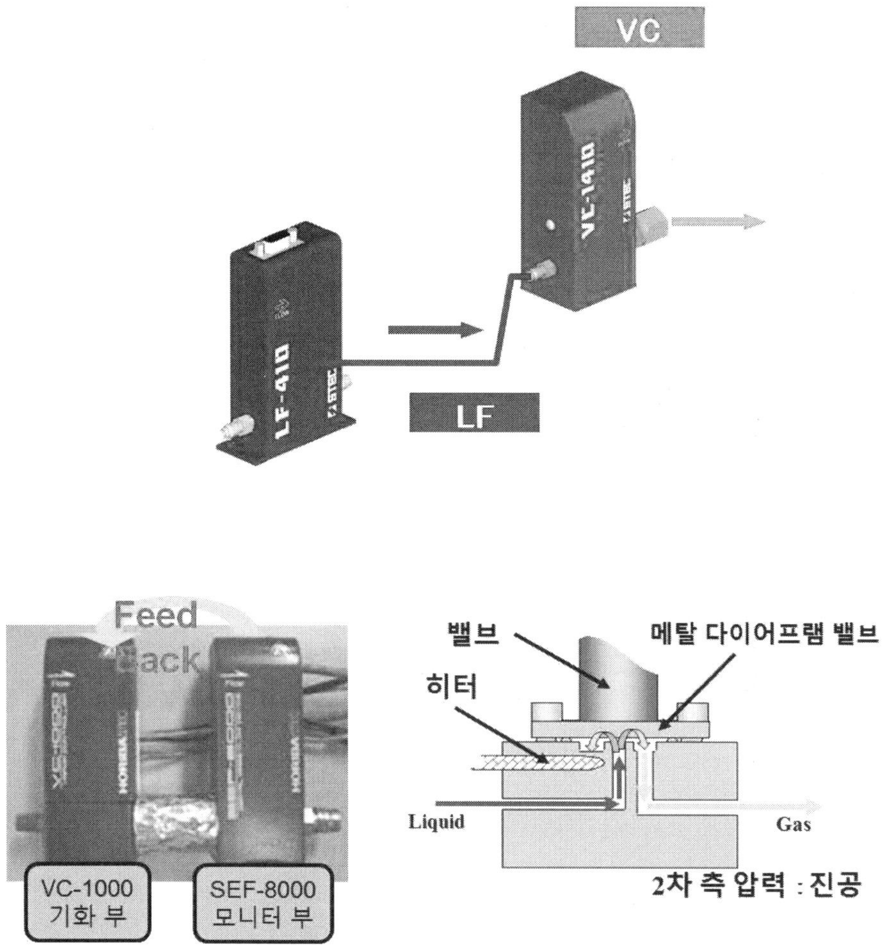


그림 3.1.11 넌 캐리어 가스 타입 (direct injection) 기화기(vaporizer)

VC(Valve Controller)는 내장 카트리지 히터를 사용하여 도입된 액체가 VC를 통과할 때 카트리지 히터에서 열 에너지에 의해 기화되고 기화된 증기는 2차측에 설치되어 있는 고온용 매스플로우 메터(MFM)로 유량 계측되고 그 결과를 VC의 밸브 개도에 피드백하여 원하는 기화 유량을 얻는다.

## 3.2 초음파 유량계(Ultrasonic Mass Flow Meter)

세정 장치 (Wet Cleaning System)에서는 여러 종류의 케미칼을 사용하여 웨이퍼에 부착된 불순물을 제거한다. 따라서 여러 종류의 케미칼은 세정장치 내에서 필요한 만큼의 유량을 관로를 지나 웨이퍼가 담겨지는 약액조(Chemical Bath)나 웨이퍼에 공급되어져야 한다. 이때 관로를 지나는 케미칼의 유량을 감지하고 조절하는데 사용되는 유량계가 초음파 유량계이다. 케미칼의 유량을 측정할 수 있는 유량계에는 여러 종류의 유량계가 있으나 초음파 유량계를 사용하면 관로의 외벽에 설치하여 케미칼과 직접적인 접촉이 없어도 초음파를 사용하여 유량을 안정적이고 정밀하게 측정할 수 있는 장점이 있어 세정 장치의 케미칼 유량계로 많이 사용된다. 이에 초음파 유량계의 측정 원리와 구성에 대하여 자세히 알아보기로 한다.

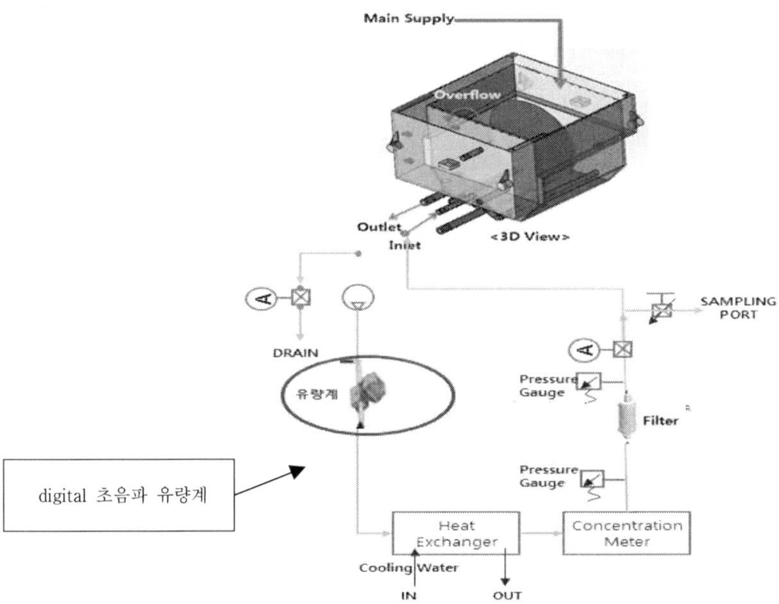


그림 3.2.1. 세정 장치 내 케미칼 배쓰(Bath) 구조와 초음파 유량계

### 3.2.1 초음파 유량계(Ultrasonic Flow Meter) 동작원리와 구성

초음파 유량계란 유체의 관로의 외벽에 설치되며 초음파 센서(트랜스듀서)를 유체가 흐르는 관로의 상류(upstream) 쪽과 하류(downstream) 쪽에 설치하여 상류측에서 초음파를 보내서 초음파가 직접적으로 유체를 통과하여 하류측 센서에 닿는 시간($T_1$)과 반대로 하류측에서 초음파를 보내서 상류측 센서에 닿는 시간($T_2$)을 측정하여 이 초음파의 도달 시간 차($\varDelta T=T_1-T_2$)에 의해 유체의 평균 유속 (V)을 연산한다. 상류측 센서와 하류측 센서는 일정한 거리를 두고 설치되어 있어 초음파의 순방향 전파 시간과 역방향 전파시간의 시간차는 관로를 흐르는 유체의 유속에 따라 다르게 나타난다. 이러한 시간차를 이용하여 변환기를 거쳐서 전기적인 신로로 바꾸어 유속(V)를 구한 다음 이를 유량(Q)으로 환산(Q= A*V, 여기서 A는 관로의 면적)하여 관로를 흐르는 유량을 측정하는 방식을 사용한다. 사용하는 초음파 센서는 수평 또는 수직으로 모두 설치가 가능하고 관의 직경과 유속에 따라 적정한 초음파의 주파수를 선택할 수 있다. 유체의 관로 외부에 설치함으로써 압력 손실이 없고 부식성 유체에도 영향을 받지 않고 측정할 수 있어 어떤 케미칼을 사용해도 측정이 가능하며(내약품성), 유체의 관로의 재질의 종류에 관계없는 비파괴 센싱이 가능하다. 유량의 측정 정밀도를 +/−1% 이내로 측정할 수 있고 측정 재현성을 +/−0.25%로 유지할 수 있어 정밀한 측정이 가능하다. 또한 유량 측정을 현재 흐르는 유량뿐만 아니라 적산유량을 동시에 측정이 가능하며 순방향 뿐만 아니라 역방향으로의 유량 측정도 가능하며 원격 제어도 가능하다.

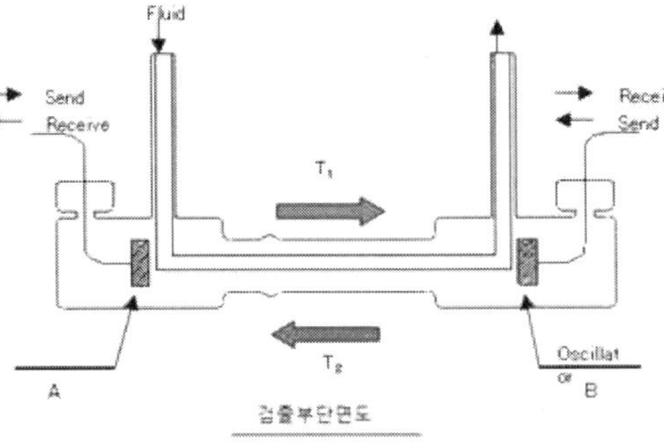


그림 3.2.2. 초음파 유량계(ultrasonic flow meter)

◆ Clamp – ON Type

유체 안으로 초음파를 전달시키면 A→B와 B→A에서는 전달시간에 차가 생깁니다.

각각의 전달 시간은

$t_{AB} = L3 / (C3 + V\cos\theta 3) + t$

$t_{BA} = L3 / (C3 - V\cos\theta 3) + t$

가 됩니다. 이 차를 속도V로 계산하면,

$2V\cos\theta 3 = L3/t_{AB} - L/t_{BA}$

$= 2L3(t_{BA} - t_{AB}) / (t_{BA} \cdot t_{AB})$

$\therefore V = L3\,(t_{BA} - t_{AB}) / (\cos\theta 3 \cdot t_{BA} \cdot t_{AB})$

가 되고, L3및 q3은 이미 알고 있는 사항이므로 평균유속 V를 계측할 수 있습니다.

L : A-B 간의 거리
V : 유체 평균 유속
C : 초음파 전달 속도
tAB, tBA : A-B, B-A 간의 초음파전달 시간
D : 검출기의 설치간격
t : 관벽 (管壁) 전달시간
θ : 초음파 입사, 굴절각

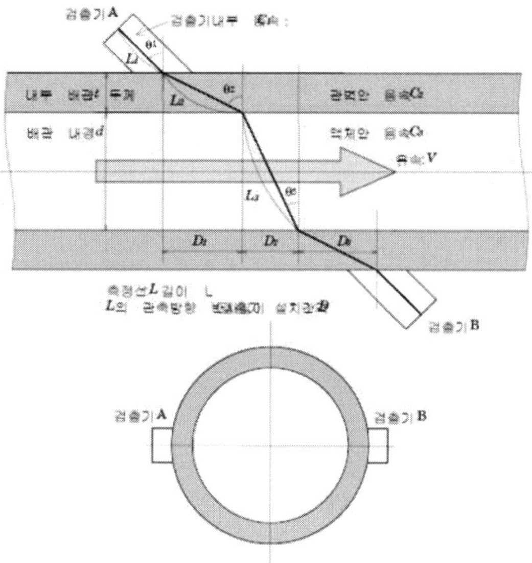


• 측정선 길이가 구경에 의존한다.
• 유체 음속과 관계가 있다.

$$Q = A \times V \quad \left( V = \frac{\Delta t C^2}{2L\cos\theta} \right)$$

◆ <u>소 유량용 검출기 (U자형)</u>

유체속도 V는, V가 음속C에 비해 매우 작은 점을 이용하여, 다음식으로 두 개의 전달시간 차이를 구할 수 있다.

$$V = \frac{t_{BA} - t_{AB}}{2 \times t_{AB} \times t_{BA}} \times L \qquad Q = A \times V$$

여기서 $t_{AB} = L / (C + V)$ $\qquad t_{BA} = L / (C - V)$

V : 측정유체의 유속
tAB : A→B의 전달시간
tBA : B→A의 전달시간
L : AB간 거리 (측정길이)
C : 측정유체의 음속

측정선 길이가 구경의 크기에 의존하지 않고 유체의 음속과 관계가 없다.

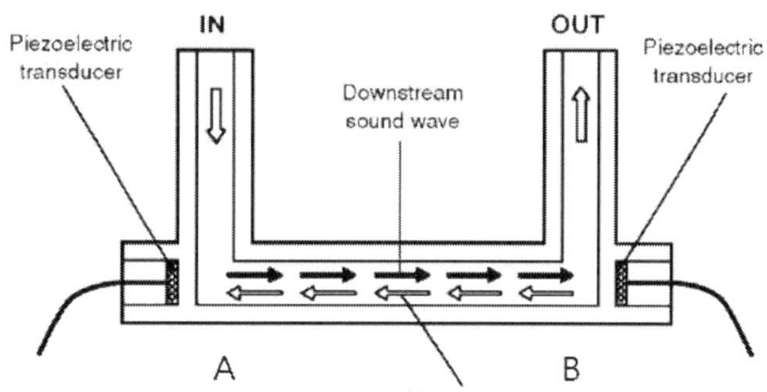


그림 3.2.3. 초음파 유량계(ultrasonic flow meter) 타입별 유속(V)과 유량(Q)측정 원리

### 3.2.2 초음파 유량계(Ultrasonic Flow Meter)를 사용한 케미칼 유량 제어

반도체 공정 중 세정공정의 경우 세정에 사용되는 케미칼과 관련된 장치는 약액 공급 장치와 제어 장치로 구성된다. 약액 공급 장치는 원하는 약액을 원하는 비율로 공급하기 위한 약액을 계측하는 유량계와 농도계, 약액이 믹싱(Mixing)되는 탱크, 믹싱된 약액을 웨이퍼에 공급하기 위한 펌핑 시스템(Pumping system)으로 구성되어 있다. 반도체 공정에 사용하는 약액 공급 장치의 펌프는 주로 벨로우즈 펌프(Pneumatic drive bellows pump)로 구성되어 있으며 펌프에서 토출되는 압력의 맥동을 최소화 하기 위해 케미칼 공급 노즐마다 레귤레이터(regulator)를 장착하여 사용한다. 토출된 케미칼의 유량을 제어하기 위한 제어 시스템은 구동 방식에 따라 수동 및 자동으로 구분된다. 수동 유량 제어 시스템은 주로 수동 니들 밸브(needle valve)를 사용하여 유로를 제어하여 유량을 제어한다. 수동 유량 제어시스템은 구성이 단순하여 투자 비용이 절감되는 장점이 있으나 토출 유량의 정밀 제어가 어렵다. 이로 인하여 유량 관리가 정밀하게 되어야 하는 첨단 세정장비에는 자동 유량 제어 시스템을 채택하고 있다. 자동 유량 제어 시스템은 초음파 유량계의 계측값을 피드백(Feedback) 받아 실시간 제어가 가능하다. 유량계에서 계측된 초음파 신호를 제어 유닛에서 전기적 신호로 처리하여 유량을 연산하고 계측된 유량값을 이용하여 제어 유닛에서 스테핑 모터(Stepping Motor)와 연결된 전공 레귤레이터(Electronic pneumatic Regulator)에 전류 신호를 보내 전공 레귤레이터 내의 다이어프램(Diaphragm)의 상, 하 운동으로 유로를 제어하여 설정 유량이 제어되도록 되어있다. 스테핑 모터의 상부에는 엔코더(encoder)가 장착되어 유량 제어 시 발생할 수 있는 스테핑 모터의 탈조(out of phase) 현상을 감지하고 엔코더의 센싱 값을 피드백 받아 제어에 활용한다. 전공 레귤레이터를 오버슈팅을 막도록 설계된 정압밸브와 연결하고 이 정압 밸브는 일체형 On/Off 석백(Suckback) 밸브와 직렬 연결되어 실시간 유량 제어 및 토출 On/Off 제어가 가능한 구조로 되어있다.

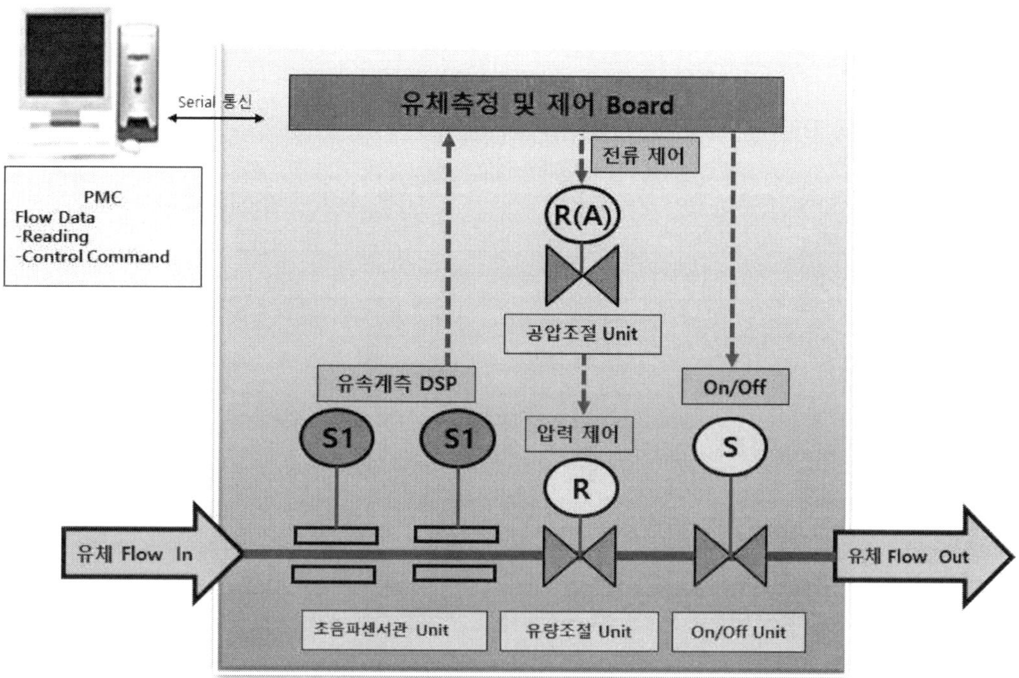


그림 3.2.4. 유량 제어시스템의 블록 다이어그램(Block diagram)

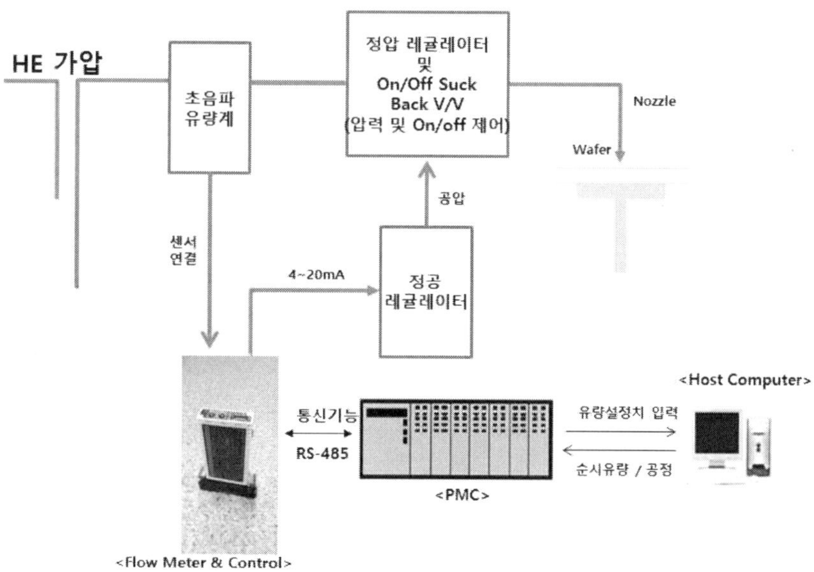


그림 3.2.5. 유량 제어시스템 구성도

# 4장

# 밸브 장치 이해

반도체 장비에는 여러 종류의 밸브 들이 사용되고 있다. 밸브란 공정에 사용되는 가스나 케미칼 , 초순수(UPW: Ultra Pure Water), CDA(Clean Dry Air), PCW(Process Cooling Water), 배기(Exhaust) 등 유틸리티(Utility) 의 모든 배관에 장착되어 유체(액체, 기체)의 흐름을 개폐(On/Off)하거나 유량을 조절(Control)하거나 유체의 방향을 바꾸거나 유체의 압력을 조절(Pressure Control)하는 제반의 역할을 수행하는 장치를 총칭한다. 본 장에서는 이 중 주로 반도체 장비에 사용되는 밸브를 중심으로 기술하도록 한다. 반도체 장비에서 사용되는 밸브는 장비 내부의 챔버(chamber)간 웨이퍼를 이송하는 로봇이 드나들고 챔버를 차폐(isolation)하는 역할을 하는 슬릿 도어 밸브(Slit door valve)를 비롯하여 챔버 내부에 연결된 진공 펌프와의 연결을 개폐(On/Off)하는 역할을 하는 게이트 밸브(Gate valve), 챔버 내의 진공 압력을 원하는 압력으로 조절하기 위하여 배관의 면적을 조절하게 하여 챔버 내부로부터 진공 펌프로 향하는 기체의 배기량을 조절하는 역할을 하는 트로틀 밸브(Throttle valve), 배관의 방향을 직각(90°) 또는 여러 가지 각도로 바꾸는 역할을 하는 앵글 밸브(Angle valve) 등이 있다. 본 장에서는 이들 여러 가지 밸브의 구성과 동작원리에 대해서도 알아 보기로 한다. 또한 밸브의 구동 방식에 따라서도 수동으로 작동하는 수동 밸브(Manual valve)와 자동으로 작동하는 자동 밸브(Automatic valve), 밸브 스스로 작동하는 자주식 밸브(Self actuating valve)

등이 있으며 반도체 장치에는 주로 자동으로 작동하는 자동 밸브를 사용한다. 이 들 자동밸브도 작동 방식에 따라 공압식(Pneumatic) 밸브와 유압식(Hydraulic) 밸브와 전자석을 사용하는 솔레노이드(Solenoid) 밸브로 나뉜다. 이 중 반도체에서 가장 많이 사용하는 밸브는 공압식 밸브와 솔레노이드 밸브이다. 또한 밸브는 용도에 따라 필요한 압력으로 유량의 출력을 조절해주는 압력 제어 밸브(Pressure control valve)와 유량의 속도를 제어하여 유량을 제어해 주는 유량 제어 밸브, 유량의 방향을 바꿔주는 방향 제어 밸브로 나뉜다. 이들 밸브의 종류와 동작 원리에 대해서도 본 장에서 기술하려 한다. 또한 밸브 작동에 필요한 기초 이론에 대해서도 간단히 기술하도록 한다.

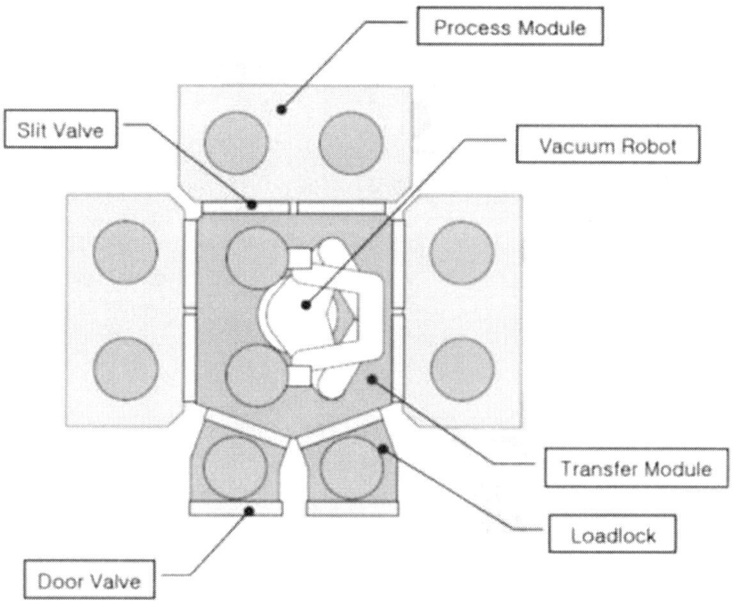


그림 4.1.1. 반도체 장치에서의 슬릿 도어 밸브

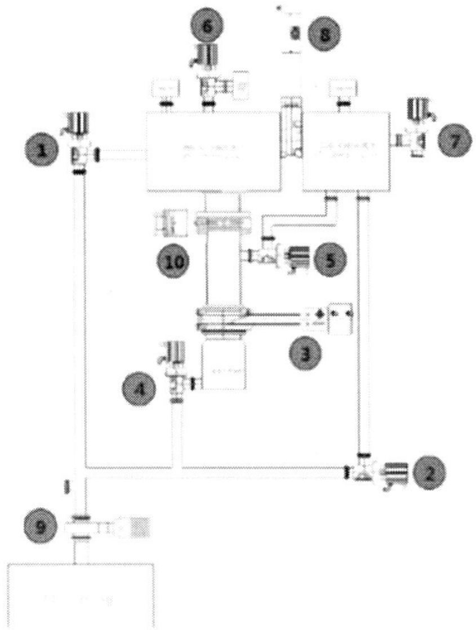

| NO | Description | Image |
|---|---|---|
| 1, 2 / 6, 7 | 2 Step Angle Valve / Pneumatic Angle Valve | |
| 3 | Pneumatic Gate Valve | |
| 4, 5 | Pneumatic Angle Valve (Special Heating Type) | |
| 8 | Rectangular Slit Valve | |
| 9 | Auto Gate Valve / Protection Gate Valve | |
| 10 | APC (Throttle Valve) | |
| Remark | CRYO Pendulum Valve / FPD / SOLOR Slit Valve | |

그림 4.1.2. 반도체 장치에서의 다양한 밸브 어플리케이션(application)

## 4.1 반도체 장비에서 사용하는 진공 밸브

반도체 장비에서 사용하는 진공용 밸브의 종류와 역할에 대해 알아보자. 먼저 진공용 밸브의 필요한 요건에 대해 살펴보면 다음과 같다.

1)고성능 밀폐 성능: 닫힌 상태에서 완벽한 밸브 차폐 기능을 가져야 한다. 즉, 밸브 내부에서의 기체 누설(leak)이 발생하지 않아야 한다.

2)고 청정 성능: 밸브 내부 및 밸브 작동시 파티클(particle) 등 오염원이 발생되지 않아야 하며 기체 투과율이 낮아야 한다.

3)고 내구 성능: 양산 장비에 적합하도록 반복 수명이 보장되어야 한다.

4)고 내열 성능: 열을 많이 사용하는 공정 조건하에서도 밸브의 성능이 유지되어야 한다.

5)고 내식 성능: 부식성 가스를 많이 사용하는 공정 조건하에서도 밸브의 성능이 유지되어야 한다.

6)고 배기 성능: 밸브가 열린(Open)된 상태에서는 최대한 배기 성능이 유지되도록 최대한의 컨덕턴스(conductance)가 유지 되어야 한다.

7)고 내압 성능: 사용 압력 조건하에서 압력 변화에 따른 내압 성능이 유지 되어야 한다.

### 4.1.1 밸브의 종류 및 구조

#### 4.1.1.1 슬릿 밸브(Slit valve)

사각형 게이트 밸브(Rectangular Gate valve)의 일종으로 반도체 장비 내의 각 챔버(chamber)간 격리(isolation)을 목적으로 장착된 밸브로 웨이퍼가 드나들 수 있기 위하여 사각형(Rectangular) 모양을 하고 웨이퍼가 드나드는 통로를 밀폐시키기 위한 블레이드가 장착되어있다. 슬릿 밸브(slit valve)는 도아(door) 밸브, 트랜스퍼(transfer) 밸브라고도 불린다. 게이트 밸브란 유체의 흐름의 차단을 직각으로 해주는 밸브로서 유체가 밸브 내를 통과할 때 유체의 흐름의 방향 및 단면적의 변화가 거의 없어 압력 손실이 없는 장점을 가지고 있는 반면에 밸브의 개폐를 위한 액츄에이터의 이동 거리를 확보하기 위한 공간이 필요한 단점이 있다.

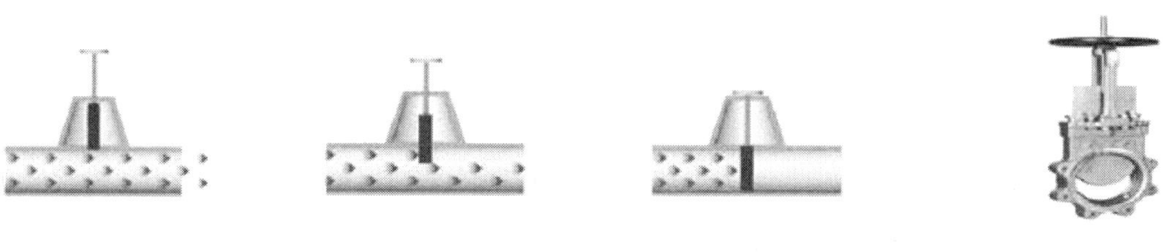

그림 4.1.3. 게이트 밸브(gate valve)의 구동 원리

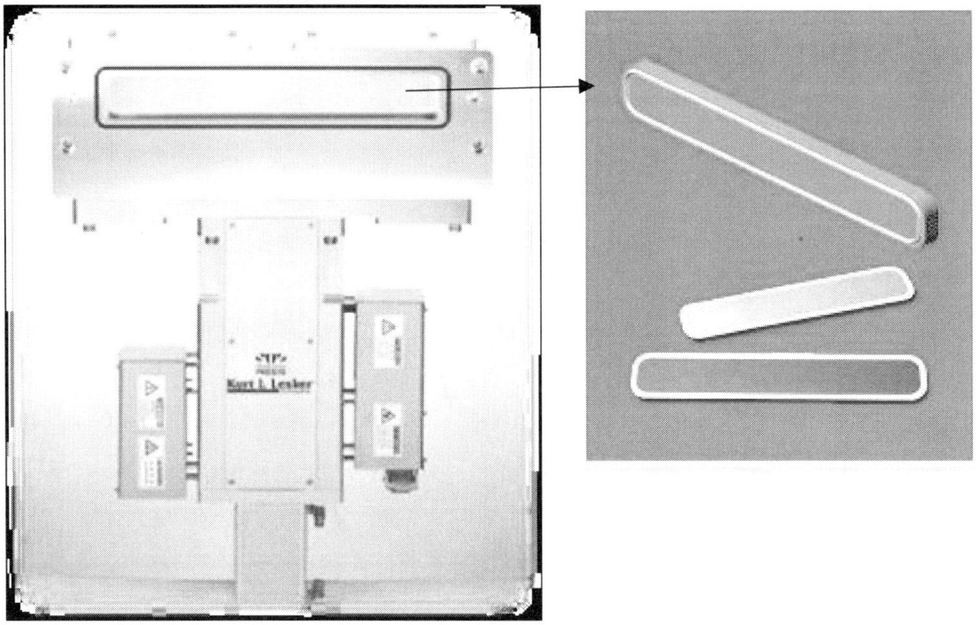

그림 4.1.4. 슬릿 밸브(gate valve)와 블레이드(blade)

블레이드(Blade)는 진공 누설(laek)을 방지하기 위하여 밀봉(sealing)이 필요한데 밀봉재로는 여러 가지 재질의 오링(O-ring)을 사용하거나 본딩(Bonding) 타입의 실링(sealing)을 사용한다. 오링 타입을 사용할 경우는 주기적인 오링의 교체가 요구된다.

4.1.1.2 원형 게이트밸브(Circular Gate valve)

게이트 밸브(Gate valve)의 일종으로 원형(Circualr) 형태로 종단이 만들어 진 게이트 밸브로서 챔버의 배기구(Exhaust Outlet)와 연결된 배관의 입구와 터보 펌프와 같은 고진공 펌프(High Vacuum Pum) 사이에 위치하거나 Dry Pump와 같은 메인 펌프(Main Pump) 입구(inlet)에 위치하는 밸브로서 주로 공압(Pneumatic)으로 작동되는 개폐

(Open/Close)기능 만을 수행하는 밸브이다. 펌프와의 격리를 통해 진공을 차단(Vacuum isolation)을 시킬 수 있어 필요에 따라 펌프의 영향(진공)을 차단할 수가 있다.

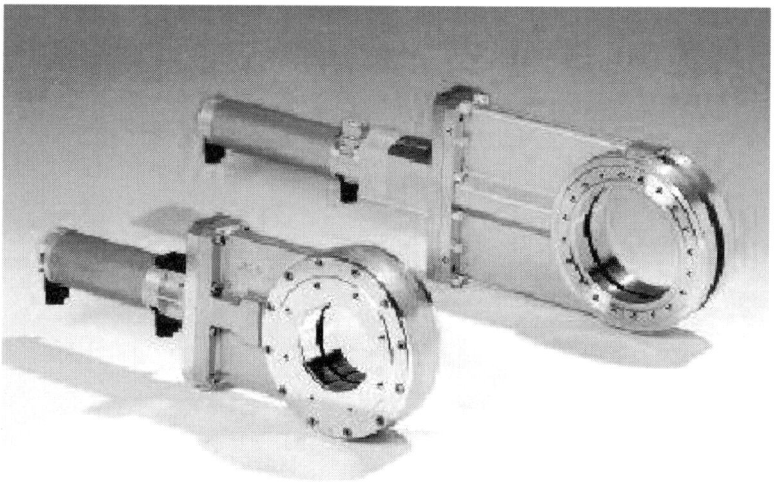

4.1.5. 원형 게이트 밸브(circular gate valve)

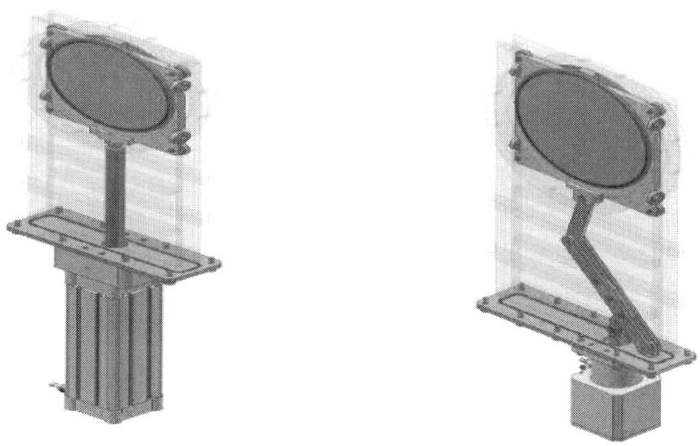

4.1.6 원형 게이트 밸브 타입 : 실린더 타입(왼쪽)과 링크 타입(오른쪽)

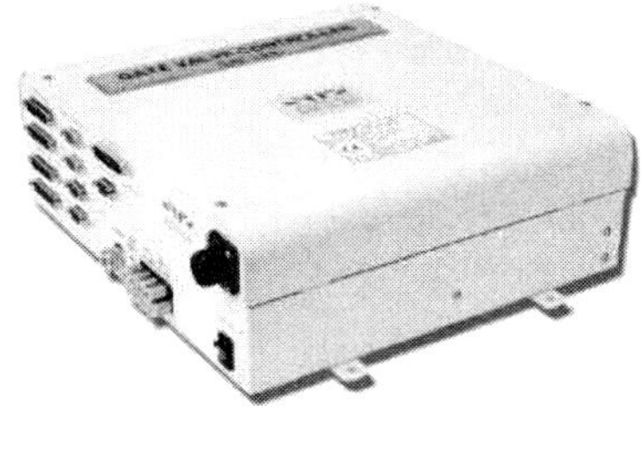

4.1.7 소프트 스타트(Soft start)게이트 밸브 용 콘트롤러(controller)

원형 게이트 밸브 타입에는 실린더 타입(cylinder type)과 링크 타입(link type)이 있는데 내구성 측면에서는 실린더 타입이 유리하나 링크타입은 실린더 타입에 비해 동작 길이가 짧아 공간 활용에 유리한 장점이 있다. 또한 게이트 밸브의 동작을 밸브 오픈(open) 시의 시간을 천천히 조절하여 급격한 압력 변화를 줄이고 역류를 줄일 수 있도록 소프트 스타트(soft start) 기능을 추가할 수 있는데 이 경우는 전용 소프트 스타트 밸브와 컨트롤러를 추가로 장착하여야 한다. 또한 메인 펌프인 드라이 펌프(Dry Pump) 입구(inlet)의 바로 상단에 Protection Circular 게이트 밸브를 장착하여 (Controller 포함) 펌프의 급작스런 정지(Down)에 의해 반응 부산물이 챔버 쪽으로 역류(Backstream)되지 않도록 순간적으로 자동으로 밸브를 신속하게 차단(Fast Closing)할 수 있다.

4.1.8 Pump Protection Circular gate valve & Controller

4.1.1.3 트로틀 밸브(Throttle Valve)

트로틀 밸브는 챔버(Chamber)와 진공펌프 사이에 위치하며 챔버로부터 배기(Ehxaust)되는 배기량을  배관의 단면적을 조절하여 컨덕턴스(Conductance)를 자동으로 조절하는 밸브로서 APC(Automatic Pressure Control) 밸브라고도 한다. 밸브의 개폐(Open/Close)보다는 밸브 내에 회전체를 장착하여 밸브의 단면적을 조절하여 배기량을 조절하는 방식으로 구동된다. 밸브의 종류로 가장 많이 사용하는 것으로 Butterfly Valve와 Pendulum Valve가 있다. Butterfly Valve는 밸브내에 원형의 회전체가 90°로 회전하여 밸브내의 면적을 조절하는 방식의 밸브이고, Pendulum Valve는 진자 모양의 회전체가 일정한 반경을 그리며 밸브의 단면적을 조절하는 방식의 밸브로서 모두 자동으로 조절되며 이를 위한 전용의 콘트롤러(controller)가 부착되어 있다.

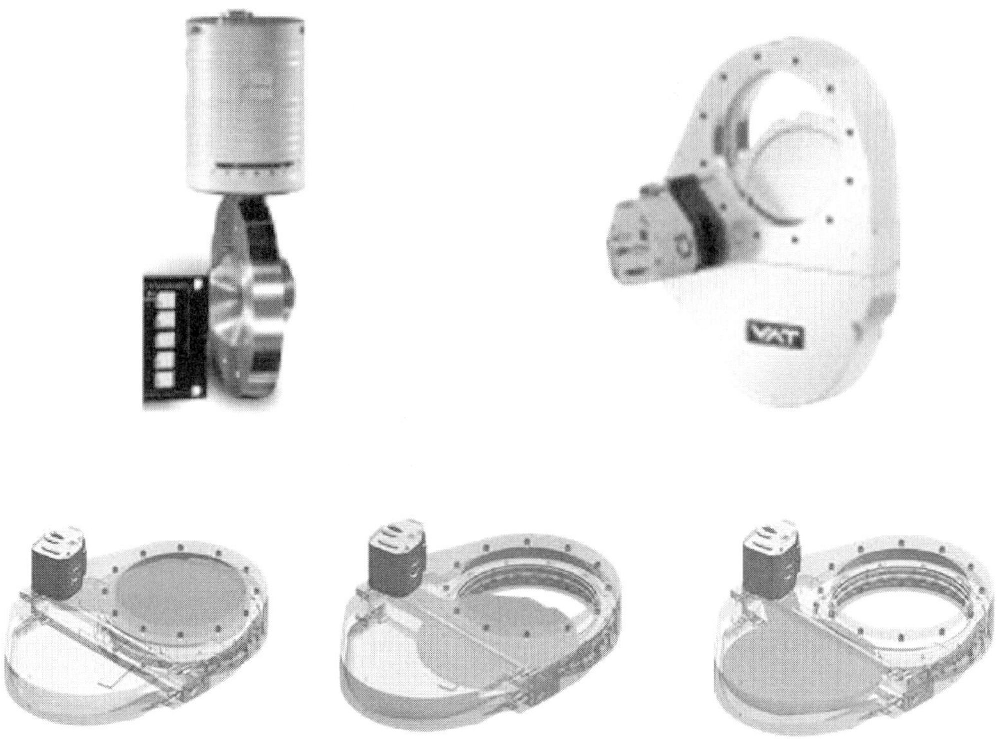

4.1.9 APC Valve: Butterfly valve(왼쪽), Pendulum Valve(오른쪽)와 동작(아래쪽)

4.1.1.4 앵글 밸브(Angle Valve)

앵글 밸브란 유체의 입구와 출구 방향이 일정한 각도(예: 90°각도 등)를 이루고 있는 밸브로 주로 공압(Pneumatic)으로 작동되며(단동 또는 복동) 내부에 방향을 바꾸기 위한 공압 실린더와 벨로우즈(Bellows)가 장착되어 있다. 단동 밸브에는 복귀를 위한 코일이 내장되어 있다. 밸브내부에는 밀폐기능을 위하여 오링(O-Ring)이 장착되어 있으며 내부에 발열 장치(Heater)가 내장되어 챔버로부터 배출되는 공정 부산물이 응고되어 파티클 발생이 되는 것을 방지하도록 하는 경우도 있다. 밸브 상부에 연결된 Air 실린더에 air 가 유입되면 피스톤이 작동되어 피스톤과 연결된 벨로우즈 샤프트(Shaft)가 작동하여 게이트를 동작시키는 원리로 작동된다.

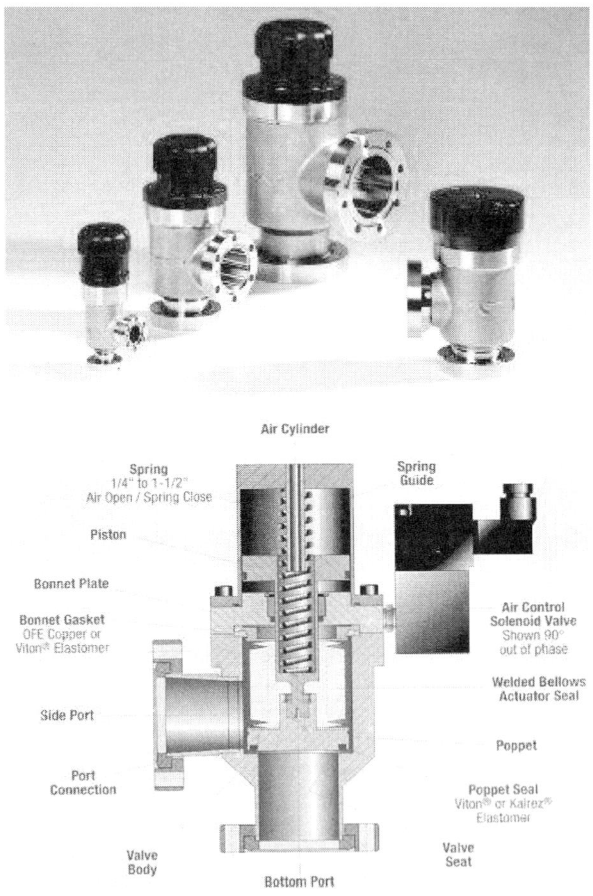


4.1.10 앵글밸브(Angle Valve)와 밸브 내부 구조

## 4.2 구동 방식에 따른 밸브의 구분

반도체 장비에서 사용하는 밸브에는 구동 방식에 따라 수동밸브(Manual valve), 자동 밸브(Automatic operating valve), 자주식 밸브(Self actuating valve)로 나뉜다. 수동 밸브는 손으로 작동하는 밸브로서 대표적인 밸브가 hand valve가 있으며 볼밸브(Ball valve)가 주로 사용된다. 자동 작동 밸브는 공압 밸브(Pneumatic valve), 유압 밸브(Hydraulic valve), 전자석 밸브(Solenoid valve)가 있으며 이중 반도체에서는 공압 밸브와 전자석 밸브를 가장 많이 사용한다. 자주식 밸브는 중력이나 부력을 사용하여 스스로 작동하는 밸브를 말한다. 본 교재에서는 이 중 가장 많이 사용하는 볼밸브, 공압 밸브, 전자석 밸브에 대해 살펴보기로 한다.

### 4.2.1 수동 밸브(Manual valve)

#### 4.2.1.1 볼 밸브(Ball valve)

볼 밸브란 볼 가운데 구멍이 뚫린 공 모양의 디스크가 레버등에 연결된 나사에 의해 회전하면서 배관내의 핸들(레버)을 90도로 돌려서 개폐를 하므로 밀봉 효과가 뛰어나서 높은 기밀성과 수밀성이 요구되는 곳에 사용된다. 내구성이 좋고 가격이 저렴하다. 또한 밸브 개폐시 유로가 배관의 구경과 거의 일치하여 다른 밸브에 비해 압력 손실이 적다. 주의할 점은 밸브의 full open 또는 full close 외에 레버를 조금씩 열어서 유량을 조절하는 목적으로 사용하면 밸브 원형의 일부만 압력(힘)을 받게되어 밸브시트의 변형이 발생되어 기밀성이 저하되고 누설(leak) 가능성이 있으므로 유량 조절용으로는 부적합하다.

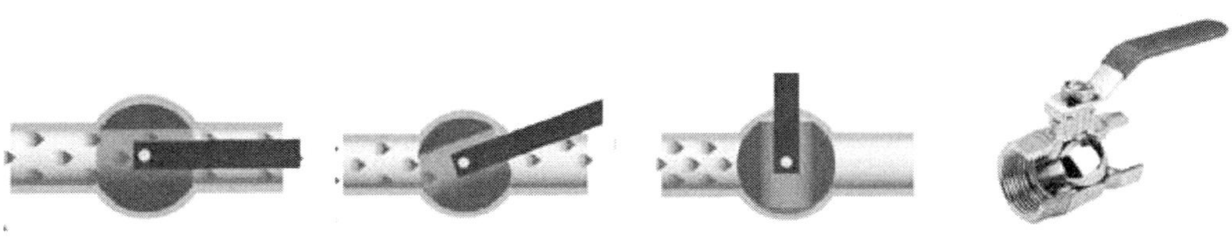

4.2.1 볼밸브(Ball Valve)와 밸브 내부 구조

### 4.2.2 공압 밸브(Automatic valve)

공압 밸브(Pneumatic valve)란 압축된 공기(Compressed air)를 관로를 통해 공압 액추에이터(actuator)에 전달하여 공기의 압력을 제어하고 유량을 제어하며 유체의 흐름의 방향을 제어하는 밸브를 말한다. 압축된 공기를 만드는 장치를 공압 장치라고 하며 동력원인 공기를 쉽게 얻을 수 있으며 제어가 간단하며 취급이 용이하다. 단, 공압 밸브는 압력이 높지 않기 때문에 큰 힘을 이용할 수 없는 단점이 있으며 이 경우에는 유압(hydraulic)을 사용하는 액추에이터를 사용한다. 유압 액추에이터는 작동유(hydraulic oil)을 사용하므로 연결부위에 기름의 누설이나 기름 속에 먼지가 혼입되면 고장을 일으키기 쉬운 단점이 있다. 이러한 이유로 반도체 장비에서는 주로 공압 밸브를 사용한다. 공압 밸브는 사용 목적에 따라 압력 제어 밸브, 유량 제어 밸브, 방향 제어 밸브로 나뉜다.

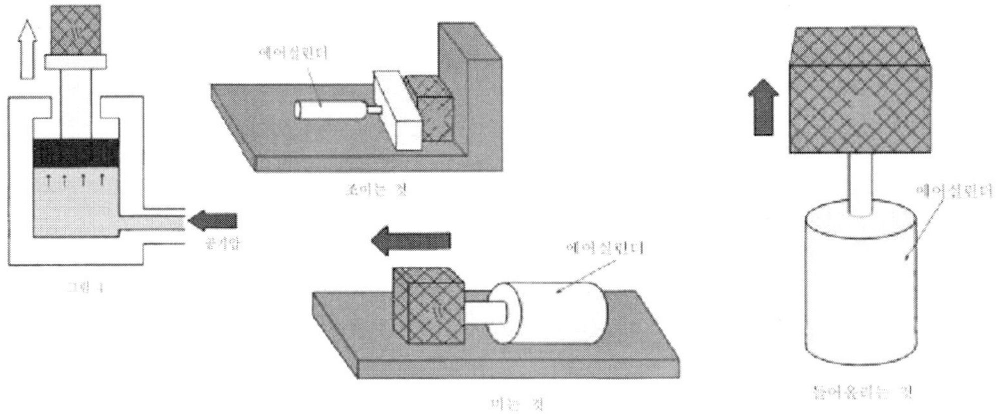


4.2.2 공압 밸브(Pneumatic Valve)와 사용 용도

4.2.2.1 공압 시스템(Pneumatic system)

공압 시스템은 모터를 사용하여 공기 압축기(air compressor)를 구동하여 압축 공기를 만들고, 압축기에서 만들어진 압축 공기는 고온 이므로 이를 냉각기(cooler)를 사용하여 냉각 시켜서 공기 탱크(air tank)에 저장한다. 탱크에 저장된 압축공기에는 먼지와 수분이 섞여 있으므로 공기 정화기(filter)를 통과 시켜 청정(clean)한 압축 공기(compressed air)로 만든다. 이를 다시 냉각기를 사용하여 수분을 완전히 제거한 건조한 공기(dry air)로 만든다음 제어 장치를 통하여 압축 공기의 유량과 압력을 적정한 값으로 조절한 후 압축 공기 흐름의 방향을 제어하여 에어 실린더(air cylinder)와 같은 공압 액추에이터(actuator)를 작동시킨다. 제어 장치는 제어 밸브와 제어기기로 구성되어 있으며 제어 밸브에는 압력 제어 밸브, 유량 제어 밸브, 방향 제어 밸브로 구성된다.

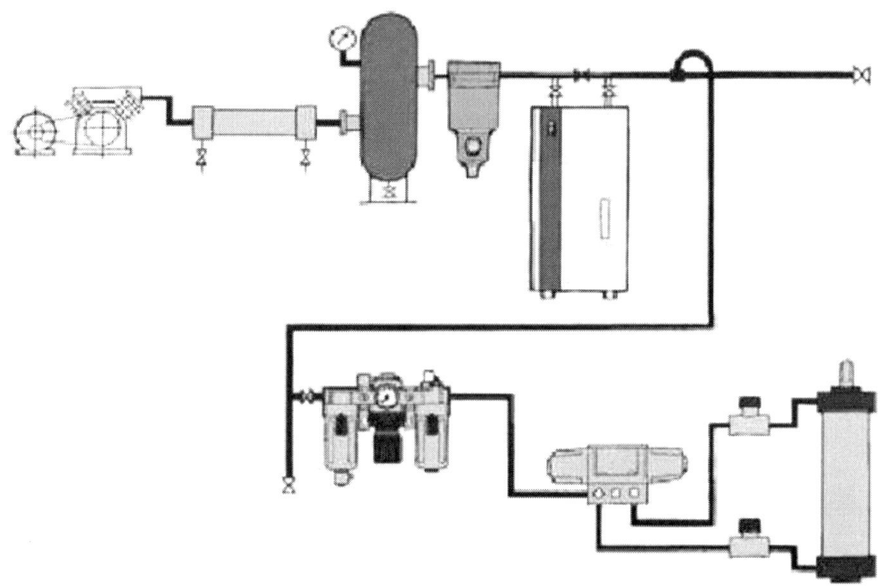

4.2.3 공압 시스템(Pneumatic system)구성도

(a) 공기 압축기(air compressor)

대기로부터 공기를 흡입, 압축하여 압축 공기를 만드는 장치이다.

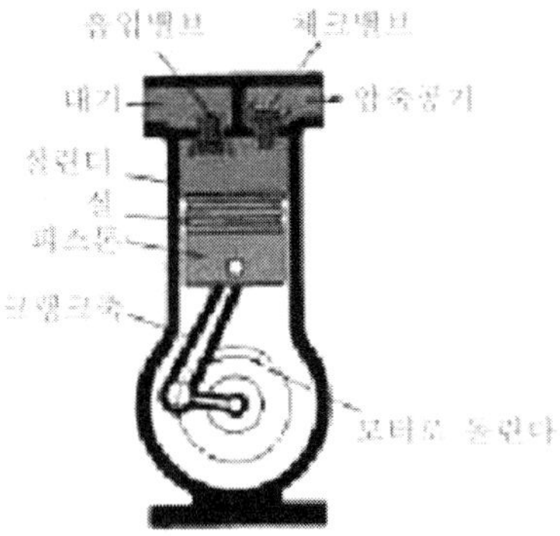


왕복식(RECIPRO식)
실린더내의 피스톤이 왕복운동
함에 의해 공기를 압축한다.

공기를 압축하는 구조를 크게 구별하면 리시프로 타입(왕복 동작)과 스크류타입(회전운동)의 2종류가 있다.

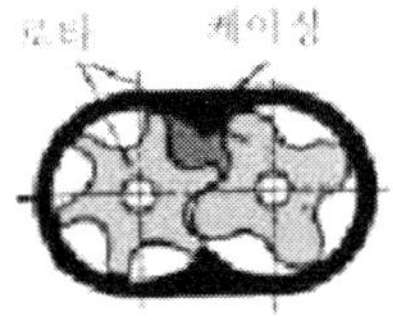


나사식(스크류식)
회전식으로 케이싱내의 로타가
회전하여 공기를 압축한다.

4.2.4 압축기 종류와 압축기 내부 구조

(b) 냉각기(cooler)

압축기에서 토출되는 압축 공기는 고온이므로 공기를 냉각시킴과 동시에 냉각에 의한 수분 분리제거를 하기위한 장치로서 냉각 방법에는 외부 공기로 냉각하는 공냉식과 냉각수를 이용하여 공기를 냉각하는 수냉식 두가지 방법이 있다.

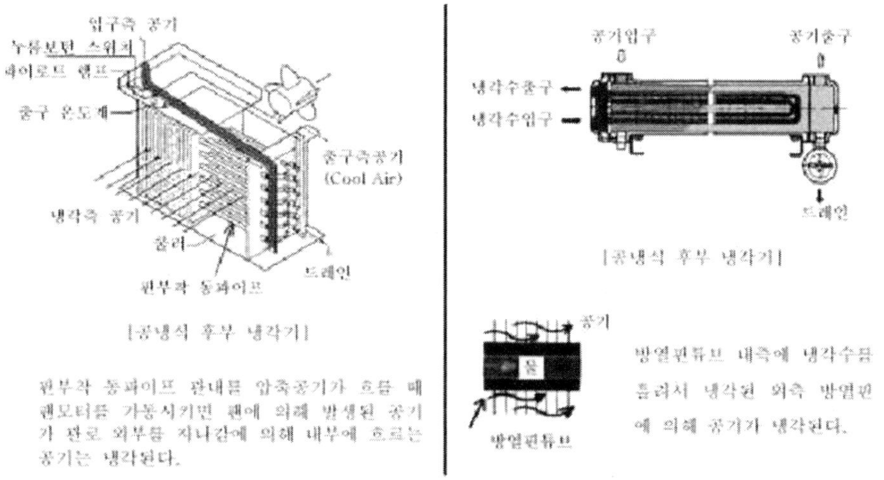


4.2.5 냉각기 종류와 냉각기 내부 구조

(c) 에어 탱크(Air tank)

에어 탱크는 압축기로부터 송출되는 공기의 맥동 방지와 저장을 목적으로 사용된다. 에어탱크는 입구와 출구쪽에 이상 고압시의 위험 방지를 위한 안전 밸브(relief valve)와 압력 확인을 위한 압력계가 설치되어 있다.

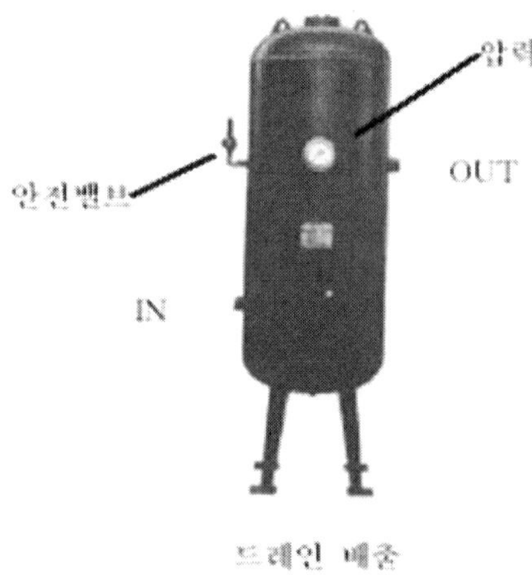


4.2.6 에어 탱크(air tank)구성도

(d) 주배관 필터(Main filter)

에어 탱크에서 공급된 공기에는 먼지, 수분, 이물질 등이 섞여 있다. 주배관 필터는 이 압축 공기에 포함된, 수분, 기름, 먼지 등의 이물질들을 제거하여 청정한(clean) 압축 공기로 만드는 역할을 한다.

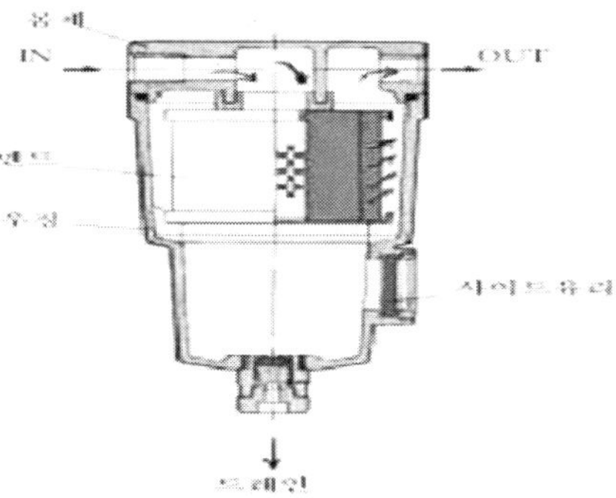


4.2.7 주배관 필터(Main filter)구성도

(e) 냉동식 에어 드라이어(air dryer)

냉동식 에어 드라이어는 공기를 냉각함으로써 공기 중에 포함되어 있는 수증기를 응축하여 수분을 냉각시켜 제거하는 장치이다. 에어드라이어 입구로부터 유입되는 습하고 뜨거운 공기를 냉장고와 같이 에어 쿨러 내에서 냉매와의 열교환에 의해 냉각되어 수분이 제거된다. 출구쪽 공기는 냉각된 공기 상태 그대로 출구쪽으로 나오면 배관 외부에 이슬 맺힘 현상이 발생하므로 공기 재가열기(reheater)에 의해 따뜻한 공기로 전환되어 송출된다.

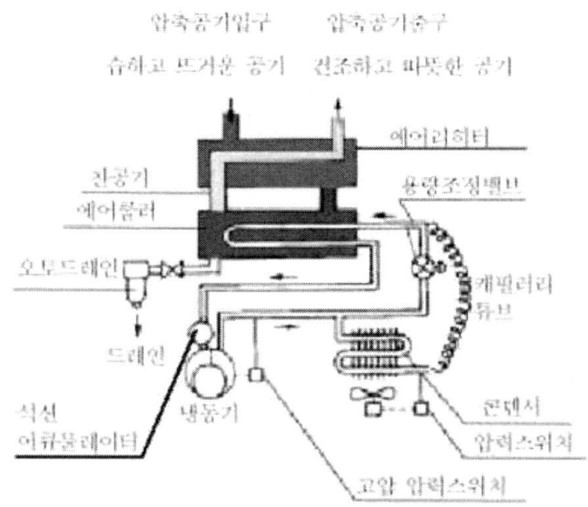


4.2.8 냉동식 에어 드라이어(Air dryer)구성도

(f) 공기압 보조기(FRL)

공기압 보조기는 압력조절기로써 필터(Filter)를 사용하여 공기의 이물질을 제거하고, 감압 밸브(Regulator)를 사용하여 압축 공기의 압력을 적정값으로 제어하고, 루브리케이터(Lubricator)를 사용하여 급유를 필요로 하는 전자 밸브나 액추에이터(실린더)를 사용할 경우 이용된다. 이 중 감압밸브(Regulator)는 압축기에서 공급된 압축 공기의 압력을 필요한 압력으로 낮추기 위해 사용되며 압력의 설정은 핸들을 조작함에 따라 압력 조절 스프링이 압축되고 이에 의해 피스톤이 다이아프램을 눌러서 압력 조절 스프링의 힘과 밸런스 된 곳에 압력이 설정되어 출구측의 공기의 압력을 일정하게 유지시켜 주도록 한다.

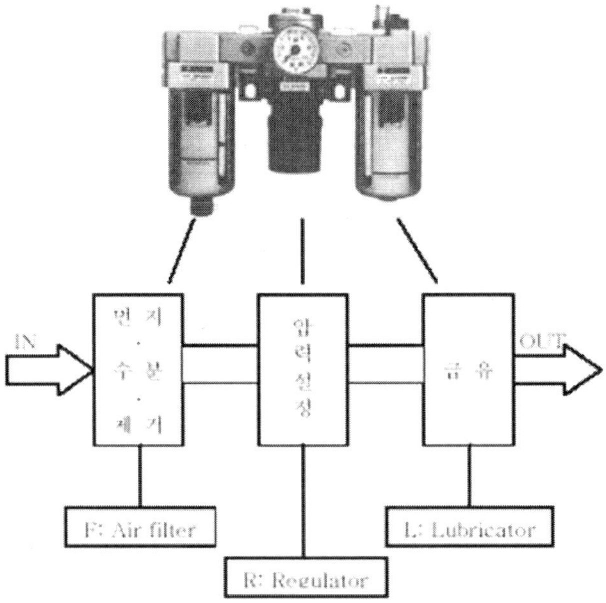


4.2.9 공기압 보조기(FRL)구성도

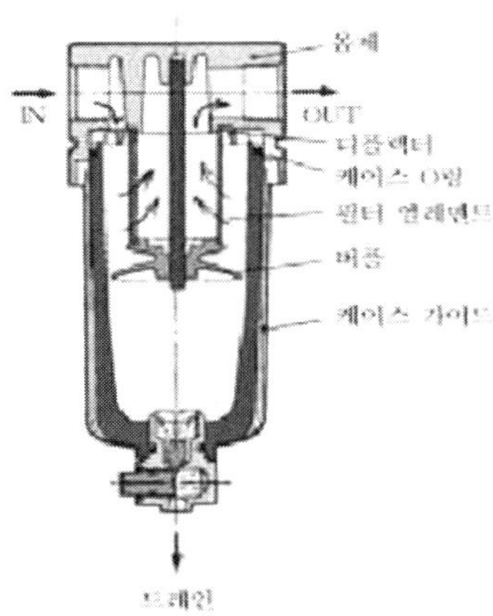


4.2.10 공기압 보조기 내 필터(Filter)구성도

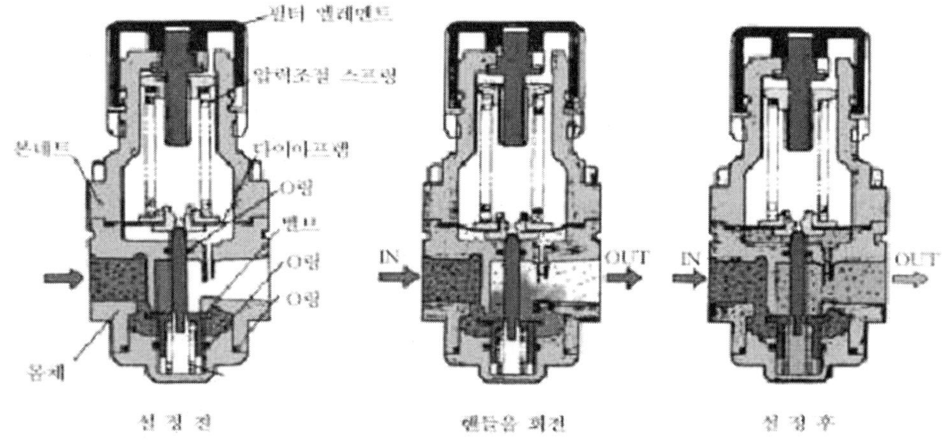


4.2.11 공기압 보조기 내 레귤레이터(Regulator)구성도

4.2.12 공기압 보조기 내 루브리케이터(Lubricator)구성도

4.2.2.2 압력 제어 밸브(Pressure Control Valve)

공압 시스템의 압축기(compressor)에서 만들어진 압축공기(compressed air)는 통상 반도체 장비에서 사용하는 공압 밸브의 사용 압력보다 높다. 따라서 공압 시스템에서는 전단에서 압력을 감압 시킨 후 후단으로 내보낸다. 압력 제어 밸브의 종류에는 공압 시스템의 작동압력을 결정하고 결정된 압력으로 일정하게 유지해 주는 기능의 압력 조절 밸브(감압 밸브)와 공기 탱크나 공압 회로 내의 압력이 설정치를 초과할 때 여분의 공기를 급속히 방출시켜 시스템을 안전하게 하는 압력제한 밸브인 릴리프 밸브(relief valve) 등이 있다.

(a)릴리프 밸브(Relief valve)

릴리프 밸브는 공압 회로내의 공기 압력이 설정치를 초과할 경우 공기를 배기시켜 회로 내의 공기 압력을 설정치 내로 일정하게 유지시켜 주는 역할을 한다. 즉 이 밸브는 시스템 내의 압력이 최대 허용압력을 초과하는 것을 방지하는 역할을 하며 안전 밸브(safety valve)라고도 한다. 구조에 따라 작동형 릴리프 밸브와 파일럿형 릴리프 밸브로 나뉜다. 작동형 릴리프 밸브는  릴리프의 압력을 스프링으로 설정하는 것이고 파일럿형 릴리프 밸브는  외부의 파일럿 신호로 릴리프 압을 설정하는 것이다. 하기 그림은 작동형 릴리프 밸브의 동작 메커니즘을 표시한 것으로 압력이 설정치를 초과하면 내부 압력이 증가하여 스프링이 수축되게 되어 밸브가 열리면서 밸브 내로 유입된 기체가 배기구로 배출되어 용기 내부 압력이 설정치로 떨어지게 되면 다시 밸브가 닫히게 된다.

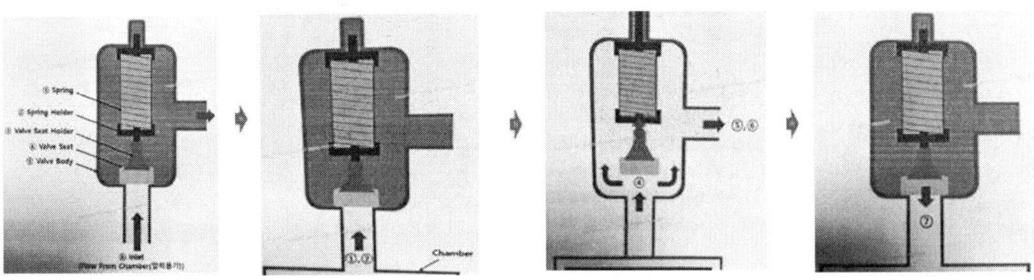


4.2.13 릴리프 밸브(relief valve)의 내부 구조 및 작동 원리

(b)감압 밸브(Regulator)

압력 제어 밸브 중 가장 일반적으로 사용하는 밸브이다. 공압 시스템에서 나오는 1차측의 압축 공기를 감압하여 2차측의 공기 압력을 일정한 공급 압력으로 설정하여 설정치 만큼 2차측으로 나오게 한다. 1차측 공기 압력이 변동하거나 2차측 공기 유량 등 사용 조건이 변동하여도 안정된 공기 압력을 공급한다. 종류는 작동형 감압 밸브와 파일럿형 감압 밸브로 나뉜다. 하기 그림은 작동형 감압 밸브의 동작을 나타내는 그림으로 압력의 설정은 핸들을 조작함에 의해 압력 조절 스프링이 압축되고 이와 연결된 피스톤이 다이아프램(diaphragm)을 눌러서 밸브를 연다. 또, out측 압력의 일부가 다이아프램의 아레 측에 작용하여 압력 조절 스프링의 힘과 밸런스(balance) 된 곳에서 압력이 설정된다. out측 압력이 공기 소비에 의해 내려가면 상기 동작이 반복되어 항상 out 측의 압력을 일정하게 유지시킨다.

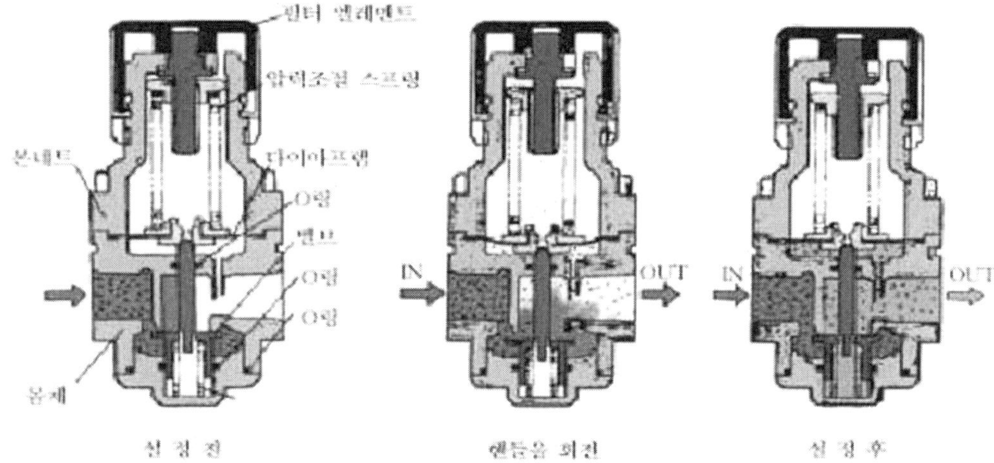


4.2.14 다이아프램 밸브(diaphragm valve)의 내부 구조 및 작동 원리

4.2.2.3 유량 제어 밸브

유량 제어 밸브란 배관 내를 흐르는 유량의 흐름을 제어하는 밸브를 말한다. 유량 제어 밸브에는 교축 밸브(니들 밸브), 스피드 콘트롤러(속도 제어 밸브), 급속 배기 밸브가 있다.

(a)교축 밸브(니들 밸브: Needle valve)

교축 밸브란 니들 밸브라고도 하며 관로의 단면적을 니들을 사용하여 공기의 유량을 제어하는 밸브를 말한다. 스로틀 밸브(throttle valve)라고도 한다. 교축 밸브는 단독으로 사용하기 보다는 주로 속도 제어 밸브(스피드 콘트롤러)와 조합하여 사용된다.

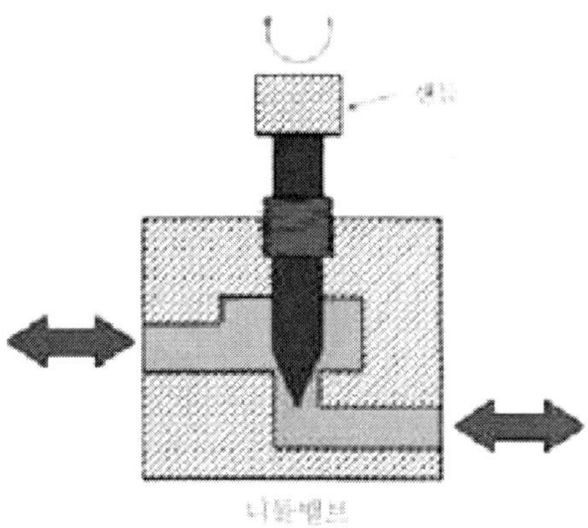

4.2.15 니들 밸브(needle valve)의 내부 구조

(c )속도 제어 밸브(스피드 콘트롤러: Speed controller)

속도 제어 밸브란 스피드 콘트롤러라고도 하며 공기의 유량을 제어하는 속도 제어 밸브이다. 교축 밸브(니들 밸브)와 체크 밸브(check valve)의 2 개의 기기로 구성되어 있다. 실린더에서 실린더의 속도를 제어하기 위해 사용된다. 스피드 콘트롤러에는 두 가지 흐름( 제어 흐름, 자유 흐름)이 있다.

-제어 흐름: 체크 밸브가 차단 상태로 되고, 니들 밸브의 조정에 의해 공기 유량의

조정이 가능한 방향.

−자유 흐름: 체크 밸브가 열림 상태로 되고, 체크 밸브와 니들 밸브의 양쪽으로 공기가 흐르는 방향.

스피드 콘트롤러 속도 제어 방식에는 두 가지 방식(미터−인 방식, 미터 아웃 방식)이 있다.

−미터 인(meter−in) 방식: 속도 제어에 있어서 액츄에이터(실린더)에 공급되는 공기를 교축(제어)하는 방식으로 전진 방향의 속도 제어가 가능. 후진 방향 속도 제어 불가능.

−미터 아웃(meter−out) 방식: 배기되는 공기를 교축(제어)하는 방식으로 후진 방향의 속도 제어가 가능. 전진 방향의 속도 제어 불가능.

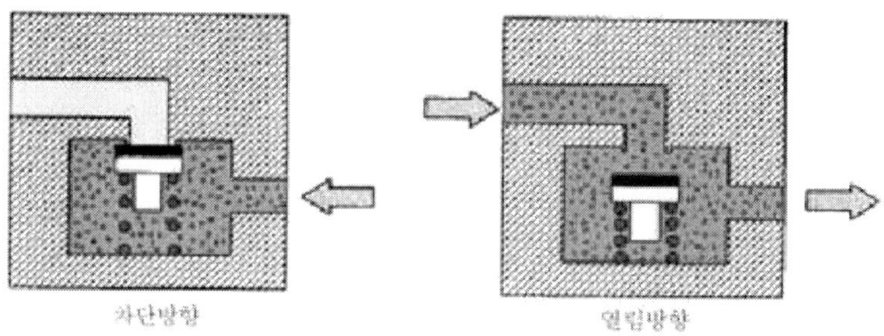


4.2.16 체크 밸브(check valve)의 내부 구조

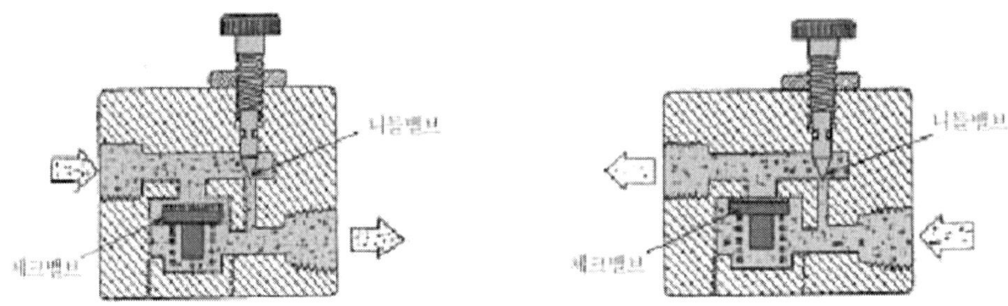


자유흐름 방향 제어흐름 방향

4.2.17 스피드 콘트롤러(speed controller)의 내부 구조

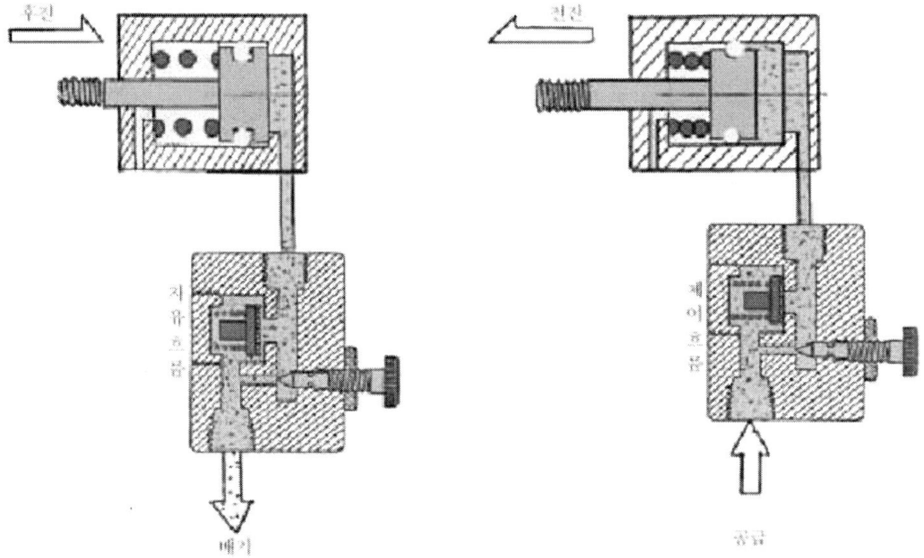


4.2.18 미터 인(meter-in) 타입 스피드 콘트롤러(speed controller)

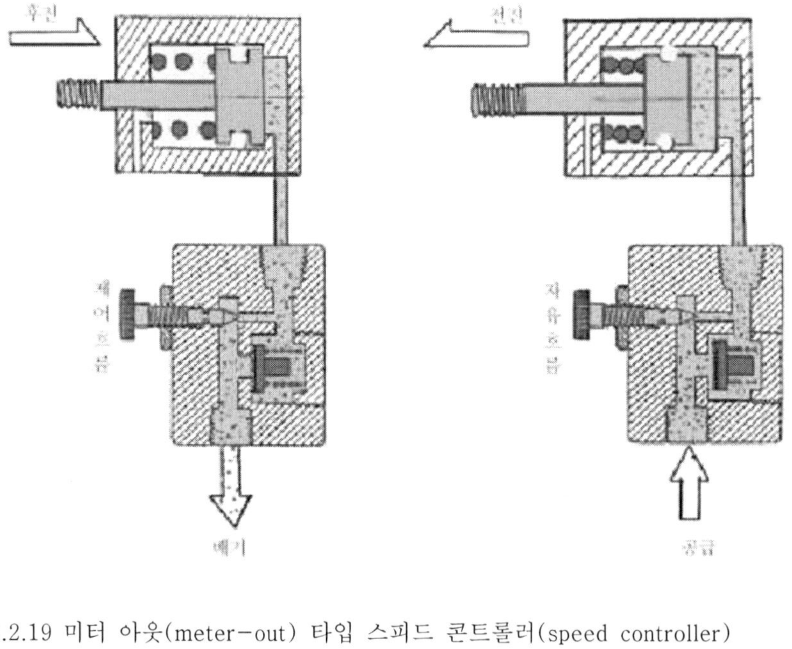


4.2.19 미터 아웃(meter-out) 타입 스피드 콘트롤러(speed controller)

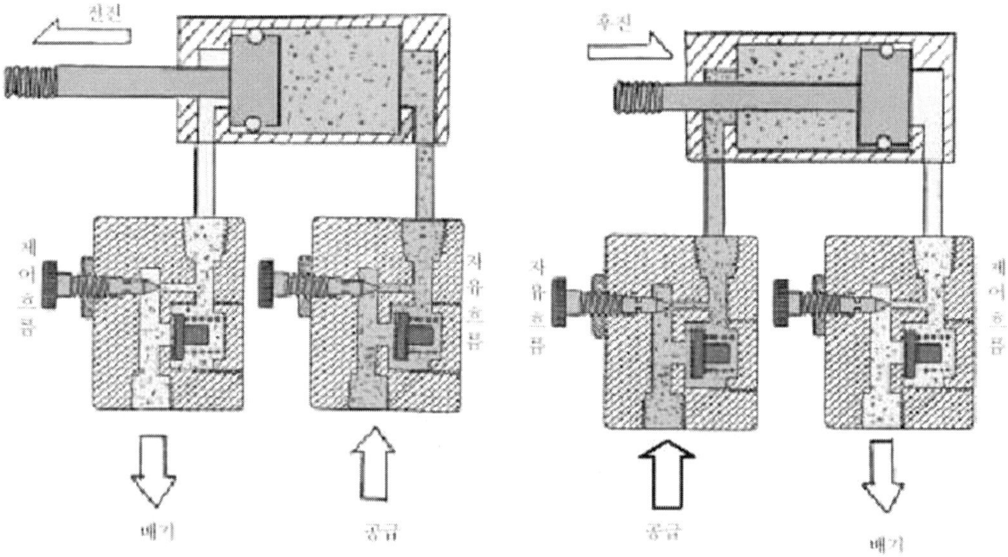


4.2.20 복동 미터 아웃(meter-out) 타입 스피드 콘트롤러(speed controller)

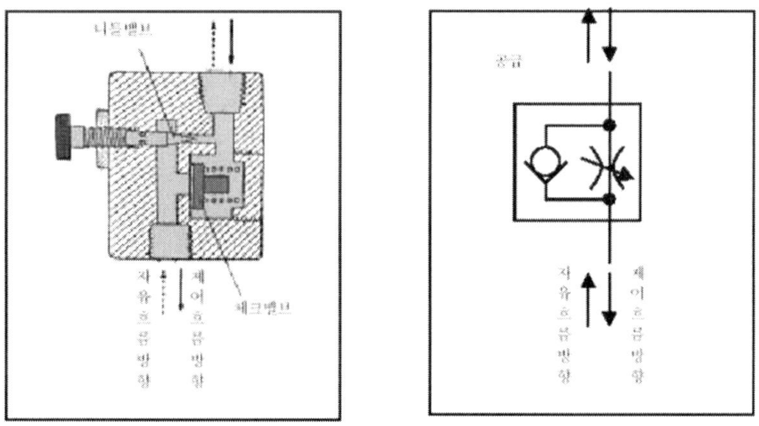


4.2.21 스피드 콘트롤러(왼쪽) 와 KS 기호(오른쪽 그림)

(c )급속 배기 밸브

액츄에이터의 배기 속도를 증가시켜 급속히 작동 시키고자 할 때 사용한다. 급속 배기 밸브를 사용하면 배관 직경이 작아지고 공압기기의 용량도 작은 것을 사용할 수 있으므로 경제적인 공압을 구성 할 수 있다.

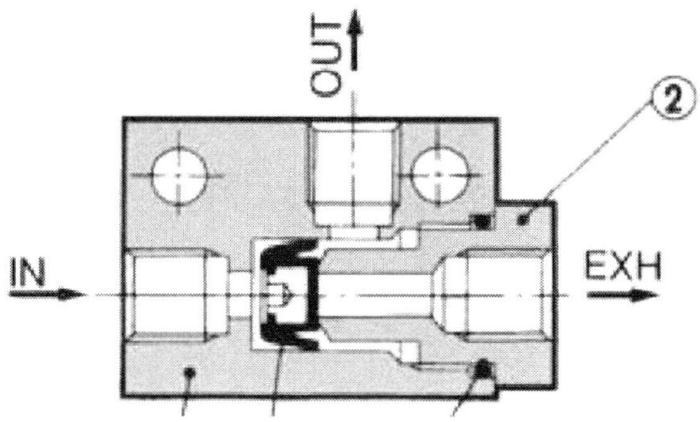


4.2.22 급속 배기 밸브 내부 구조

4.2.2.4 방향 제어 밸브

방향 제어 밸브는 액츄에이터에 공급하는 공기의 흐름 방향을 제어하는 밸브이다. 시동과 정지 그리고 공기의 흐름의 방향을 변환하는 기능을 갖추고 있으며 방향 변환 밸브와 체크 밸브가 있다.

(a)방향 변환 밸브

방향 제어 밸브 중 대표적인 밸브로 방향 제어 밸브라고도 한다. 방향 변환 밸브는 크게 포트(port) 수와 제어 위치의 수에 따라 기능이 결정된다. 또한, 밸브의 조작 방식, 밸브의 복귀 방식에 따라 밸브 방식이 구분이 된다.

−포트(Port) 수에 따른 분류: 2포트 밸브, 3포트 밸브,4포트 밸브, 5포트 밸브...

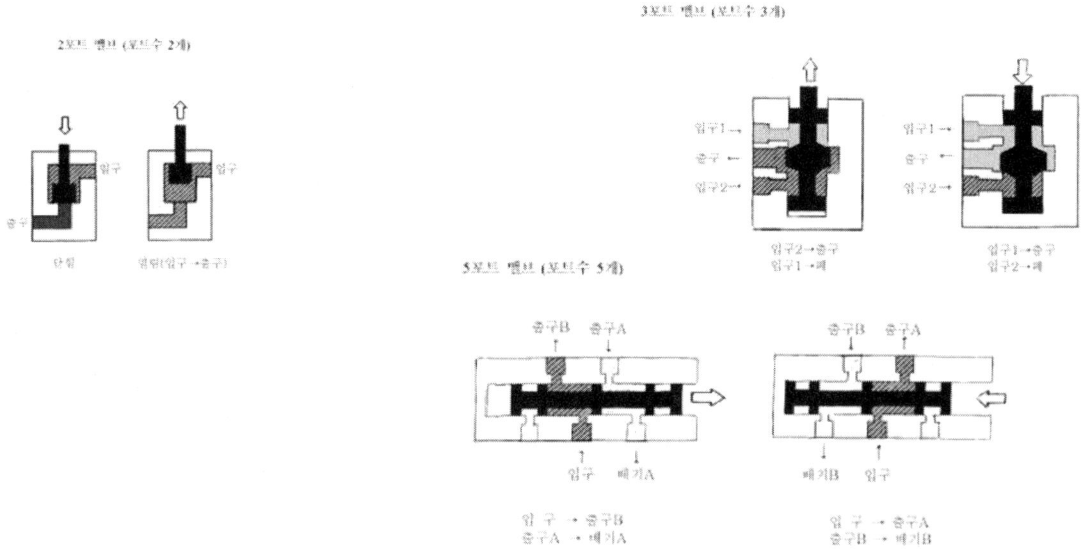

4.2.23 방향 제어 밸브 (포트 수에 따른 밸브 종류)

−작동 방식에 따른 분류: 수동 밸브, 미케니칼 밸브, 공압 밸브, 전자식밸브(솔레노이드 밸브)...

•수동 밸브: 핸드 밸브라고도 하며 손의 힘에 의해 작동하는 밸브

•미케니칼 밸브: 기계적인 기구에 의한 외력에 의해 작동하는 밸브

•공압 밸브: 외부 공기압의 입,출력에 의해 작동하는 밸브

•솔레노이드 밸브: 전기에의한 전자석의 조작력에 의해 작동하는 밸브

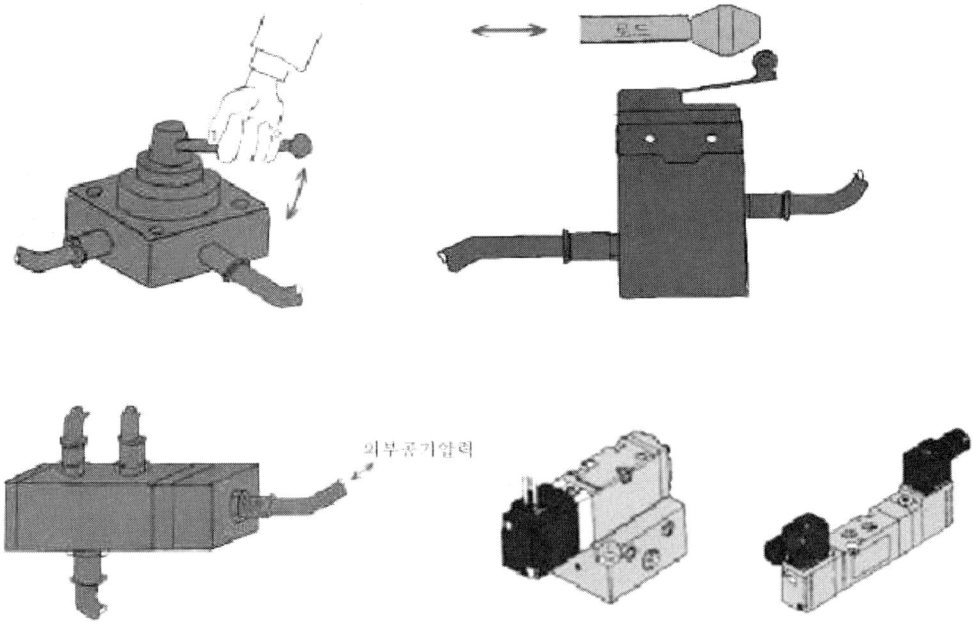


4.2.24 방향 제어 밸브 (제어 방식에 따른 밸브 종류)
수동 밸브(위, 왼쪽), 메케니칼 밸브(위, 오른쪽)
공압 밸브(아래, 왼쪽), 솔레노이드 밸브(아래, 오른쪽)

이 중 솔레노이드 밸브에 대해 보다 자세히 기술 하고자 한다.

-솔레노이드(solenoid)란 원통형으로 감겨진 전기 코일(coil)을 말한다. 이 원형의 코일에 전류를 흘리면 원형 코일내에 자기력이 발생하고 이 자기력에 의해 원형 코일내에 막대철심과 같은 도체를 접근시키면 코일에서 발생한 자기력에 의해 접근된 물체(철심)가 코일 안쪽으로 이동된다. 솔레노이드의 자기력은 솔레노이드에 흐르는 전류의 세기와 솔레노이드에 감긴 코일 수에 비례한다.

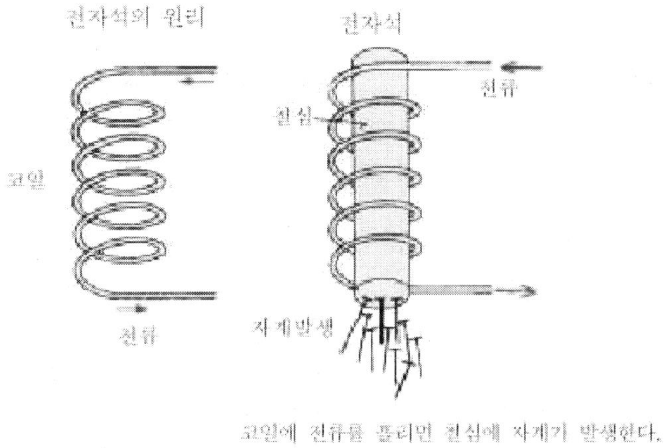


4.2.25 솔레노이드(solenoid) 원리

-솔레노이드 밸브란 위에서 설명한 솔레노이드의 원리를 응용해서 제작된 밸브로서 유체의 흐름 방향을 제어하는 밸브이다. 전류의 발생으로 자기력이 구동되는 밸브로 전기 신호를 이용한 원격 제어가 가능하다. 솔레노이드 밸브는 구동원의 역할을 하는 솔레노이드와 유체가 흐르는 배관 역할을 하는 오리피스(orifice)가 있는 밸브 몸체가 함께 결합된 형태로 오리피스를 흐르는 유체는  솔래노이드의 전류 흐름에 따라 유체의 흐름이 열리거나 닫히게 된다. 철심의 플렌지 형태에 따라 I형과 T형으로 나뉜다.

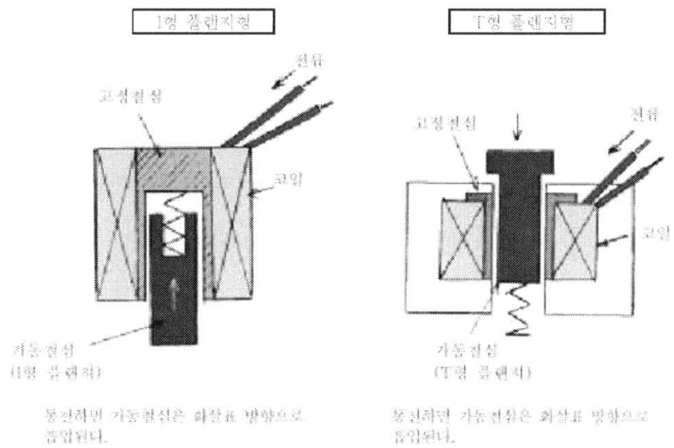


4.2.26 솔레노이드(solenoid) 밸브 구조

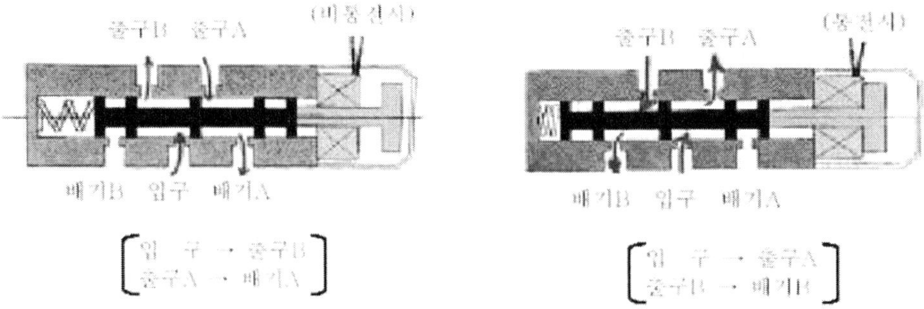


T형 플렌저형의 코일에 의해 밸브를 직접 전환한다. 낮은 압력이나 진공압력에도 사용할 수 있다.
단점은 코일로 직접 스플 을 전환하기 때문에 전기의 소비전력이 많이 필요하다.

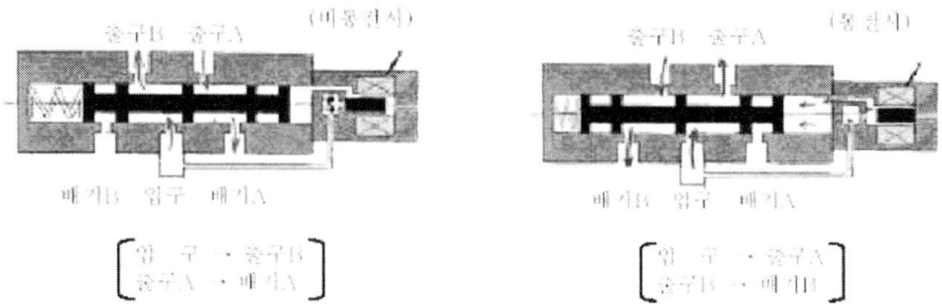


I형 플렌져형의 코일에 의해 가동철심을 흡인하여 입구에 들어온 공기압력에 의해 밸브의 주전환을 한다.
단점은 전환하기 위한 최저 공기압력이 필요하다. 장점은 코일의 소비전력이 작아진다.

4.2.27 작동식 5포트 솔레노이드(solenoid) 밸브 구조

(b)체크 밸브(check valve)

유체의 흐름을 한쪽의 유동은 허용하고 반대 방향의 흐름은 차단하는 밸브이다. 주로 역류 방지용으로 사용된다. 스프링이 내장된 체크 밸브는 출구의 압력이 입구의 압력보다 크거나 같을 때에 스프링과 대응되는 압력으로 차단하는 밸브이다.

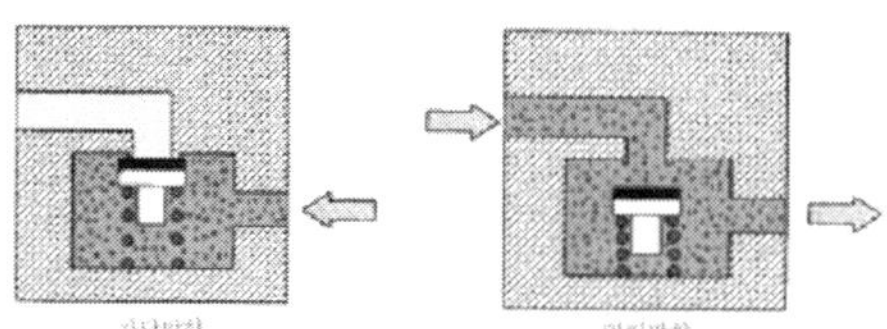

4.2.28 체크 밸브(check valve) 밸브 구조

### 4.2.3 밸브의 표시 방법

−밸브의 표시 방법에 대해 간단히 알아보자.

•밸브의 제어 상태는 정 사각형 기호로 표시한다.

•사각형의 수는 그 밸브가 제어할 수 있는 경우의 수를 표시한다.

•사각형 내부의 화살표는 유체의 흐름 방향을 표시한다.

•사각형 내부의 '⊥'와 '⊤' 표시는 유로의 차단을 표시한다.

•사각형 외부의 'ㅣ' 표시는 그 밸브와 외부 장치의 연결 배관을 표시한다.

•사각형의 왼쪽에는 제어 조작의 방법을 표시한다.

•사각형의 오른 쪽에는 제어 밸브의 복귀 방법을 표시한다.

−밸브의 연결 port를 표시하는 방법은 아래와 같다.

| 구분 | 숫자 표기법(ISO 5599) | 문자 표기법(ISO 1219) |
|---|---|---|
| 파워포트(압축공기 등) | 1 | P |
| 작업 포트 | 2,4 | A, B, C |
| 배기 포트 | 3, 5, 7 | R, S, T |
| 제어 포트 | 10, 12, 14 | X, Y, Z |

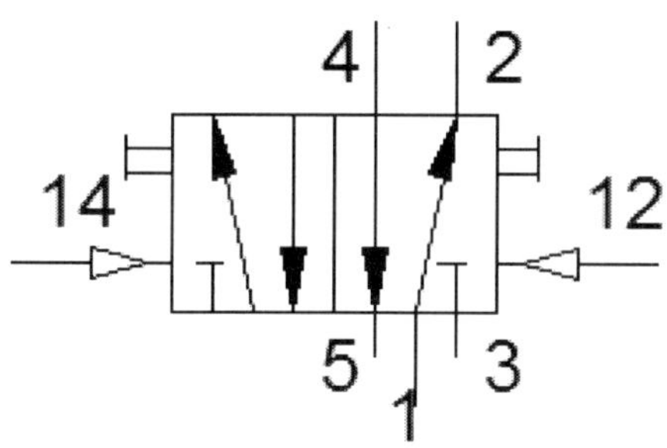


4.2.29 밸브의 표기 방법

연결구의 수 / 제어위치의 수 - way 밸브
(부가사항)

3 / 2 - way 밸브

✓ 밸브를 표시할 때 부가적으로 붙는 것.

1. 초기상태 : N/O, N/C
2. 밸브 전환 및 귀환 방법

예 )

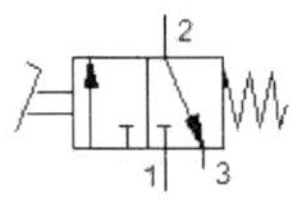


3/2-way 밸브 N/C 풋-페달 작동, 스프링 복귀형 밸브

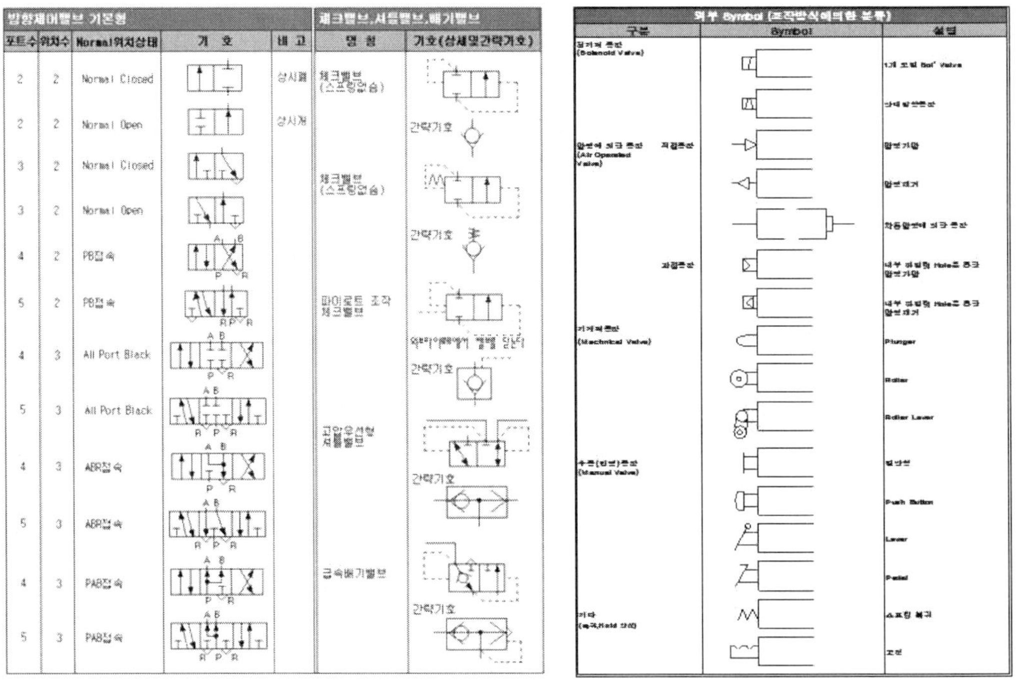


4.2.30 다양한 타입의 밸브의 표기 방법

### 4.2.4 공압 실린더(Air Cylinder)

공압 실린더는 공기 압력(공압)을 이용하여 기계적인 직선 운동으로 만들어 주는 장치이다. 공압 실린더는 실린더의 외곽을 이루는 실린더 튜브(몸체), 공기 압력을 받아 미끄럼 운동을 하는 피스톤(piston), 피스톤의 움직임을 튜브 외부로 전달하는 피스톤 로드(piston rod), 실린더 튜브의 양 끝 단에 설치되어 피스톤의 행정 거리를 결정하는 헤드 커버(head cover)와 로드 커버(rod cover) 등으로 구성되어 있다.

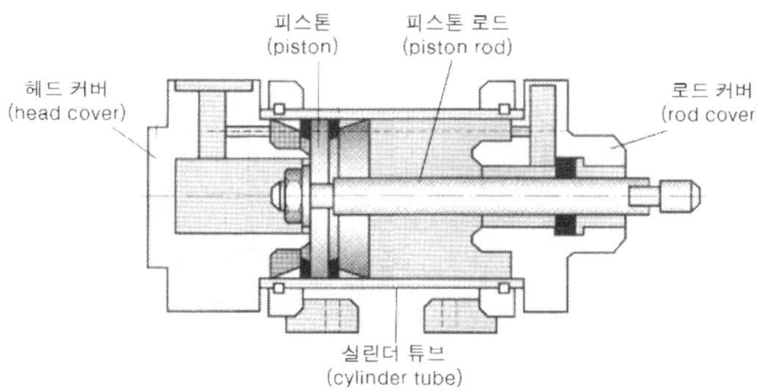


4.2.31 에어 실린더 외형과 내부 구조

4.2.4.1 에어 실린더 동작 원리

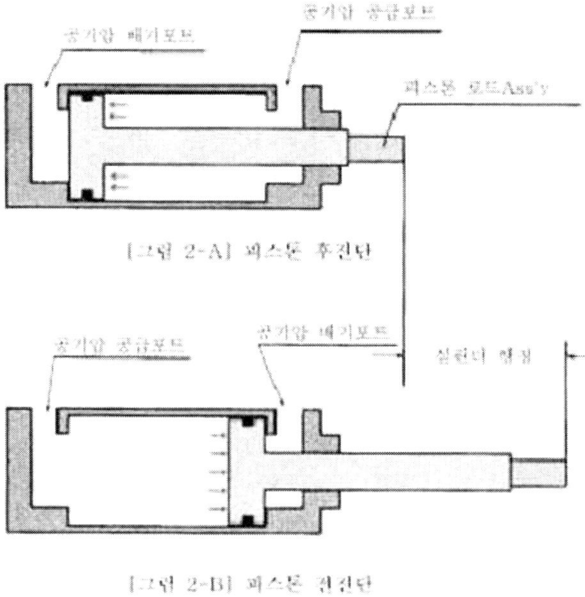


4.2.32 에어 실린더 작동 원리와 실린더 행정

에어실린더의 작동 원리는 위 그림에서 위에 나타낸 그림과 같이 압축 공기가 로드 카바의 포트를 통해 공급되고 헤드 카바측 포트로 압축 공기가 배기됨으로써 피스톤은 후진하고, 피스톤의 전진 시에는 헤드측 포트에 압축 공기가 공급되고 로드측 포트를 통해 튜브에 유입되었던 압축 공기가 배기된다. 이 때 피스톤이 끝까지 후진 되었다가 피스톤이 끝까지 전진하여 이동한 총 거리를 실린더 행정이라고 한다.

4.2.4.2 에어 실린더 종류 및 특징

에어 실린더는 작동 방식에 따라 크게 단동실린더와 복동실린더로 나뉘며 장착 방식에 따라 푸트형, 플랜지형, 크레비스형으로 구분한다.

(a) 작동 방식에 따른 분류

−단동 실린더(single acting cylinder): 한 방향으로의 운동만 공압을 사용하고 반대 방향으로의 운동은 스프링과 같은 외력으로 복귀하는 타입의 실린더이다. 공기 소모량이 작은 장점이 있으나 스프링으로 복귀하여  피스톤의 출력이 약하다.

−복동 실린더(double acting cylinder): 압축 공기를 전진, 후진 포트 양쪽에서 번갈아 가며 공급하여 피스톤을 전전 또는 후진 시키는 타입의 실린더이다. 공기 소모량이 크고 배관이 두 개인 단점이 있으나 단동 실린더와 같은 출력 저하가 적고, 동일 행정의 경우 단동 실린더보다 실린더 전체 길이가 짧은 장점이 있다.

단 동 실린더

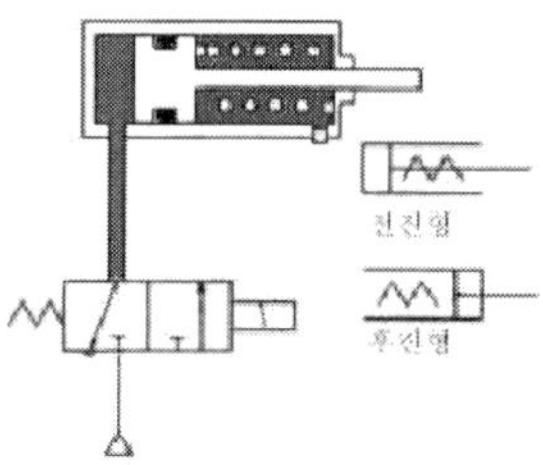


장 점
· 3포트 밸브 1개로 작동시킬 수 있음.
· 배관이 1개로 됨.
· 공기 소비량이 복동에 비해 1/2임.

단 점
· 동일 행정의 복동실린더에 비해 전체 길이가 길다.
· 실린더의 출력이 스프링력 때문에 작아진다.
· 복귀시의 힘은 스프링 힘만 작용하므로 출력이 약함

★ 이상으로부터 튜브내경 ø40 이하의 소형 실린더로 행정이 짧은 것이 표준화되어 있음.

복동실린더

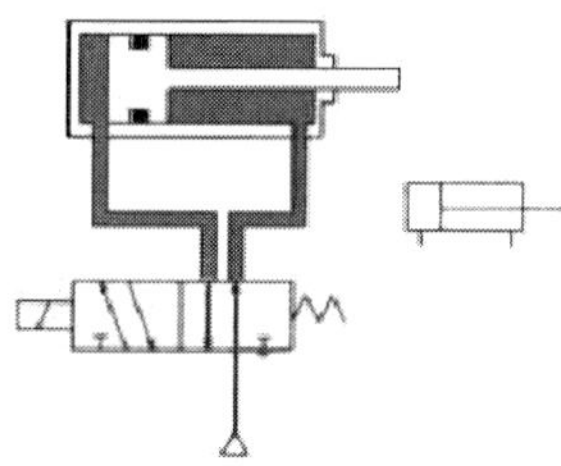

장 점
· 동일 행정의 단동 실린더에 비해 전체 길이가 짧다.
· 출력의 저하가 적다.

단점
· 4,5포트 밸브 1개 똔느 3포트 밸브 2개가 필요하다.
· 배관이 2개이다.

★ 튜브내경 ø6~ø300이고 행정도 긴 것까지 표준화되 있음.

4.2.33 단동 실린더와 복동 실린더 비교

(b) 장착 방식에 따른 분류

에어 실린더를  이용하여 작업을 하는 경우 작업물을 어떻게 움직일 것인가에 따라 에어 실린더의 취부 형태가 달라진다. 실린더를 항상 일정한 위치에 고정 시켜 사용하고자 할 경우에는 프트(foot)형 이나 플랜지(flange)형을 사용하고 부하의 움직임에 따라 실린더가 요동하거나 회전할 때는 클레비스(crevice)형이나 트리니언 형을 사용한다.

-푸트형 (Foot type): 평면 상태의 장소에 부착할 때 많이 사용한다. 로드 카바 측과 헤드 카바 측에 푸트 금구를 설치하고 이 푸트 금구는 볼트로 고정하여 사용한다.

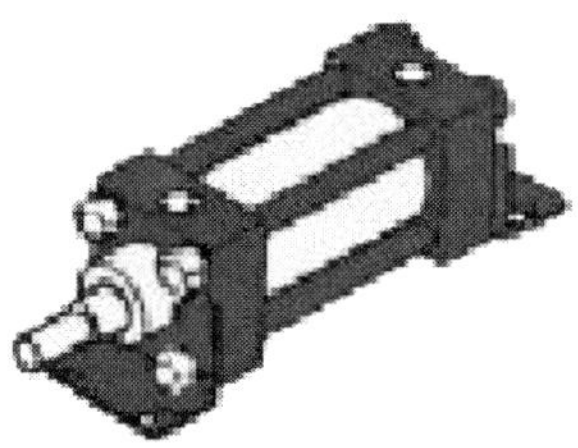

4.2.34 푸트(foot) 형 지지 금구

-플랜지형(Flange type): 에어 실린더의 로드 카바측에 플랜지 금구를 이용해 부착하는 것을 로드측 플랜지 형이라고하며, 에어 실린더의 카바측에 플랜지 금구를 부착시킨 것을 헤드측 플랜지 형이라고 한다. 플랜지 형 실린더는 실린더가  상하 이동 시에 많이 사용된다.

4.2.35 플랜지(flange) 형 지지 금구

-클레비스형(피봇형): 에어 실린더의 헤드 카바 측에 클레비스 금구를 붙인 것으로 클레비스의 홀 중심에서 요동 운동이 가능하도록 한 형태의 실린더로  클레비스 금구의 모양을 1산으로 한 1산 클레비스형, 2산으로 한 2산 클레비스형이 있다.

4.2.36 클래비스 형 지지 금구

-트리니언형: 에어 실린더의 중간 부분에 타이로드를 이용해 트리니언 금구를 부착 시킨 형태로트리니언 핀을 중심으로 요동 운동을 시킬 수 있다.

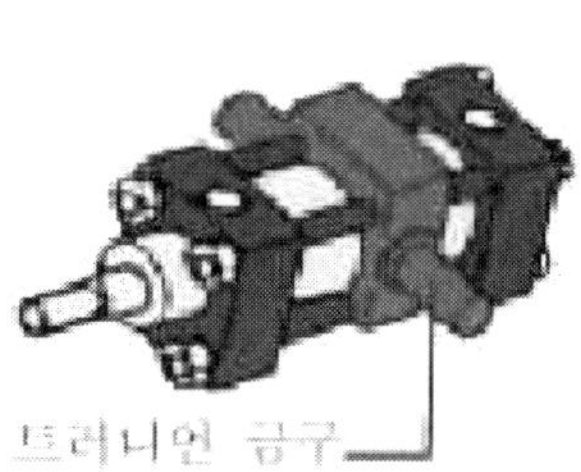


4.2.37 트리니언 형 지지 금구

(c ) 에어 실린더의 출력

에어 실린더의 출력은 피스톤의 수압 면적(A)와 사용공기 압력(P)의 곱으로 결정된다. 피스톤의 수압 면적은 피스톤 헤드(head) 쪽의 수압 면적(A')과 피스톤의 로드(rod) 쪽 수압면적(A)의 경우 차이가 있다. (하기 그림 참조)

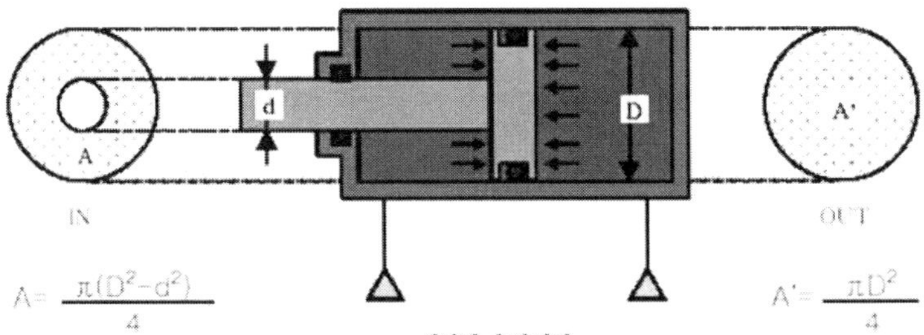


실린더 수압면적

øD : 피스톤 직

ød: 피스톤 로드 직경(mm)

P : 사용공기압력(MPa)

F : 에어실린더의 출력(N)

피스톤 전진시 출력 $F = A \times P = \frac{\pi D^2}{4} = 0.785 \times D^2 \times P$

피스톤 후진시 출력 $F = A \times P = \frac{\pi(D^2-d^2)}{4} = 0.785 \times D^2 \times P$

4.2.38 에어 실린더의 출력 산출

위의 식의 출력은 이론적인 출력이며, 실제의 실린더 출력은 패킹의 미끄럼 마찰 저항, 미끄럼 면의 거칠기에 따른 윤활 상태 등 동작 조건에 따라 출력 손실이 발생하여 실제 출력은 이론 출력보다 다소(10~15% 정도) 작아진다.

5장

# 진공 장치 이해

반도체 장비에는 여러 종류의 진공 장치들이 사용되고 있다. 진공 장치를 사용하는 이유는 반도체 장치 내를 청정한 상태에서 불순물 혼입이 없도록 하기 위함이며 또한 진공 상태에서는 반응 가스가 이동 경로 상에 대기와 충돌 없이 보다 용이하게 기판에 다다르게 하여 반응을 원활하게 하기 위함이다. 반도체 공정 별로 사용하는 진공 장치는 공정 특성에 따라 달라진다. 반도체 장치의 종류에 따라 적합한 진공 펌프와 진공 센서가 장착된다. 진공장치는 크게 진공 펌프와 진공 배관, 진공 센서(sensor), 진공 밸브로 이루어져 있다. 이 중 진공 밸브에 대해서는 전 장에서 기술하였으며 이번 장에서는 주고 진공의 기본 이론과 진공 펌프의 종류와 작동 원리, 진공 센서의 종류와 작동 원리에 대하여 기술하도록 한다.

## 5.1 진공 기초 이론

진공 장치를 이해하기 위해서는 먼저 진공에 대한 기초 이론의 이해가 필요하다. 이에 본 절에서는 진공 기초 이론을 다루기로 한다.

## 5.1.1 진공과 압력의 정의

### 5.1.1.1 진공의 정의

진공(vacuum)이란 라틴(Latin)어의 vacua (영어로 empty라는 뜻)에서 기원한 단어이다. 진공은 대기압 보다 낮은 압력으로 가스(gas)가 채워진 공간을 의미한다. 정량적으로는 가스 분자 수가 2.5x $10^{19}$ molecules/$cm^3$ 이하일 때를 진공이라 정의한다.

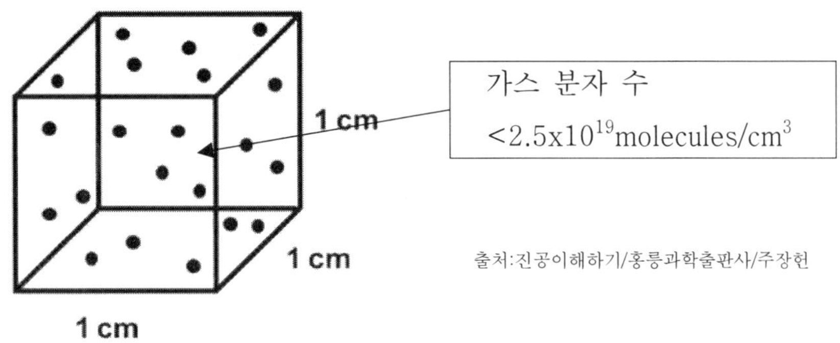


5.1.1 진공의 정의(1$cm^3$ 내의 가스 분자 수)

### 5.1.1.2 압력의 정의

진공의 의미를 이해하기 위해서는 압력(pressure)의 물리적 의미를 이해하여야 한다. 압력의 물리적인 의미는 단위 면적 당 작용하는 힘(force)를 의미한다,

즉, 압력(P) = 힘(F)/ 면적(A)로 표현된다.

국제 단위계인 압력 단위는 Pascal로 Pa로 표기 된다.

1 Pa = 1N/$m^2$ 이다.

또한, 반도체에서 많이 사용하는 압력 단위로 Torr 단위를 많이 사용하는데

1 Torr 는 1 표준기압(1atm = 101325 Pa)의 760분의 1이고, 따라서,

1 atm = 760 Torr이고,

1 Torr = 133.322 Pa 이다.

진공 압력을 표시하는 단위는 사용 분야별로 다양하게 사용되며 이들 단위를 환산하는 표는 아래 표와 같다.

| | *Pa* | *bar* | *mbar* | *atm* | *Torr* | *psi* |
|---|---|---|---|---|---|---|
| 1 *Pa* | 1 | $10^{-5}$ | $10^{-2}$ | $9.8692\times10^{-6}$ | $7.50\times10^{-3}$ | $1.4504\times10^{-4}$ |
| 1 *bar* | $10^{5}$ | 1 | 1000 | 0.98692 | 750.06 | 14.5032 |
| 1 *mbar* | $10^{2}$ | $10^{-3}$ | 1 | $0.98692\times10^{-3}$ | 0.75006 | $14.5032\times10^{-3}$ |
| 1 *atm* | 101325 | 1.013 | 1013.25 | 1 | 760 | 14.6972 |
| 1 *Torr* | 133.322 | 0.00133 | 1.33322 | $1.3158\times10^{-3}$ | 1 | 0.01934 |
| 1 *psi* | 6894.8 | 0.06895 | 68.95 | 0.06804 | 51.715 | 1 |

출처:진공이해하기/홍릉과학출판사/주장헌

5.1.2 압력 단위별 환산 표

5.1.1.3 진공의 구분

진공의 정도에 따라 진공을 세부적으로 구분할 수 있는데 진공의 정도에 따라 크게 저진공(low(또는 rough) vacuum), 중진공(medium vacuum), 고진공(HV: high vacuum), 초고진공(UHV: ultra-high vacuum), 극초고진공(XHV: extreme high vacuum)으로 구분하여 표현 한다. 이들 구분간 진공의 정도를 정량적으로 표현하면 다음 표와 같다.

출처:진공이해하기/홍릉과학출판사/주장헌

| 진공 범위 | | 진공 단위별 범위 | | |
|---|---|---|---|---|
| | | *mbar* | *Torr* | *Pa* |
| 저진공 | Low(rough) vacuum | $10^{3}\sim1$ | $760\sim25$ | $10^{5}\sim3.3\times10^{2}$ |
| 중진공 | Medium vacuum | $1\sim10^{-3}$ | $25\sim10^{-3}$ | $3.3\times10^{2}\sim10^{-1}$ |
| 고진공 | High vacuum(HV) | $10^{-3}\sim10^{-7}$ | $10^{-3}\sim10^{-6}$ | $10^{-1}\sim10^{-5}$ |
| 초고진공 | Ultrahigh vacuum(UHV) | $10^{-7}\sim10^{-10}$ | $10^{-6}\sim10^{-9}$ | $10^{-5}\sim10^{-9}$ |
| 극초고진공 | Extreme high vacuum(XHV) | $< 10^{-10}$ | $< 10^{-9}$ | $< 10^{-9}$ |

5.1.3 진공 종류 별 세부 진공 범위 표

## 5.1.2 가스 Flow 상태

### 5.1.2.1 가스(기체) flow 상태 구분

가스(기체)가 원형 단위의 배관(또는 도관) 내를 흐를 때 기체의 흐름은 기체의 점성 상태에 따라 달라진다. 기체 분자의 평균 자유 행정(mean free path: λ)이 배관 단면의 크기(지름)보다 작을 때(D<λ) 일어나는 기체의 흐름을 점성류(viscous flow)라고 하며 점성류도 기체의 점성도에 따라 달라진다. 점성도가 높은 경우를 난류(turbulent flow)라고 하며 점성도가 낮은 경우를 층류(laminar flow)라고 한다. 특히 원형 단면의 긴 배관(도관)을 통과하는 점성 층류(laminar flow)를 포아이유 흐름(Poiseuille flow)라고 한다.

점성류와 비교하여 기체 분자의 평균 자유 행정이 배관(도관) 단면의 최대 크기보다 충분히 큰 경우(λ≫D)의 배관 내 기체(가스)의 흐름을 분자류(molecular flow) 또는 희박류(rarefied flow)라고 한다. 점성 층류와(laminar flow)와 분자류(molecular flow)의 중간 상태에서의 배관내의 기체의 흐름을 중간류(intermediate flow) 또는 천이류(transition flow)라고 한다.

| State of the gas | Flow regime | Conditions | |
|---|---|---|---|
| viscous | turbulent | $R_e$>2100, Q>200 D(air) | D/λ>110 |
| | laminar | $R_e$<1100, Q<100 D(air) | |
| transition | intermediate | | 1< D/λ<110 |
| rarefied | molecular | | D/λ<1 |

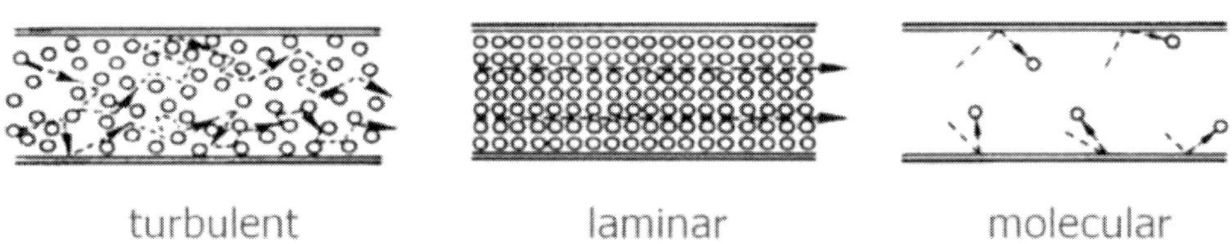


5.1.4 가스 flow 상태 구분

5.1.2.2 가스(기체) flow 관련 주요 용어

반도체 장비 내 챔버와 배기라인에서 가스 상태는 대기압 상태에서 고진공 상태 또는 초고진공 상태로 변화한다. 따라서 진공 시스템에서의 기체 분자 상태 역시 점성류 상태, 중간류 상태, 분자류 상태를 모두 거치게 된다. 점성류 상태에서 난류와 층류의 경계는 레이놀즈 수(Reynolds number)에 의해 정해진다. 또한, 층류, 중간류, 분자류의 경계는 크누센 수(Knudsen number)에 의해 정해진다. 따라서, 이에 대한 용어의 정의를 이해하는 것이 중요하다.

(a)레이놀즈 수(Re: Reynolds number)

레이놀즈 수(Re)는 흐름의 특성을 나타내는 무차원의 양으로 흐름을 특정지울 수 있는 주요 요소인 관의 직경(D), 흐름 속도 (v), 기체의 밀도($\rho$), 기체의 점도($\eta$)의 함수로 다음 식으로 주어진다.

$$R_e = \rho v D/\eta$$

레이놀즈 수가 21,00 보다 큰 경우의 기체의 흐름은 난류(turbulent flow) 이고, 레이놀즈 수가 1,100 보다 작은 경우의 기체의 흐름은 층류(laminar flow)가 된다.

(b) 크누센 수(Kn: Knudsen number)

크누센 수도 레이놀즈 수처럼 흐름 특성을 나타내는 무차원 양의 하나로, 기체 흐름을 특정 지울 수 있는 주요 요소인 관의 직경(D)에 대한 분자의 평균 자유 행정($\lambda$)의 비율을 나타내며 다음 식으로 표현된다.

$$K_n = D/\lambda$$

여기서 평균 자유 행정($\lambda$)의 물리적 의미는 기체 중에서 자유롭게 움직이는 입자(분자, 원자, 전자, 이온, 중성자 등)가 동종 또는 이종의 입자와 충돌할 경우 충돌 사이에 입자가 비행한 거리의 평균을 말한다. 크누센 수는 층류, 중간류, 분자류의 구분을 지을 수 있는데 통상 층류의 경우 크누센 수는 $K_n < 110$, 중간류의 경우 크누센 수는 $1 < K_n < 110$, 분자류의 경우 크누센 수 $K_n < 1$ 로 표현된다.

(c) 기체의 유량(Q: Throughput)

배관(도관)의 단면 또는 오리피스(orifice)를 단위 시간에 통과하는 기체의 양을 말하며 다음 식으로 표현 된다.

Q = P*V/ 시간

여기서 P는 압력 , V는 체적(부피)으로 이 두 값의 곱/시간 으로 표현된다.

이 식을 다시 표현하면,

$$Q = Pv\pi\left(\frac{D}{2}\right)^2 = Pv\left(\frac{\pi D^2}{4}\right)$$

(d) 컨덕턴스(C: Conductance)

기체의 유량(Q)을 오리피스(orifice)의 양 쪽 또는 배관(도관) 등 두 단면에서의 압력 차로 나눈 값을 말한다. 분자 컨덕턴스의 경우는 분자 유량을 오리피스의 양 쪽, 또는 배관(도관) 등 두 단면에서의 평균 기체 분자밀도의 차로 나눈 값으로 표현 된다.

컨덕턴스(C)를 식으로 표현 하면 다음 과 같다.

Q = C * ⊿P (여기서 ⊿P = 도관의 상류 측 단면1에서의 압력 P1- 하류 측 단면2에서의 압력 P2)

따라서, C = Q/ ⊿P

분자 컨덕턴스(Cn)을 식으로 표현 하면 다음 과 같다.

Q = C * ⊿n,

Cn = Q/ ⊿n (여기서 ⊿n = 도관의 상류 측 단면1에서의 기체 분자 밀도 n1- 하류 측 단면2에서의 기체 분자 밀도 n2)

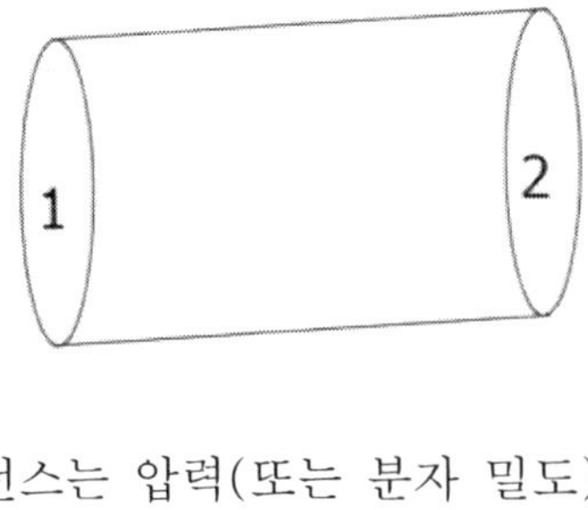


즉, 컨덕턴스는 압력(또는 분자 밀도)의 함수이다.

5.1.2.3 진공 시스템 관련 주요 용어

진공 시스템을 구성하는 요소로는 진공 챔버, 진공 챔버 내부의 압력을 원하는 압력으로 유지하기 위한 진공 펌프(pump), 진공 챔버와 진공 펌프를 연결해주는 역할을 하는 진공 배관(pipe), 진공 챔버와 진공 펌프 사이에 위치하여  둘 사이를 차단 및 개방 또는 조절 역할을 해 주는 진공 밸브(valve), 진공 챔버 내의 압력을 측정하는 진공 센서(또는 게이지 라고도 함)가 있다. 또한, 진공 펌프에서 배기되는 유해 가스들을 정화하여 무해한 가스로 처리하여 배출 시키는 역할을 하는 스크러버가 진공 펌프 배기 라인에 연결되어 있다. 이에 진공 시스템을 이해하기 위한 배기속력(pumping speed)과 유량(throughput)에 대해 알아보자.

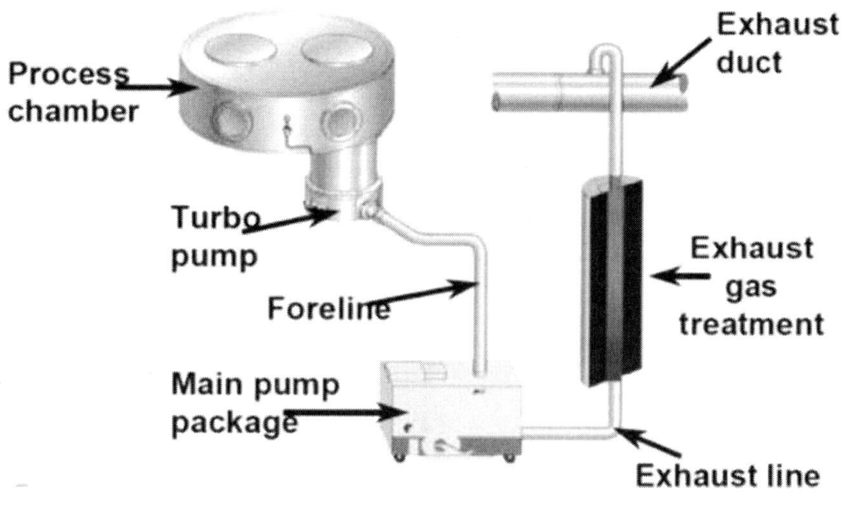


5.1.5 진공 시스템 구성도

(a) 배기속력($S_p$: Pumping Speed)과 유량(Q: Throughput)

배기 속력이란 펌프의 입구(inlet)에 존재하는 압력에서 단위 시간당 제거되는 기체(가스)의 부피(체적)를 말한다. 일반적으로 진공 펌프의 성능은 진공 배기 속력으로 나타내는데 진공 펌프는 진공 챔버내의 진공도(압력)에 따라 배기 성능이 달라진다. 배기속력(속도)은 시간 당 배기되는 기체의 부피의 비로 나타내므로 단위는 통상 초당 배기되는 liter(L/sec)로 나타낸다. 펌프의 입구에서의 흡입구 압력(inlet pressure)을 P라하고 펌프의 배기구에서 배출되는 가스의 유량(Throughput)을 Q 라고 하면 배기 속력(pumping speed) $S_p$ 와 Throughput Q는 다음 식으로 표시된다.

$$S_p = Q/P, \quad Q = S_p * P$$

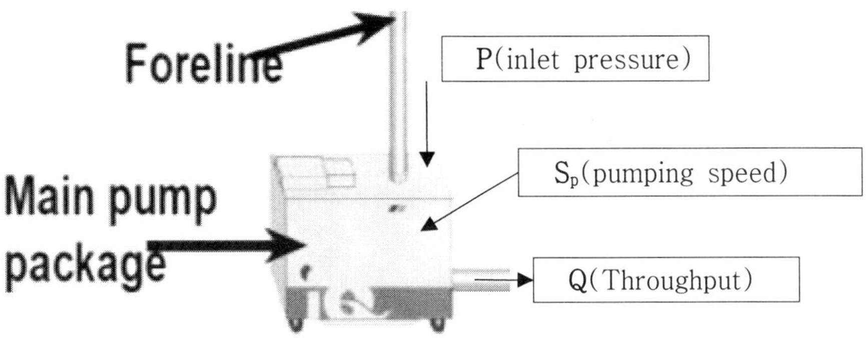


5.1.6 펌프의 배기 속력(Sp)과 유량(Q)

여기서 펌프의 배기 속력(Sp)는 펌프 자체에서만 적용되는 식이고 실제 진공 시스템에서는 진공 챔버(chamber), 진공 배관, 진공 펌프를 모두 고려하여 배기 속력을 산정해야 하는데 이러한 요소들 까지 고려된 배기 속력을 유효 배기 속력(S 또는 $S_{eff}$)이라고 한다. 통상 챔버와 펌프 사이의 배관(foreline)에 의해 유효 배기 속력은 펌프의 배기 속력보다 낮아지는데 낮아지는 정도는 배관의 컨덕턴스(C: conductance)에 따라 달라진다. 컨덕턴스란 저항(resistance)와 반대되는 개념으로 기체(가스) 입자를 얼마나 잘 배기할 수 있는 정도를 나타내는 값이다, 유효 배기 속력을 높이려면 배관의 컨덕턴스를 크게 해

줘야하는데 배관의 컨덕턴스(C)를 크게 하기 위해서는 배관의 직경(D)은 크게 하고 배관의 길이(L)는 짧게 해 주는 것이 유리하다.

배관의 컨덕턴스를 고려한 유효 배기속력(S)는 다음과 같이 나타낸다.

$$\frac{1}{S}=\frac{1}{S_p}+\frac{1}{C}$$

chamber의 pumping speed S를 알 수 있다.
$S_p$ : pump의 pumping speed
C : 파이프의 conductance

즉, $S = (C*S_p)/C+S_p$

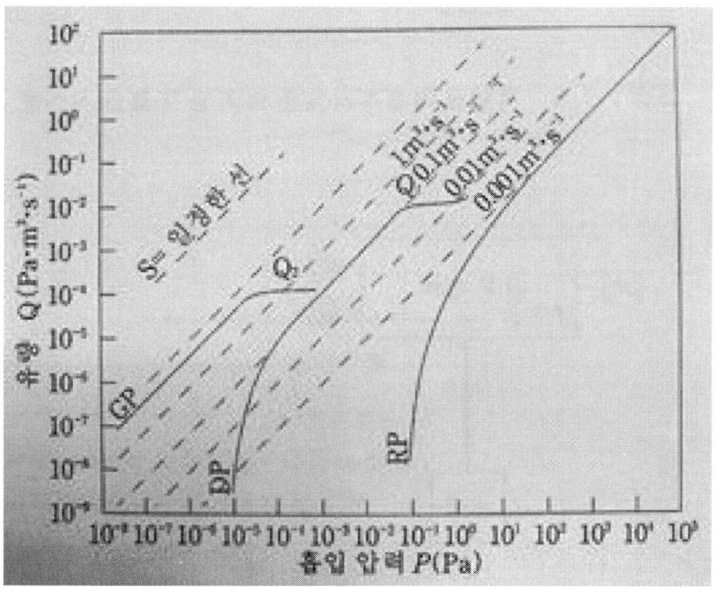


5.1.7 펌프의 유량(Q)와 흡입 압력(P: inlet pressure)

길이 **L**이고 직경 **D**인 긴 파이프에 대해

| Viscous state | | Molecular state |
|---|---|---|
| $C = \dfrac{Q}{P_1 - P_2} = \left(\dfrac{\pi D^4}{128\eta L}\right)\overline{P}$ | for air at 20 °C | $C = 3.81\left(\dfrac{T}{M}\right)^{\frac{1}{2}}\left(\dfrac{D^3}{L}\right)$ |
| $C = 182\left(\dfrac{D^4}{L}\right)\overline{P}$ | | $C = 12.1\left(\dfrac{D^3}{L}\right)$ |

5.1.8 가스 Flow에 따른  배관의 컨덕턴스(C: Conductance) 차이

## 5.2 진공 펌프의 종류와 작동 원리

이번 절에서는 여러 가지 진공 펌프의 종류와 작동 원리에 대하여 설명하겠다. 진공 펌프들은 다양한 종류가 있다. 진공 펌프의 종류를 크게 분류하여 보면 1)기체 운송식(또는 이송식) 진공 펌프(gas transfer type vacuum pump) 와 기체 저장식 (또는 기체 포획식) 진공 펌프(gas entrapment type vacuum pump)로 구분된다. 기체 운송식 진공 펌프는 진공 챔버 내로부터 진공 펌프로 이송된 일정 체적의 기체가 진공 펌프의 흡기구에서 주기적으로 격리되어 배기구로 운반되는 진공 펌프로서 기체는 펌프 내에서 압축 과정을 거쳐서 배기구로 배출된다. 이에 반하여 기체 포획식 진공 펌프는 진공 챔버에서 발생한 기체 분자 들을 펌프 내부 표면에서 흡착(adsorption) 또는 응축(condensation)등에 의해 기체 분자를 포획하여 펌프에 저장하는 방식으로 배기하는 진공 펌프이다.

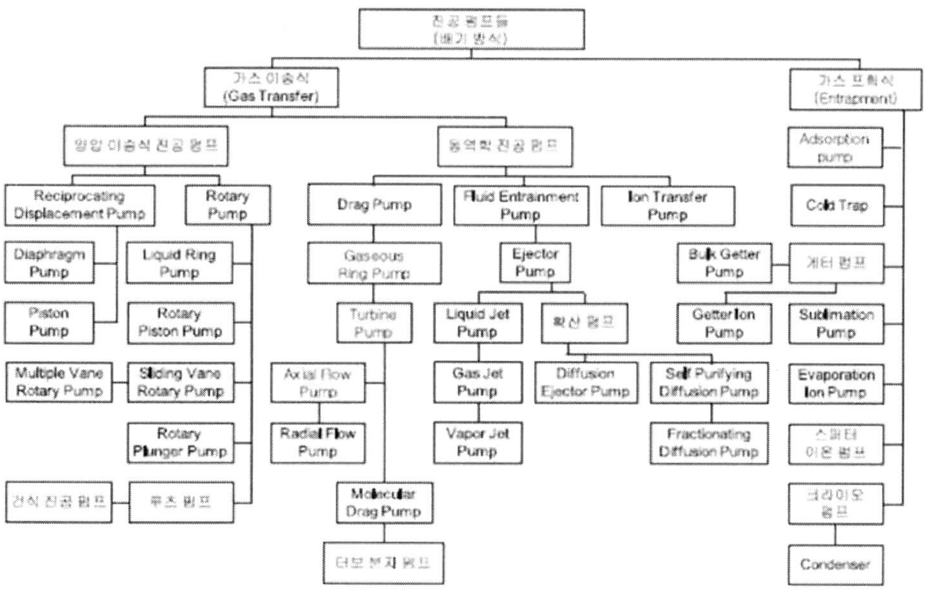


출처:진공이해하기/홍릉과학출판사/주장헌

5.2.1 진공 펌프의 분류

진공 펌프의 종류와 사용압력에 대해서는 아래 표와 같이 진공 챔버에서 요구되는 압력에 따라 사용 가능한 펌프를 선택하여야 한다. 각 펌프 종류 별로 도달할 수 있는 진공도가 다르기 때문이다. 공정에서 요구되는 프로세스(도달) 압력에 따라 저진공~중진공에서는 오일 회전 펌프(oil rotary pump), 건식 펌프(dry pump), 부스터 펌프(booster pump)를 많이 사용하고, 고진공~ 초고진공 영역에서는 오일 확산 펌프(oil diffusion pump), 터보 분자 펌프(TMP: turbo molecular pump), 크라이오 펌프(cryo pump)를 많이 사용하고, 초고진공~ 극초고진공 영역에서는 크라이오 펌프를 많이 사용한다. 여기서 크라이오 펌프는 작동 압력까지 배기하는 보조(러핑:roughing) 펌프가 필요하다. 또한, 터보 펌프나 오일 확산 펌프는 운전시 오일 로터리 펌프나 드라이 펌프 같은 보조 펌프가 필요하다. 드라이 펌프 경우는 부스터(booster) 펌프가 보조 펌프로 사용한다. 공정 시 사용 조건에 맞는 진공 펌프를 잘 선택하여 사용하여야 한다. 여기서 사용 조건이란 1)필요한 프로세스(도달) 압력, 2)도달 압력까지 걸리는 배기시간, 3)프로세스 시에 배기해야 하는 최대 가스 유량 과 같은 세 가지 조건이 펌프 선택의 기준이 된다.

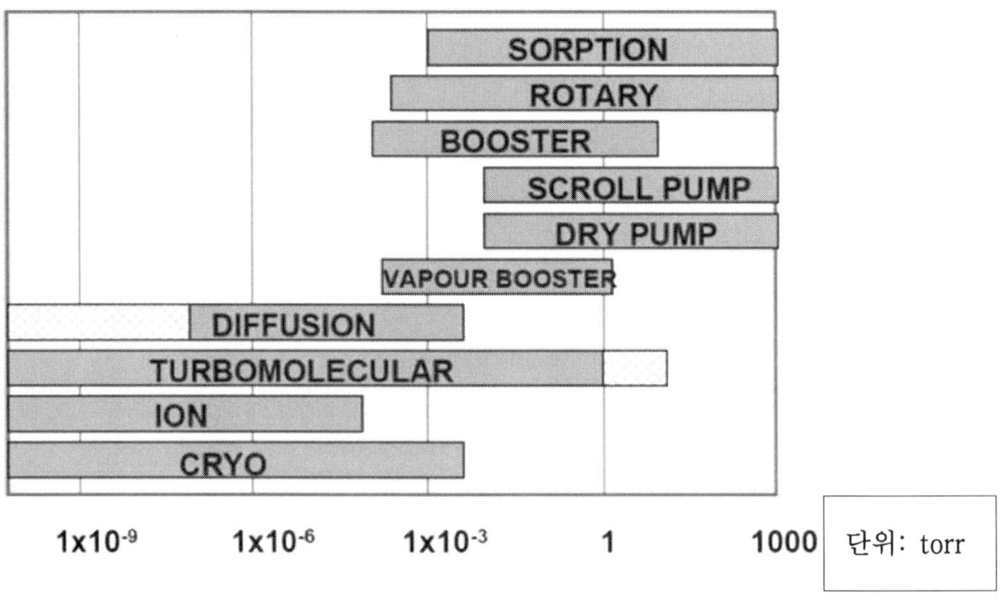


5.2.2 진공 펌프의 종류와 사용 압력 범위

그럼 이제부터 펌프 종류별로 특징을 자세히 살펴보기로 한다.

5.2.1 회전식 오일 펌프(Oil Rotary Pump)

5.2.1.1 회전식 오일 펌프의 구성

회전식 오일 펌프는 오일을 사용하여 밀봉(sealing)을 하는 방식을 채택한 펌프이다. 오일에 의해 고정자(stator) 내부에 고정된 날개판(blade)가 있는 편심 회전자(rotor)가 오일(oil)을 접촉한 상태에서 날개판 끝이 고정자 내부를 회전하여 펌프의 용적을 변화시킨다. 여기에서 사용하는 오일은 밀봉(sealing) 역할 외에도 회전시 발생하는 열을 냉각시키고, 로터의 회전에 윤활 작용을 하는 역할을 하며 증기압(vapor pressure)이 낮은 오일을 사용하여 작동 압력을 낮추고 오일의 역류(back-stream)를 방지하도록 한다.

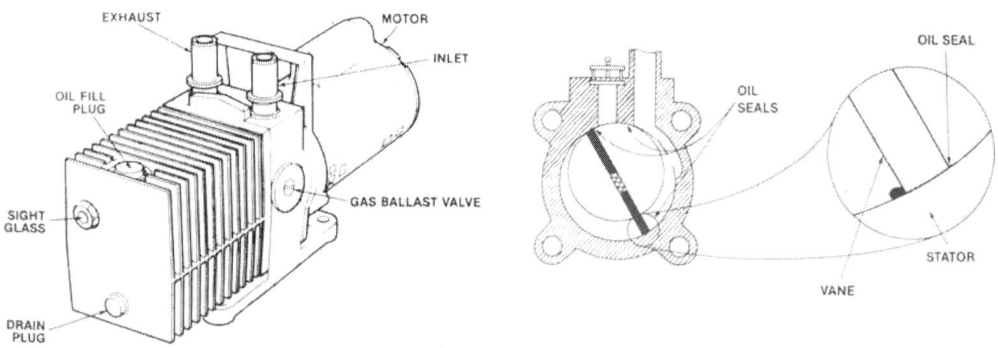


5.2.3 오일 회전 펌프(oil rotary pump) 구성

5.2.1.2 회전식 오일 펌프의 동작 원리

회전식 오일 펌프의 회전자가 회전하면서 펌프 흡입구(inlet)로부터 챔버에서 배기된 가스(기체)를 펌프 내로 이송 시킨다(흡입: induction), 이 후 펌프 흡입구로부터 유입된 기체는 펌프 내부 공간에 고립되 며 팽창된다(고립:isolation), 고립된 기체는 회전자의 계속된 회전으로 가스들이 압축된다(압축:compression), 압축된 기체는 그 압력이 높이지면 배기구의 밸브가 열리면서 압축되어 있던 가스가 배기구로 배출된다(배기:exhaust). 이러한 일련의 싸이클이 반복되면서 공정 챔버 내부의 압력을 공정에 맞는 압력으로 낮추게 된다.

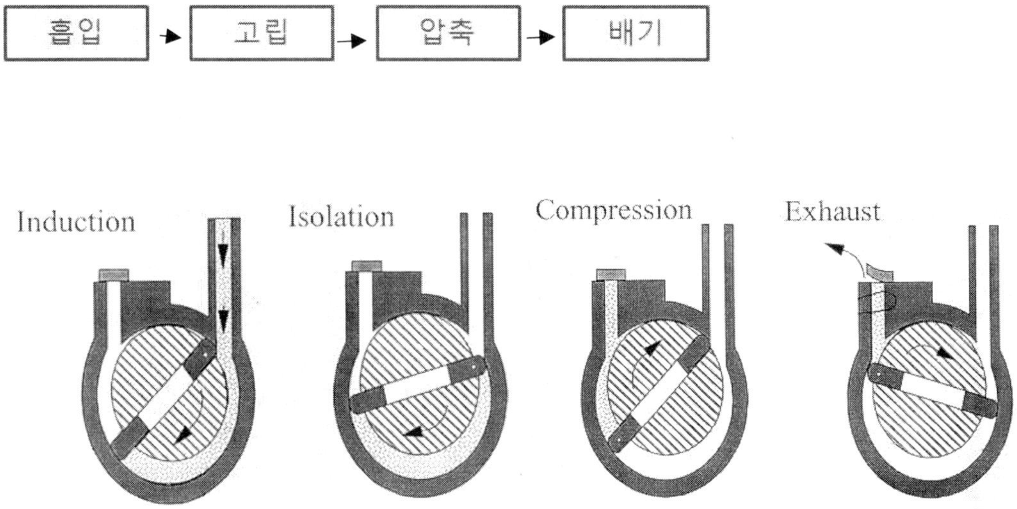


5.2.4 오일 회전 펌프(oil rotary pump)의 동작 원리(메커니즘)

5.2.1.3 가스 발라스트(gas ballast)

회전식 오일 펌프의 회전자가 회전하면서 유입된 기체를 압축하는 과정에서 기체 상태인 가스는 압력과 온도가 증가하게 된다. 과도한 압축이 발생할 경우 압축과정에서 수분이 발생하게 되면 오일(oil)이 오염되고 이로 인하여 밀봉(sealing) 능력이 감소하게 되며 결국 이로 인하여 펌프의 배기 속력이 감소하게 된다. 이와 같은 문제점(과도 압축)을 해결하기 위하여 압축 과정에서 적당량의 질소(nitrogen) 가스를 펌프 내부로 주입시켜서 펌프 내부에서 상변위(기체에서 액체로 응축 또는 액체에서 고체로 응결)가 일어나지 않도록 한다. 주의할 점은 과도한 가스 발라스트 시 펌프의 온도 상승 및 진공 배기 능력을 감소시킬 수 있으므로 가스 발라스트를 하는 시간과 양을 적정하게 해 주어야 한다.

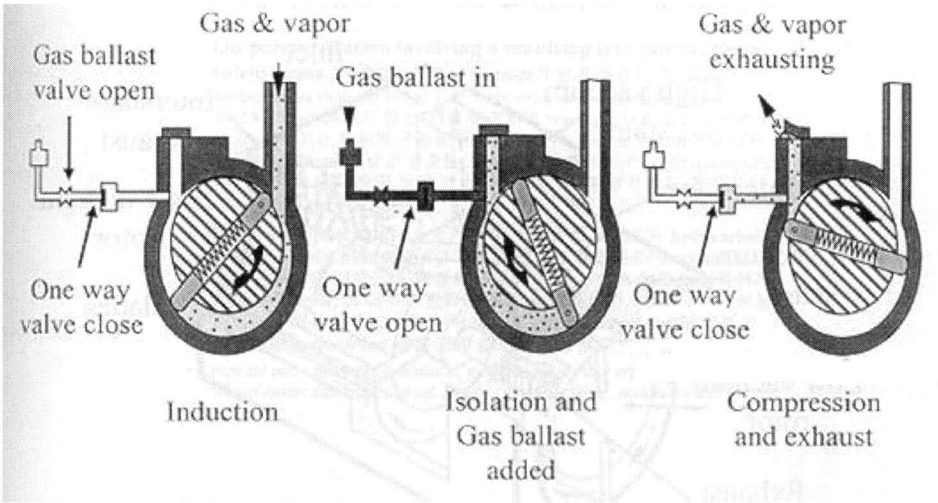


5.2.5 질소(nitrogen) 가스를 사용한 가스 발라스트(gas ballast)

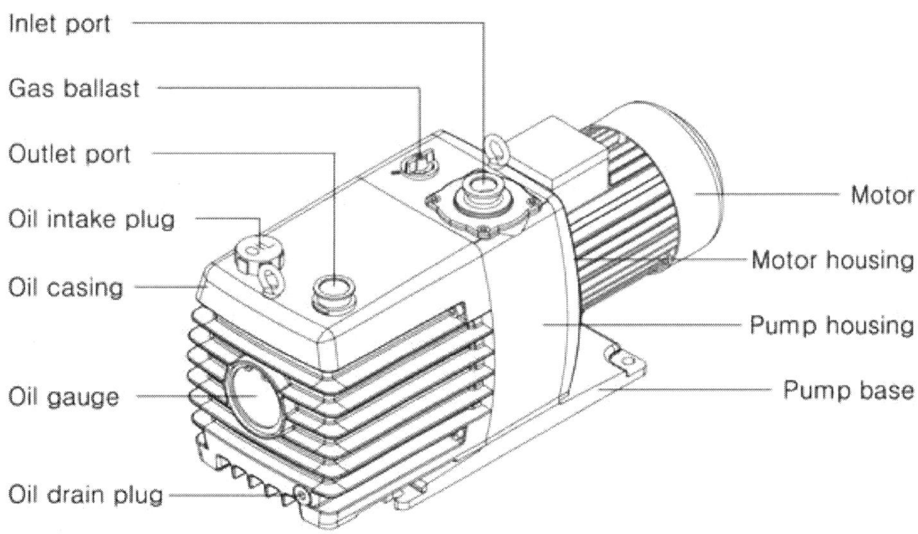


5.2.6 오일 로터리 펌프 구조도 및 가스 발라스트(gas ballast)

5.2.1.4 오일의 역류(oil back stream)

회전식 오일 펌프의 회전자가 회전하면서 유입된 기체를 압축하는 과정에서 밀봉 역할을 하기 위해 오일이 사용되는 데 이 오일이 너무 과도하게 주입되었거나 점도가 너무 낮거나 구동 압력이 너무 낮거나 펌프가 갑자기 동작을 멈추거나 할 경우에 오일 증기 분자들이 진공 배관을 타고 진공 챔버 쪽으로 역류하여 웨이퍼를 오염시킬 수 있다. 이러한 경우를 예방하기 위하여 배관 중간에 오일 미스트 트랩(oil mist trap)을 설치한다. 문제는 오일 미스트 트랩을 설치할 경우 배관의 컨덕턴스(conductance)를 떨어뜨려 펌프의 유효 배기 속력을 감소시키게 된다. 이러한 문제를 해결하기 위하여 오일을 사용하지 않은 건식 펌프(Dry pump)가 탄생하게 되었다.

5.2.2 부스터 펌프(Booster Pump)

5.2.2.1 부스터 펌프의 구성

부스터 펌프란 오일 로터리 펌프나 드라이 펌프의 배기 성능을 향상시키기 위해 사용하는 보조 펌프로 많이 사용되는 펌프이다. 특히 대형 진공 챔버의 진공 도달 시간을 단축하기 위해 사용된다. 부스터 펌프는 오일 로타리 펌프나 드라이 펌프와 비교하여 가스 압축비(compression ratio: 흡입구 압력에 대한 배기구 압력비)가 작으나 상대적으로 큰 배기 속력을 얻을 수가 있어서 대형 챔버내의 가스를 빠른 시간내에 오일 로터리 펌프나 드라이 펌프로 이송하여 이들 펌프에서 압축이 되도록 하기 위한 용적 이송용 진공 펌프이다.

펌프 구성은 고정자와 내부에 회전자가 쌍으로 설치되어 이들 회전자 간의 미세 간격(약 0.2mm)으로 되어있고 이들 회전자가 반대 방향으로 회전하면서 펌프 입구로 유입된 챔버 내의 가스를 배기구로 이송 시킨다. 회전자의 날개 모양은 2엽, 3엽, 5엽식으로 되어 있고 이들 회전자에 연결된 샤프트가 구동 모터에서 동력을 받아 회전하게 된다. 5엽식은 2엽식, 3엽식에 비해 진동과 소음이 감소되는 장점이 있다.

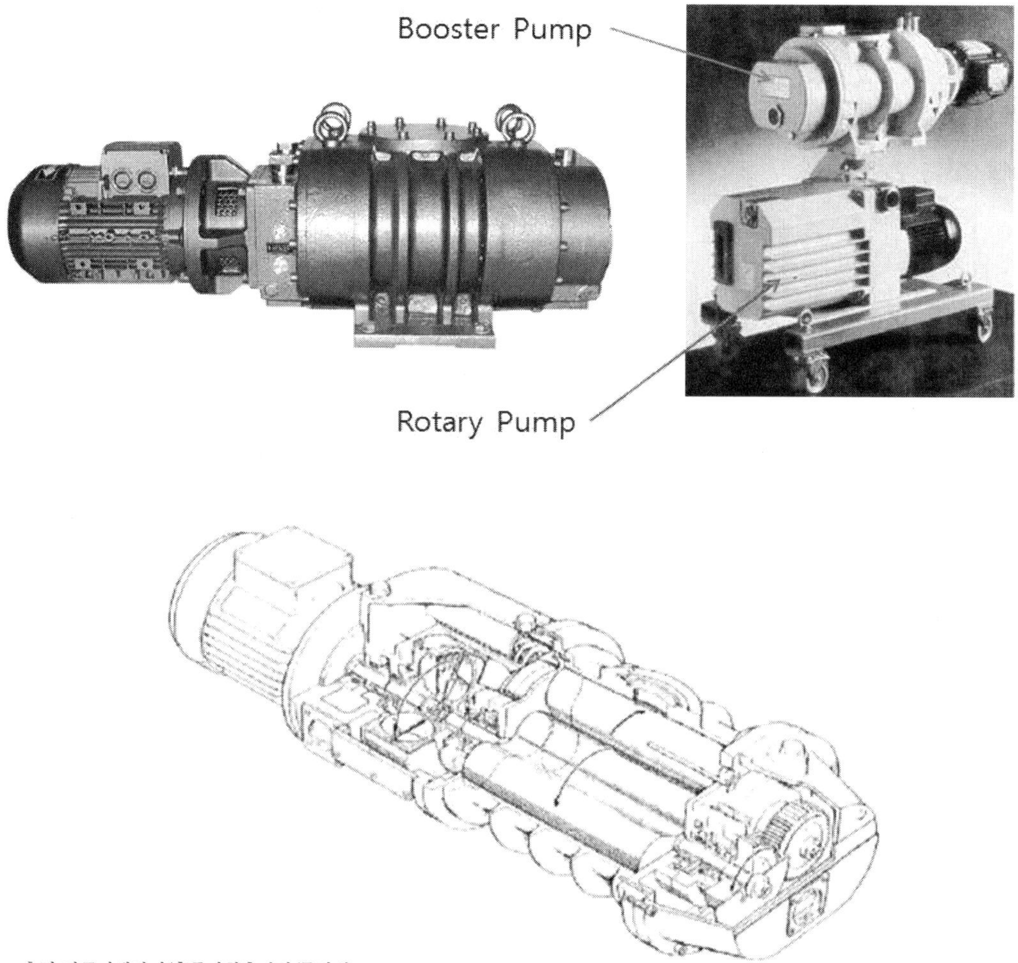


출처:진공이해하기/홍릉과학출판사/주장헌

5.2.7 부스터(Booster) 펌프의 구조(위: 외부 구조, 아래: 내부 구조)

### 5.2.2.2 부스터 펌프의 동작 원리

2엽식 부스터 펌프의 경우를 들어서 동작 원리를 살펴 보자. 2엽으로 된 회전자가 2개가 서로 0.2mm 간격을두고 고정자 내부에 설치되어 있다. 두 개의 회전자는 샤프크에 연결되어 있고 이들 샤프트는 모터로 구동된다. 모터에서 전달받은 동력으로 회전자가 서로 반대 방향으로 회전하면서 부스터 펌프 내부의 회전자와 고정자간에 만들어진 공간이 커지면서 팽창(expansion)에 의해 압력이 낮아진다. 부스터 펌프의 내부 압력이 낮아지게 되면 압력차에 의해 챔버의 배기 가스가 부스터 펌프의 인입구(inlet)을 통해 펌프 내부로 유입(induction)되며 이와 같이 유입된 가스는 회전자의 연이은 회전에 의해 차단(isolation)과 압축(compression) 과정을 거쳐 부스터 펌프의 배기구로 배기(exhaust)되게 된다. 이러한 일련의 싸이클(cycle)이 반복되면서 챔버 내부의 가스를 빠르게 부스터 펌프의 배기구와 연결된 로터리 펌프나 드라이 펌프로 보내서 원하는 진공도를 만든다.

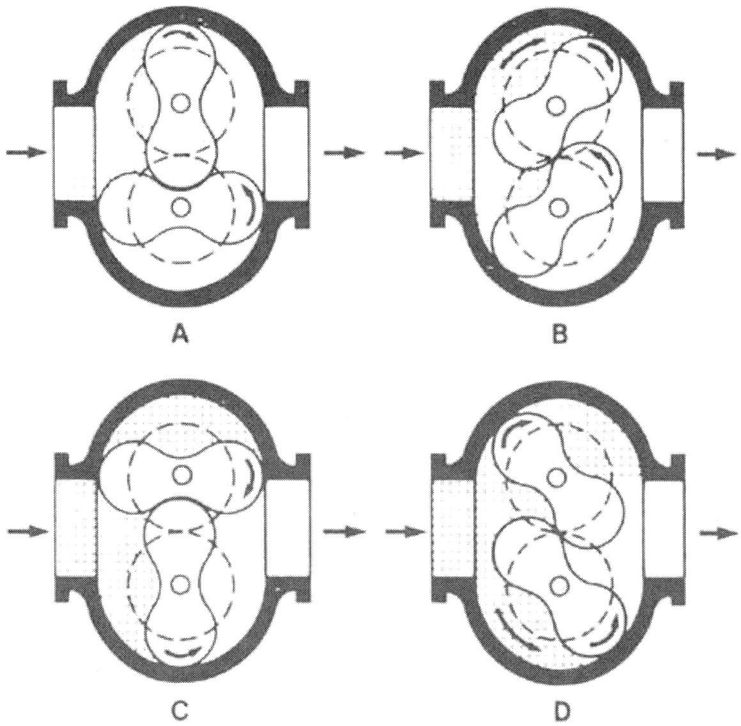


5.2.8 부스터(Booster) 펌프의 동작 원리(배기 메커니즘)

5.2.3 드라이(건식) 펌프(Dry vacuum Pump)

5.2.3.1 드라이 펌프의 구성

드라이(dry) 펌프란 펌프내 고정자와 회전자간의 틈새를 밀봉할 목적으로 오일(oil)을 사용하지 않는(oilless) 펌프로 용적 이송용 펌프이다. 건식 진공 펌프는 오일을 사용하지 않기 때문에 oil의 역류(back stream)의 위험이 없고, 이에 따라 정비(maintenance) 시간을 줄일 수 있으며 유지 비용(running cost)도 절감할 수 있어서 오일 로터리 펌프의 대체용으로 많이 사용한다. 드라이 펌프에는 여러 가지 종류가 있는데 회전자(rotor)의 모양에 따라 루츠 펌프(roots pump), 클로 펌프(claw pump), 루츠+클로 펌프(roots+ claw pump), 스크루 펌프(screw pump)로 구분하여 사용한다. 이들의 구성은 다음 그림과 같다.

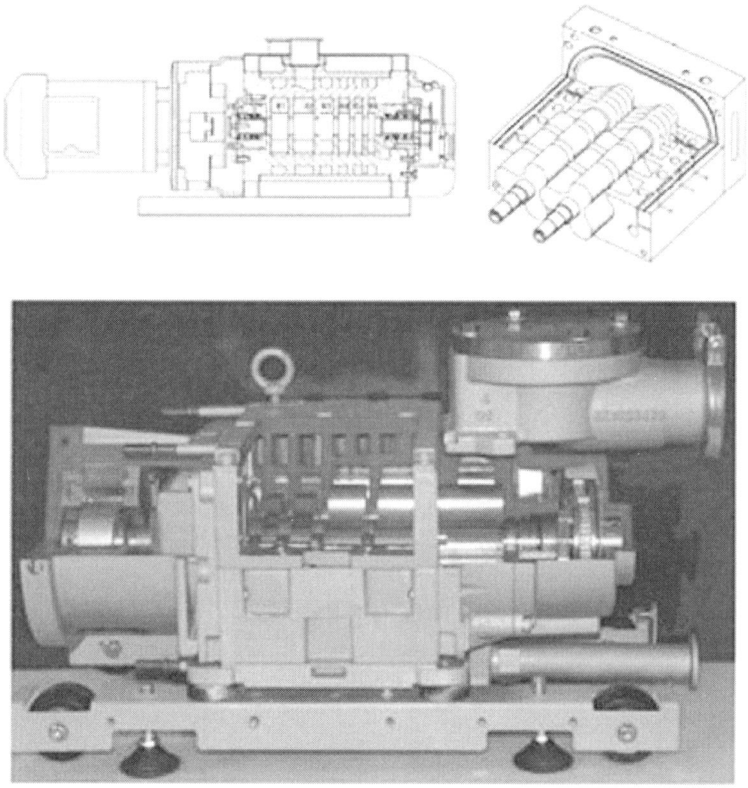

출처:진공이해하기/홍릉과학출판사/주장헌

5.2.9 루츠(Roots) 펌프의 구성도

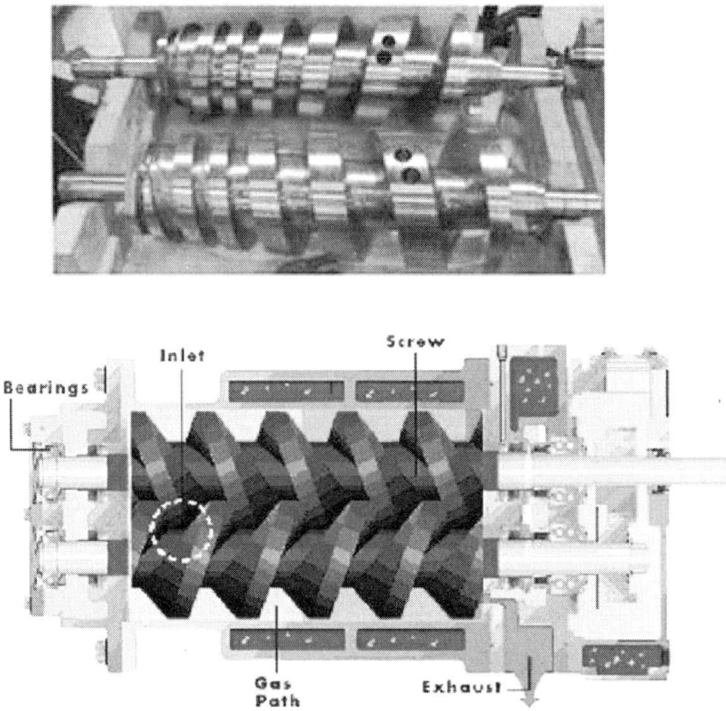


5.2.10 스크루(Screw) 펌프의 구성도

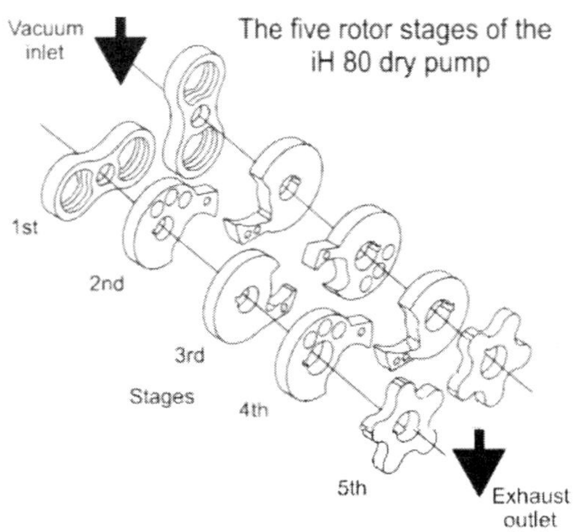


출처:진공이해하기/홍릉과학출판사/주장헌

5.2.11 루츠+클로(claw) 펌프의 구성도

5.2.3.2 드라이 펌프의 동작 원리(배기 메커니즘)

각 종류별 드라이(dry) 펌프의 동작 원리(배기 메커니즘)에 대해 설명하기로 한다.

(a)루츠(roots) 펌프 동작 원리

루츠 펌프는 땅콩 모양의 두 개의 회전자(rotor)가 서로 반대 방향으로 고정자(stator)와 작은 간격을 유지하면서 비접촉 방법에 의해 회전하는 용적 이송용 펌프이다. 부스터 펌프와 배기 메커니즘은 유사하나 루츠 펌프의 경우는 이러한 회전자가 여러 단(multi stage)으로 구성되어 있다는 점이 차이가 난다. 1 개의 단만으로는 압축을 제대로 하루 없으므로(압축비가 떨어지므로) 이러한 문제를 해결하기 위하여 직렬로 여러 단의 로터로 구성되어 서 각 단을 거치면서 가스를 점진적으로 압축을 한 후 배기한다. 통상 5~6단으로 구성되어 있어 이로 인한 구동 모터를 용량이 큰 것을 사용하게 됨으로써 펌프의 과열 문제가 발생하여 압축과정에서 발생하는 열로 인해 배기 압력 상태인 가스가 역팽창(반대 방향으로의 가스 흐름)하게 되게 된다. 이를 방지하기 위해 단과 단 사이에 냉각 장치를 사용하여 과열을 방지해 주어야 한다.

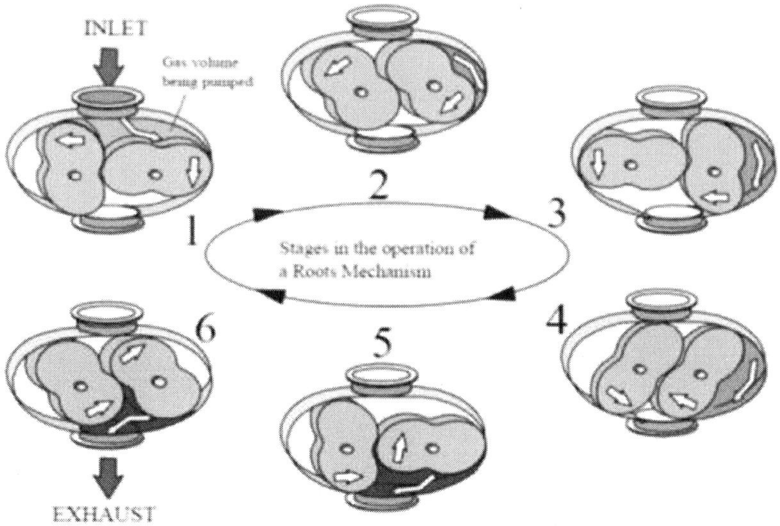


5.2.12 루츠 펌프의 동작 원리( 배기 메커니즘)

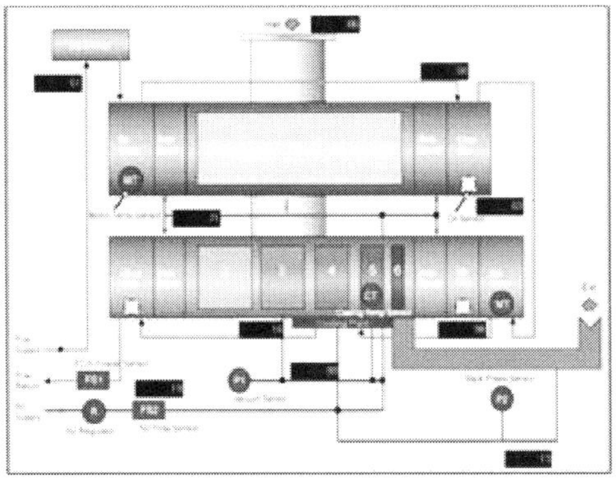 

5.2.13 다단 루츠 펌프(multi stage roots pump)

(b)스크루(screw) 펌프 동작 원리

스크루 펌프는 스크루(screw) 형태로 생긴 두 쌍의 회전자(rotor)가 아주 작은 간극으로 서로 맞물려서 반대 방향으로 비접촉 방법에 의해 회전하는 용적 이송용 펌프이다. 하나의 스크루에는 여러개의 피치(pitch)를 가지고 회전하는데 피치의 간격은 등 간격 또는 다른 간격(가변 피치)을 가지고 있다. 스크루 펌프는 여러 개의 피치를 가진 스크루로 보통 1단으로 구성되어 있다. 스크루 펌프는 배기 속력이 크고 구동 온도가 높아 펌프 내부에서 가스가 압축 과정에서 응축(condensation) 되는 것을 막아주는 장점이 있다. 펌프 내부에 응축, 응결되는 것을 줄일 수 있으므로 공정 시 배기되는 가스로부터 파우더(powder)가 많이 발생하는 장치의 진공 펌프로 사용하면 유리하다. 하지만 루츠 펌프에 비해 회전 속도가 3배 가량 빠르게 움직여야 하므로 이로 인한 전력 소모가 크고 누설(leak) 발생 가능성이 크므로 유의해야 한다. 또한 배기되는 기체의 온도가 높으므로 부식성 가스로 인하여 배관에 부식이 발생할 가능성이 있다는 단점이 있다.

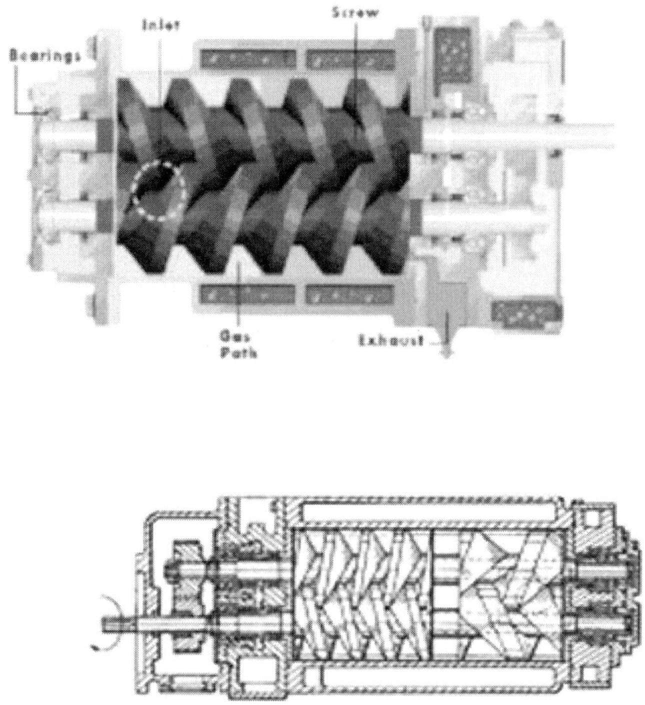


출처:진공이해하기/홍릉과학출판사/주장헌

5.2.14 스크루 펌프(screw vacuum pump)

(c)클로(claw) 펌프 동작 원리

클로 펌프는 루츠 펌프와 동작 원리는 유사하나 회전자(rotor) 모양이 동물 발톱(claw) 모양과 유사하여 붙인 이름이다. 회전자인 클로가 회전하면서 생기는 고정자(stator)와 회전자(rotor) 사이에 형성되는 체적(volume)이 루츠(roots) 펌프의 경우에 비해서 많이 변하기 때문에 이로 인한 가스의 압축비(compression ratio)가 커지는 장점이 있다.

클로 펌프의 동작 원리(배기 메커니즘)는 루츠 펌프와 유사하다. 즉 2개의 클로가 반대 방향으로 회전하면서 회전자와 고정자 사이에 생기는 체적이 커져 기체가 팽창하면서 압력이 낮아 진다. 이로 인해 흡입구(inlet)으로 가스가 유입되고(induction), 흡입구가 닫히면서 (isolation) 가스가 압축(compression)되고 압축된 가스의 압력이 배기구 밖의 압력보다 높아지면 배기구가 열리면서 배기(exhaust)가 이루어진다.

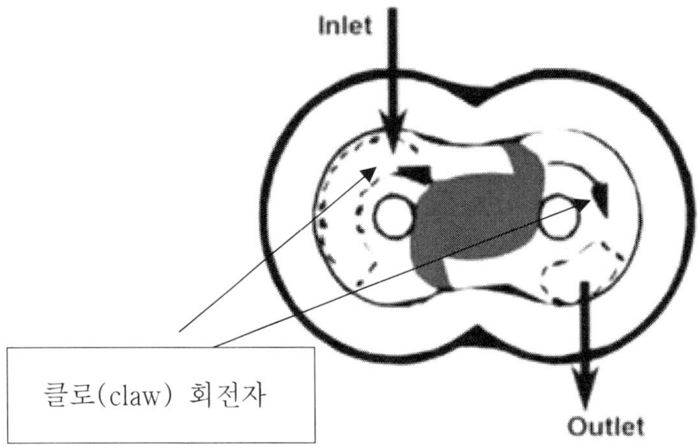


5.2.15 클로 펌프(claw vacuum pump)

클로 펌프는 루츠 펌프에 비해 압축비가 커서 압축비가 작은 루츠 펌프보다 단(stage) 수를 줄일 수 있는 장점이 있다. 따라서 통상 1 개의 샤프트에 4 단(stage)로 구성이 가능하다. 또한 단 과 단 사이에 가스 냉각이 필요하지 않다. 한편 특정 압력 이하에서는 펌프의 배기 속력이 떨어지는 단점이 있다.

클로 펌프와 루츠 펌프를 조합하여 루츠 펌프의 압력이 낮을 때의 압축비가 좋은 특성과 클로 펌프의 압력이 높을 때의 압축비가 좋은 특성을 이용하여 하나의 진공 펌프에 두 가지 타입의 회전자(rotor)를 함께 사용하여 펌프 성능을 향상하여 사용하는 경우도 있다.

또한, 경우에 따라서는 루츠 펌프와 클로 펌프의  조합대신 루츠 펌프와 스크루 펌프의 조합을 통하여 진공 펌프의 성능을 향상하는 경우도 있다.

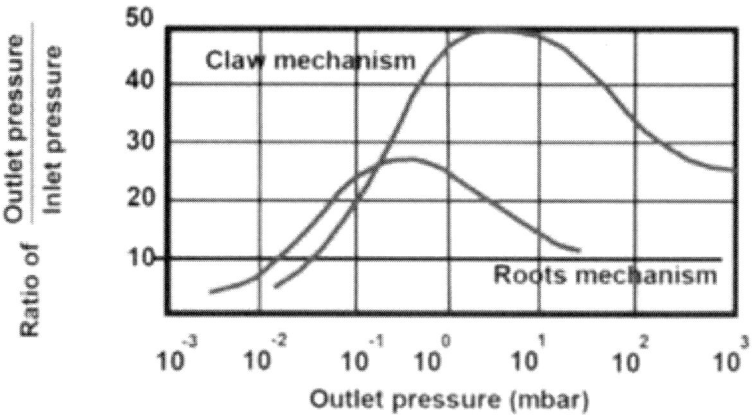


5.2.16 클로 펌프와 루츠 펌프의 압력에 따른 압축비 비교표

## 5.2.4 오일 확산 펌프(Oil Diffusion Pump)

### 5.2.4.1 오일 확산 펌프의 구성

오일 확산 펌프란 고진공용 펌프로써 오일을 가열하여 기화된 오일 증기가 노즐을 통해 질량이 큰 오일 분자들이 고속 (초음속)으로 분사된 후 진공 챔버에서 나온 기체 분자들이 이 증기 류 안으로 확산되어 기체 분자들을 배기구 쪽으로 밀어 낸다. 별도의 구동 모터를 사용하지 않으므로 가격이 저렴하고 모든 가스들에 대하여 일정한 배기 속력을 갖는 장점이 있는 반면에 오일을 사용하므로 오일의 역류(back stream) 가능성이 있고, 오일이 산화되면 성능이 떨어진다. 또한 오일의 누설(leak)로 인한 성능 저하 우려도 있다. 오일의 역류를 방지하기 위해서는 cold 트랩을 사용할 수 있는데 이 경우 컨덕턴스가 저하된다.

오일 확산 펌프에 사용되는 오일의 조건은 다음과 같다.

1) 휘발성이 없고 정제가 용이해야 한다.

2) 배기 가스와의 반응성이 없어야 한다.

3) 분자량 및 분자 밀도가 높아야 한다.

4) 고온에서의 산화, 열분해 등이 없어야 한다.

5) 독성이 없어야 한다.

오일 확산 펌프의 구성은 히터(heater), 보일러(boiler), 펌프 오일(oil), 오일 증기 분사 노즐(nozzle)을 가진 다단 제트 어셈블리(multi stage jet assembly), 외부에 냉각수가 흐르는 water cooling coil을 갖춘 펌프 몸체(body), 배기구 부위의 baffle, cold trap으로 구성되어 있으며 배기된 가스는 배기 배관을 거쳐 backing pump 입구(inlet)로 유입된다.

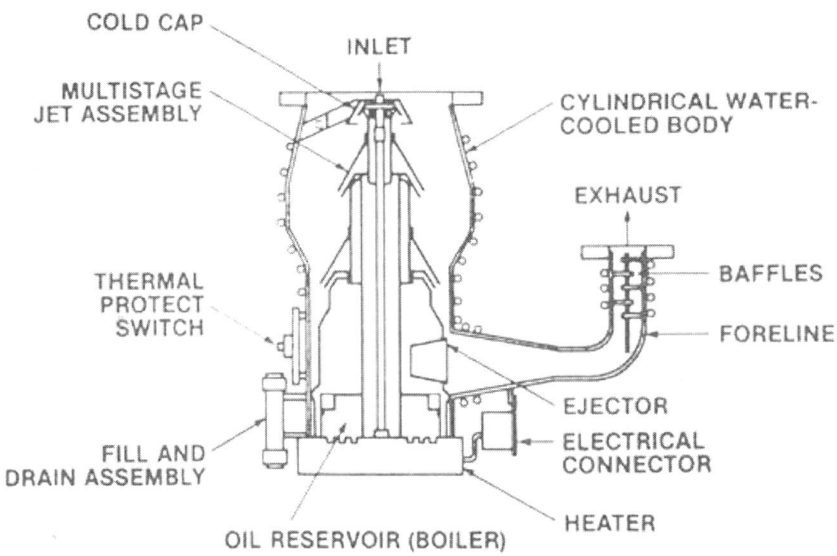


5.2.17 오일 확산 펌프(oil diffusion pump)의 구조

5.2.4.2 오일 확산 펌프의 동작 원리(배기 메커니즘)

오일 확산 펌프는 오일을 동작 유체로 사용하는 펌프로 오일을 보일러  내에 주입 후 히터에 의해 오일을 가열하면 오일이 기화되어 증기로 된다. 이렇게 만들어진 오일 증기가 펌프 내의 제트 어셈블리에 구성된 다단계 제트 노즐(nozzle)을 통해서 초음속으로 분사되면서 챔버에서 유입된 기체 분자들과 들과 충돌하면서 고분자 오일이 가진 운동량을 기체 분자들에게 전달 하면서 기체 분자들을 강제로 아래 방향으로 밀어 낸다. 이렇게 밀어내진 기체 분자들은 압축되어 배기구를 통해 배출되며 오일 확산 펌프 배기단에 연결된 오일 로터리 펌프 같은 보조 펌프(backing pump)의 입구(inlet)로 유입되어 배기된다. 사용된 오일 증기들은 물로 냉각(water cooling)된 펌프 몸체(body) 벽면과 충돌하여 응축되게 되며 응축된 오일은 중력에 의해 펌프 몸체 내벽을 따라 내려와 보일러로 회수된다. 이렇게 회수된 오일은 다시 히터에 의해 가열되어 증발 과정을 거쳐 노즐을 통해 분사되는 싸이클을 반복하게 된다.

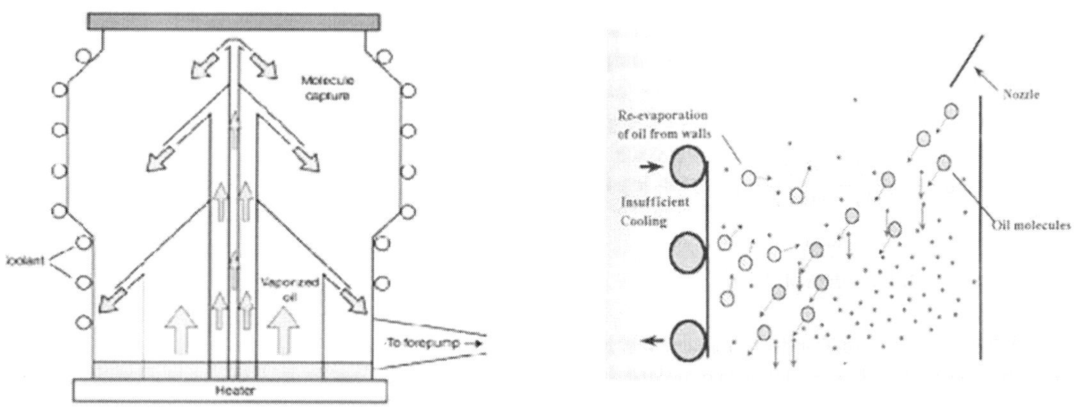


5.2.18 오일 확산 펌프(oil diffusion pump)의 동작 원리 모식도

## 5.2.5 터보 분자 펌프(TMP: Turbo Molecular Pump)

### 5.2.5.1 터보 분자 펌프의 구성

터보 분자 펌프란 고진공용 펌프로써 펌프 내부의 로터(rotor)에 여러 개의 날개(blade)를 가지고 그에 대응하는 스테이터(stator) 역시 여러 개의 날개(blade)를 가지고 있으며 일정한 각도로 된 날개들을 가진 로터가 고속(수 만 RPM)으로 회전하면서 진공 챔버에서 유입된 가스 분자들과 충돌하면서 가스 분자들을 아래로 움직이며 배기구 쪽으로 이동시킨다. 로터의 날개(blade)의 회전 속력이 가스 분자의 열에너지에 의한 운동 속력 이상으로 회전하여야만 가스 분자들의 아래 방향으로의 이동이 일어난다. 통상 분자류(molecular flow) 조건에서 올바른 성능을 가진다.

터보 분자 펌프(TMP)의 구성은 로터(rotor)와 스테이터(stator), 로터의 회전 동력을 얻기 위해서 구동 모터(motor)가 사용되며 구동 모터의 구동부위에는 윤활용 베어링(bearing)이 사용된다. 베어링은 오일 윤활식 베어링, 그리스 윤활식 베어링, 자기 부상 윤활식 베어링 이 있다. 이 중에서 금속간의 접촉이 일어나지 않고 오일이나 그리스를 사용하지 않으므로 오염에 강한 장점을 가진 자기 부상 베어링을 가장 많이 사용한다. 블레이드(blade)는 각 종 부식성 가스에 의한 부식이 일어나지 않도록 알루미늄 합금 재질의 블레이드 표면을 내 부식성이 강한 니켈(Ni)을 코팅하여 사용한다.

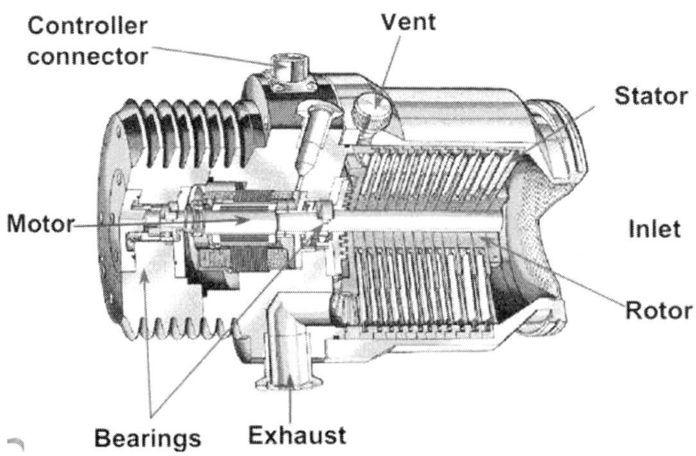

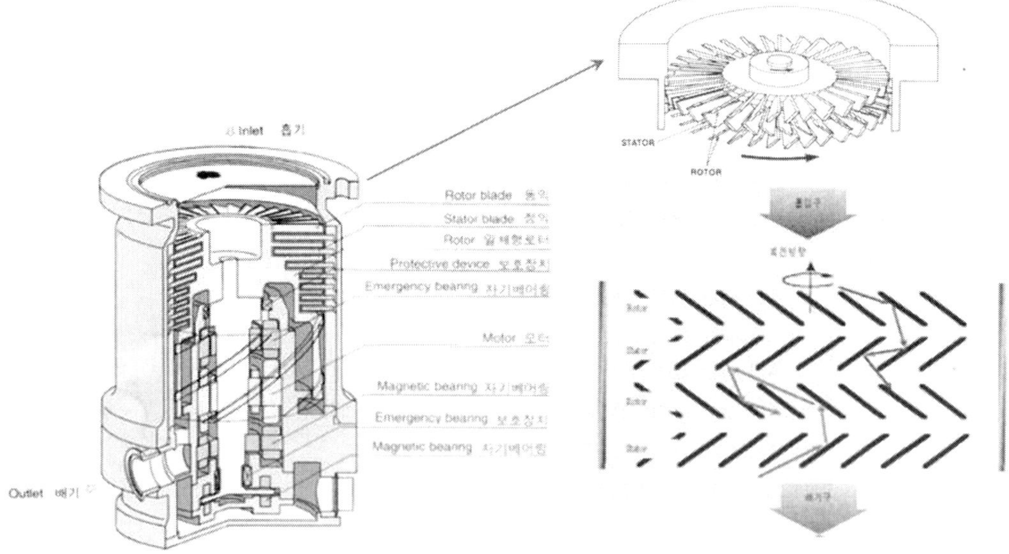


5.2.19 터보 분자 펌프(TMP: turbo molecular pump)의 구성도

### 5.2.5.2 터보 분자 펌프의 동작 원리(배기 메커니즘)

터보 분자 펌프의 동작 원리를 살펴보자. 터보 분자 펌프란 고속으로 회전하는 로터에 붙어있는 날개(blade) 와 고정자인 스테이터(stator) 가 서로 반대 방향으로 날개의 각도가 기울어져 있으며, 회전자가 고속으로 회전하며 챔버로부터 유입된 기체 분자들이 연속적으로 교대로 이루어진 회전자와 고정자 날개 사이로 들어와 날개와 충돌하며 벡터(vector) 방향으로 움직이면서 아래 방향으로 이동하며 압축되고 배기구에서 배기된다. 흡입구 쪽으로 이동하려는 기체 분자들은 회전자와 고정자에서 반사되어 이동하지 못하고 배기구 쪽으로만 이동하도록 설계되어있다. 날개(blade)의 각도도 펌프의 입구(inlet)쪽에서는 빠른 배기 속력을 위해서 블레이드의 각도가 세워진 구조로 되어 있으며, 아래쪽으로 갈수록 블레이드 구조가 뉘어진 구조로 되어 있어서 역방향의 이동을 막고 가스 분자들을 효과적으로 압축하여 압축비(compression ratio)를 높이고 압축된 가스분자들은 배기구(outlet) 쪽으로 배기(exhaust)된다.

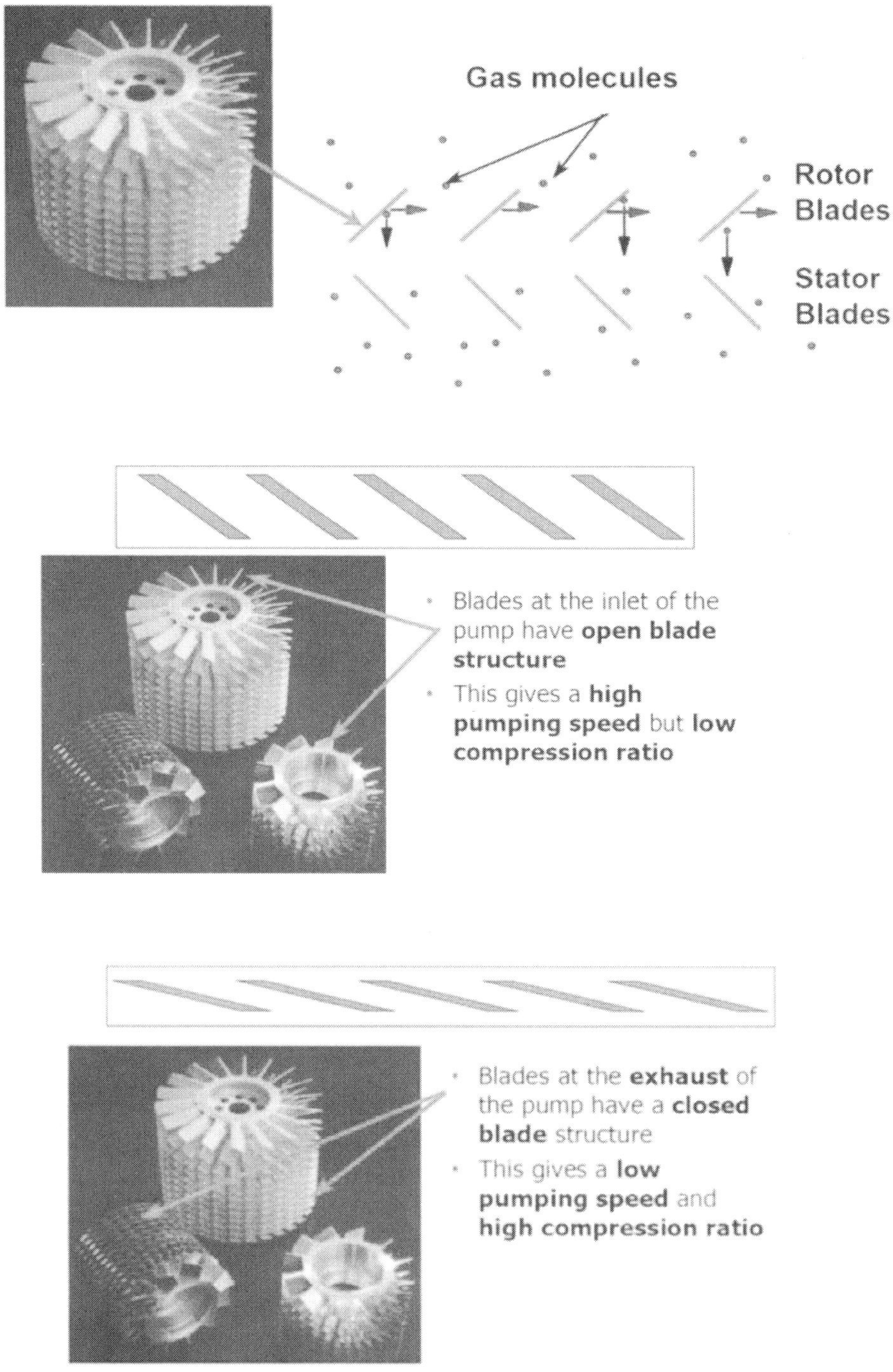


5.2.20 터보 분자 펌프(TMP: turbo molecular pump)의 동작 원리

터보 분자 펌프 역시 단독으로 사용하지 않고 오일 로터리 펌프 또는 드라이 펌프와 함께 사용된다. 진공 챔버 내부의 기체를 먼저 roughing valve를 열어 보조 배기라인으로 연결된 보조 펌프를 사용하여 적정 압력(~1 Torr)으로 낮춘 다음, 보조 배기라인의 roughing valve를 닫고 진공 챔버와 연결된 터보 분자 펌프를 작동 시켜 원하는 공정 압력(working pressure)으로 낮춘다. 터보 펌프의 배기가스는 foreline valve가 열려지고 주 배기관을 거쳐서 보조 펌프(드라이 펌프 등)의 입구를 통해 흡입되어 보조 펌프에서 압축되어 배기된다. 따라서 터보 분자 펌프의 성능을 좋게 하기 위해서는 보조 펌프의 배기 성능도 좋아야 한다. 즉, 터보 분자 펌프를 사용할 경우는 터보 펌프와 함께 사용할 보조 펌프의 용량 선정을 잘 해야 한다. 또 한 가지 유의할 점은 터보 분자 펌프의 회전자인 로터의 날개(blade)는 고속으로 회전하므로 동작 중 펌프 내부로 이물질이 유입되면 날개가 파손(broken)된다. 이를 방지하기 위해 펌프 입구에 그물망(splinter)을 장착하여 보호 하는 경우도 있는데 이로 인한 컨덕턴스 저하로 펌프의 배기 속력이 감소되는 단점이 있다.

또한, 터보 분자 펌프는 가스를 큰 압축비로 압축을 하므로 많은 열이 발생하므로 냉각이 필요한데 냉각 방식에는 공냉식과 수냉식이 있는데 공냉식보다는 수냉식이 열을 식히는데 더 효과적이다.

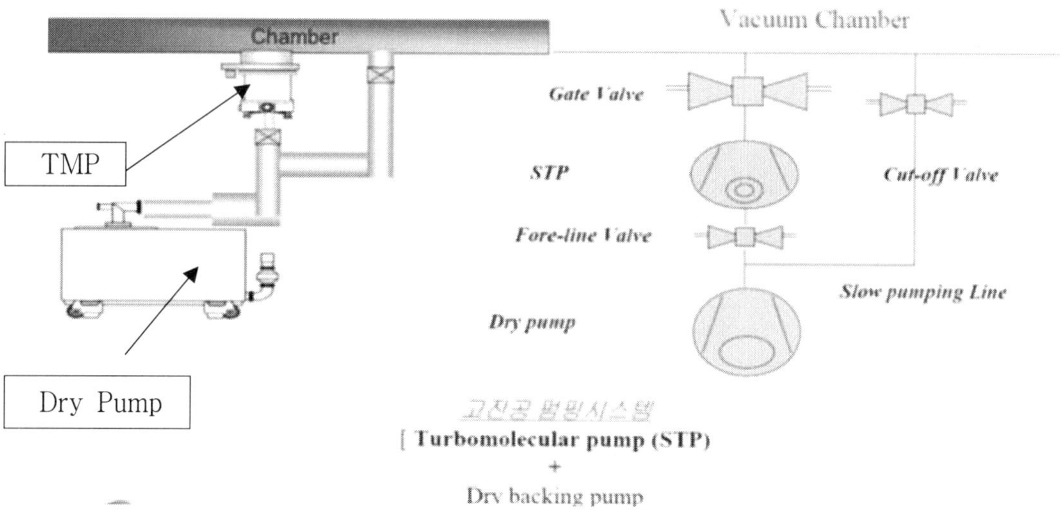


5.2.21 터보 분자 펌프(TMP)와 보조 펌프(backing pump)를 사용한 진공 시스템 구성

## 5.2.6 크라이오 펌프(Cryo Pump)

### 5.2.6.1 크라이오 펌프의 구성

크라이오 펌프란 고진공~초고진공용($10^{-10}$Torr) 펌프로써 펌프 내부를 극저온(120~15K)으로 냉각시켜 진공 챔버로부터 유입된 기체 분자들을 펌프 내의 저온 면(Cryo Panel)에 응축시키는 기체 저장식 진공펌프이다. 응축물은 평형 증기압이 필요한 압력 이하가 되는 온도로 유지된다.

크라이오 펌프의 구성은 크라이오 펌프 유닛, 크라이오 펌프를 냉동시킬 냉동기 유닛, 구동 모터, 냉동기에 공급하는 냉매인 압축 헬륨(He)을 공급하는 헬륨 콤프레서(Compressor) 유닛, 기타 악세서리(Accessories) 유닛으로 구성된다.

크라이오 펌프 유닛 내에 cold head는 2단으로 구성되어 있으며 1단은 냉동 능력이 큰 80K 이하로 냉각 시키는 역할을 하며 2단은 10~20K로 냉각 할 수 있다. 2단에는 흡착 활성탄(charcoal) 패널이 붙어있어 2단에서도 응축이 안 되는 수소($H_2$), 헬륨(He), 네온(Ne) 분자 등을 흡착시킬 수 있다. 또한, 펌프 상단에 80K Baffle이 장착되어 있고 펌프 body 안쪽에 80K Radiation Shield 가 장착되어 있으며 이들은 실온의 방사열(복사열)로부터 펌프를 보호하는 역할을 한다.

5.2.22 크라이오 펌프(Cryo pump) 구성품

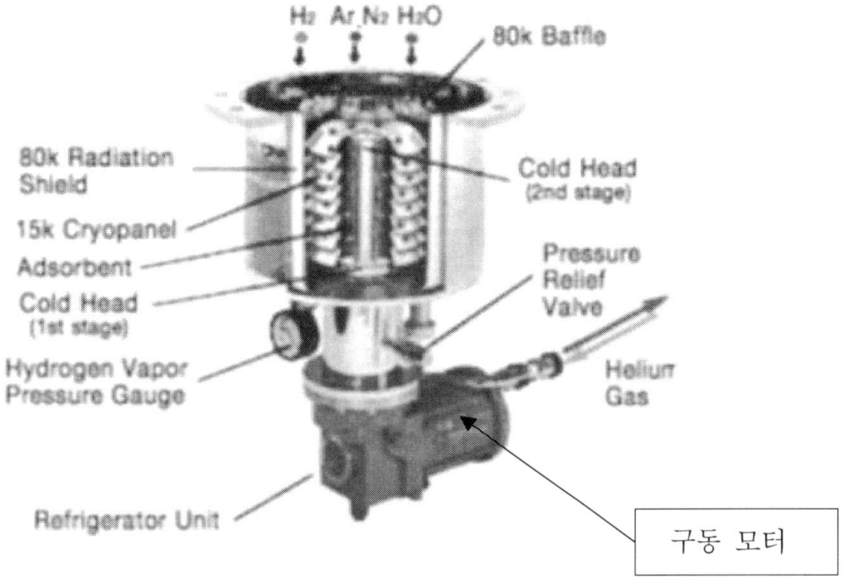


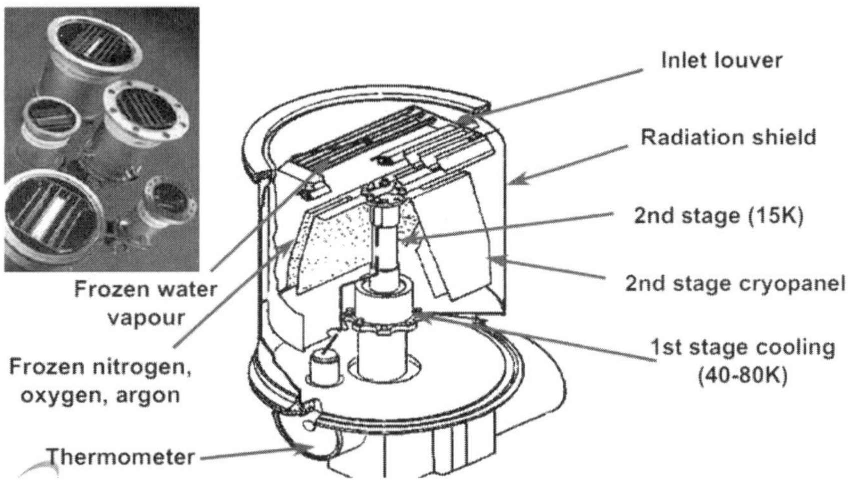


5.2.23 크라이오 펌프(Cryo pump) 내부 구조도

5.2.6.2 크라이오 펌프의 동작 원리(배기 메커니즘)

크라이오 펌프의 동작 원리를 살펴보자. 크라이오 펌프는 극저온 상태에서 기체 분자들이 가지고 있는 운동에너지를 제거하여 기체 분자들이 움직이지 못하게 하는 방식으로 진공 상태를 만드는 펌프로 헬륨 압축기(He Compressor)에서 냉동기(refrigerator) 유닛으로 압축 헬륨을 이동시켜 cold head의 냉각 싸이클을 거쳐서 압축된 헬륨이 실린더 내부에서 팽창하면서 온도가 급격히 감소하며 실린더에 붙어있는 판넬을 냉각한다. 냉각된 판넬에 가스 분자들이 충돌하면 온도가 낮아져 운동에너지가 낮아진 가스 분자들이 판넬에 응축하게 된다. 1단 cold head에서 80K 까지 냉각시켜 수분 분자($H_2O$) 등을 응축 시키고 여기에서 응축되지 않은 알곤(Ar), 질소($N_2$) 가스 분자들은 15K 2단 cold head에 응축된다. 여기서도 응축되지 않은 질량이 작고 속도가 매우 빠른 수소($H_2$), 헬륨(He), 네온(Ne)과 같은 가스 분자들은 급격히 운동에너지를 잃고 느려진 상태에서 15K 크라이오 패널의 내부 활성탄에 들어가 흡착 배기된다.

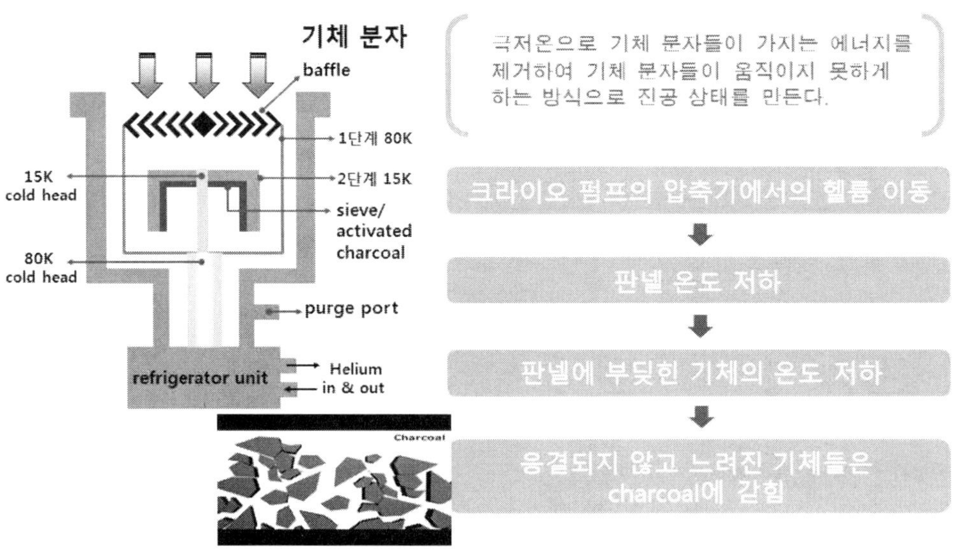

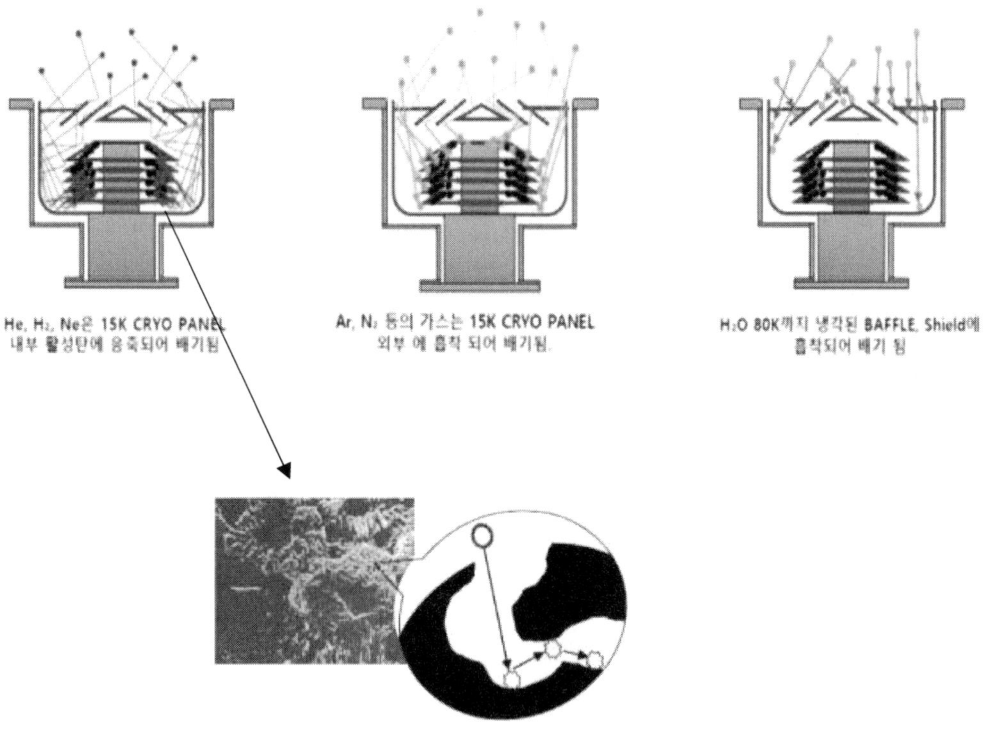


5.2.24 크라이오 펌프(Cryo pump)의 동작 원리 모식도

크라이오 펌프 역시 보조 펌프(backing pump)를 사용하는데 보조 펌프로는 오일 로터리 펌프나 드라이 펌프를 사용한다. 배기 순서를 살펴보면 backing valve를 열어 먼저 보조 펌프를 사용하여 크라이오 펌프 내부를 배기한 후 크라이오 펌프를 냉각시키는 동안 챔버 내부를 크라이오 펌프로 배기 전환할 압력까지 roughing valve를 열어 보조 펌프를 사용하여 배기한다. 이 후 크라이오 펌프가 충분히 냉각된 다음 챔버의 압력이 크라이오 펌프로의 전환 압력으로 낮아지면 챔버와 크라이오 펌프를 연결한 메인 vacuum valve를 열어서 챔버를 크라이오 펌프로 배기한다.

크라이오 펌프의 용량이 초과하여 진공도가 나빠지고 배기 속력이 저하되는 경우에는 크라이오 펌프 외부에 장착된 heater를 사용하여 펌프를 가열하여 주어 극저온 판넬과 charcoal에 갇혀있던 가스 분자들을 기화시켜 방출해 주어야 한다. 이 과정을 재생과정

(Regeneration)이라고 한다. 이 과정을 빠르게 진행해 주기 위해 재생과정 중 purge valve를 열고 질소($N_2$)를 불어 넣어 주어 열전도율을 높여 주면 재생 시간을 단축할 수 있다.

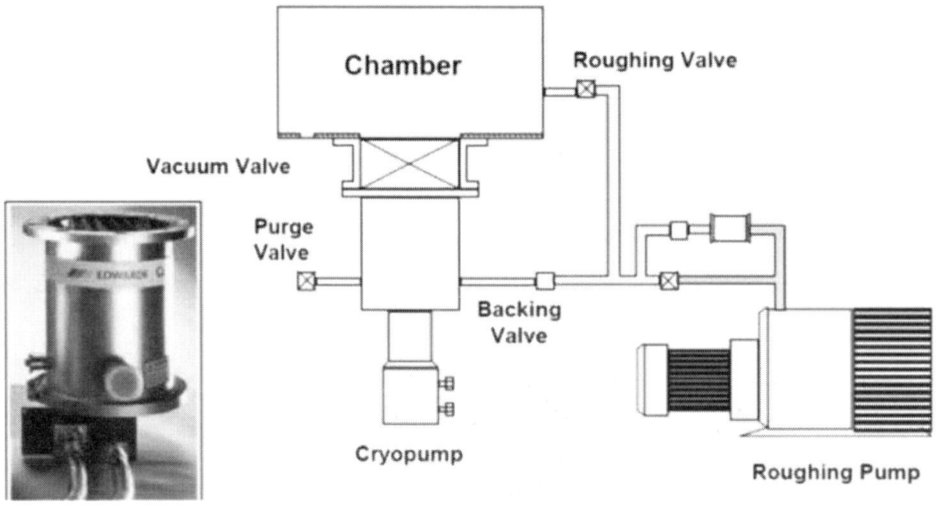


5.2.25 크라이오 펌프(Cryo pump)의 진공 시스템 구성 모식도

5.2.6.3 헬륨(He) 콤프레서(Compressor)

가정에서 사용하고 있는 에어컨도 실내기(본체)와 실외기(콤프레서)로 구성되어 있는 것처럼 크라이오 펌프도 크라이오 펌프 본체와 크라이오 펌프에 고압, 고순도의 헬륨(He)를 공급해 주는 헬륨 콤프레서(He Compressor)가 헬륨 호스(He hose)로 연결되어 있어 헬륨 콤프레서에서 크라이오 펌프의 냉동기(refrigerator)로 헬륨을 공급하고 사용된 헬륨은 다시 헬륨 호스를 통해 헬륨 콤프레서로 들어와서 재사용되어진다.

헬륨 콤프레서에서 헬륨 가스를 고압으로 압축하게 되면 열이 발생하는데 오일을 순환시켜 헬륨 가스를 냉각시킨다. 이로 인해 압축된 헬륨 가스에 오일이 섞이게 되는데 오일 분리기(oil seperator)를 거쳐서 헬륨 가스만 분리하여 어드소버(adsorber)를 통해 이를 정제하여 고순도(99.999% 이상)의 헬륨가스를 크라이오 펌프의 냉동기에 공급한다.

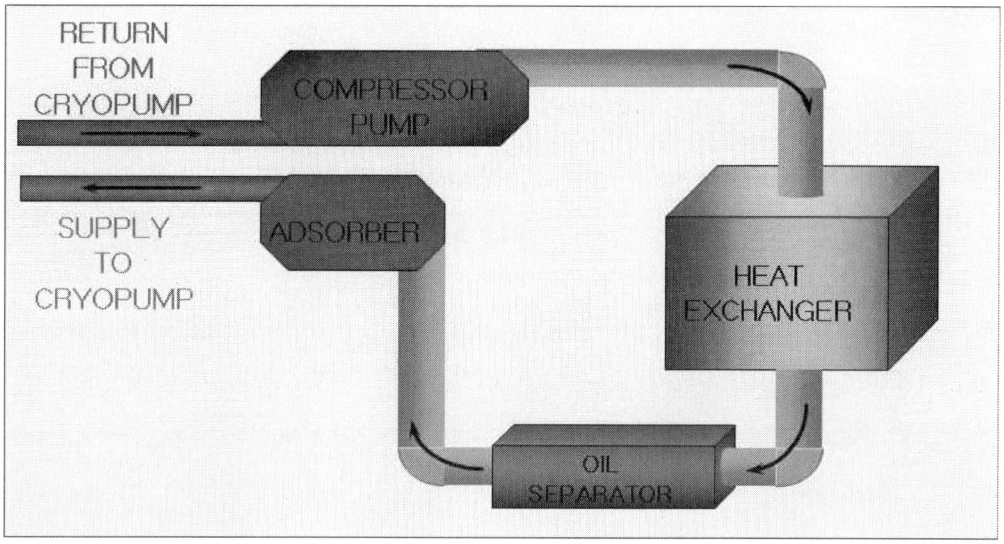


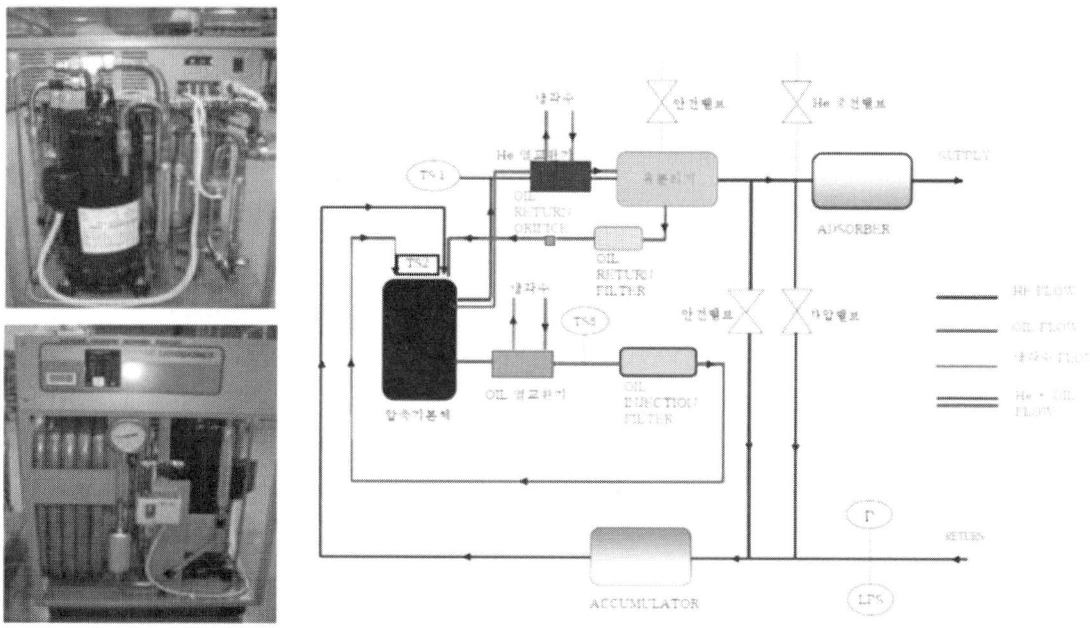


5.2.26 크라이오 펌프(Cryo pump)에 사용되는 헬륨 콤프레서 구성도

## 5.3 진공 게이지(센서)의 종류와 작동 원리

이번 절에서는 여러 가지 진공 게이지(센서)의 종류와 작동 원리에 대하여 설명하겠다. 진공 펌프들이 다양한 종류가 있는 것처럼 진공 게이지 역시 다양한 종류가 있다.

진공 게이지의 종류를 진공 측정 방법에 따라 분류하면 다음과 같다.

1)직접 측정법: 기체에 의해 직접 가해지는 힘을 이용하여 압력을 측정하는 직접 측정하는 방법으로 기체의 조성에는 의존하지 않는다. 그러나, 고진공에서는 기체 분자가 가하는 힘이 너무 작아져서 측정이 어려워 고진공용으로는 사용하지 않는다. 대표적인 게이지로 U자관 진공게이지(U-tube Manometer), 맥클라우드(McLeod gauge)게이지, 부르돈 게이지(Bourdon gauge), 캐패시턴스 게이지(Capacitance gauge) 등이 있다.

2)간접측정법: 기체에 의해 직접 가해지는 힘을 이용하여 측정하는 것이 어려운 경우 힘이 아닌 기체의 농도와 관련된 함수인 물리적인 양(열전도도, 이온 전류 등)을 측정하는 방법으로 고진공 영역에서의 진공도 측정이 가능하다. 간접측정의 대표적인 게이지로는 기체 분자들과의 충돌에 의한 열 전도도(thermal conductivity)를 측정하는 열전대 게이지(Thermo Couple gauge)와 피라니 게이지(Pirani gauge)가 있으며 또한, 기체 분자들을 이온화 시켜 이온 전류를 측정하는 이온 게이지로 열음극 이온 게이지(Hot cathode ion gauge)와 냉음극 이온 게이지(Cold cathode ion gauge)가 있다.

이들 측정 방법에 따른 진공 게이지가 측정 가능한 진공도를 나타내면 아래 그래프와 같다.

이들 게이지에 대하여 게이지의 구성 및 특성, 동작 원리에 대하여 자세히 살펴보기로 한다.

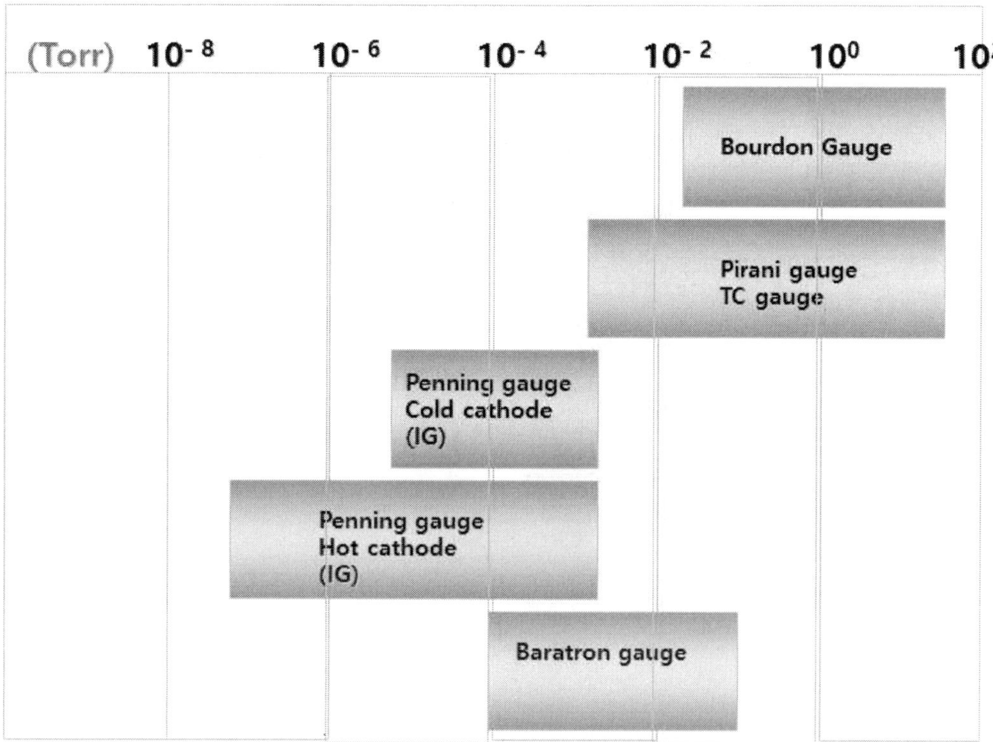


5.3.1 진공 게이지 종류에 따른 측정 가능 진공 압력 범위

## 5.3.1 부르동 게이지(Bourdon guage)

부르동 게이지는 탄성체의 변위로 압력을 구하는 탄성 진공계로서 부르동관을 이용한다. 바늘과 연결된 타원형 부르동 관이 측정하고자 하는 진공 용기와 연결되어 있다. 진공 용기의 압력 변화에 따라 부르동관에 변형되는 힘이 변하면서 부루동관과 연결된 바늘이 움직여서 진공도를 측정한다.

측정 범위는 대기압~0.1 Torr 정도의 저 진공도 측정에 사용한다.

출처:진공이해하기/홍릉과학출판사/주장헌

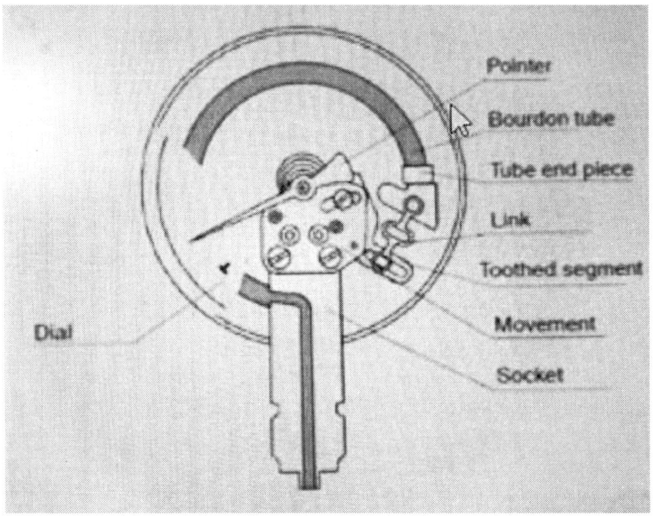


5.3.2 부르동 게이지(Bourdon gauge) 구성

## 5.3.2 매클라우드 게이지(McLeod guage)

수은주를 이동함으로써 기체를 압축하고 그 기체의 압력을 액주차(h)를 읽어 진공용기의 압력을 측정한다. (베르누이 방정식 적용) 매클라우드 게이지는 유리로 되어있어 깨지기 쉽고 수은을 사용하므로 취급에 유의해야 한다.

진공 측정 범위는 대기압~$10^{-6}$ Torr 까지 가능하다.

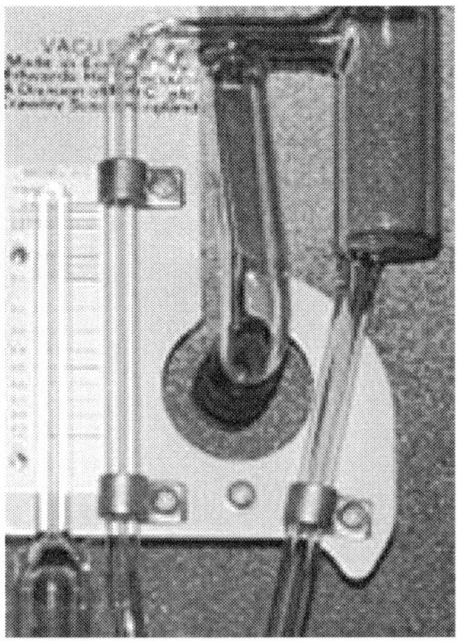

출처:진공이해하기/홍릉과학출판사/주장헌

5.3.3 매클라우드 게이지(McLeod gauge) 구성

### 5.3.3 캐패시턴스 다이아프램 게이지(Capacitance diaphragm guage)

캐페시턴스 다이아프램 게이지는 게이지 내부에 격막(얇은 금속 다이아프램)과 이막의 고정 대응 전극으로 되어있고 진공 용기 압력 변화에 따른 격막(다이아프램)의 휨 정도에 따라 이막 전극(기준막) 과의 거리(d) 변화에 따른 커패시터 값의 변화를 압력으로 변환하여 측정하는 게이지로써 기준막에는 고진공을 유지하기 위한 게터펌프(getter pump)가 장착되어 있다.

캐패시턴스 다이아프램 게이지는 기체의 종류와 무관하게 같은 sensitivity를 갖고 있으며 측정 정밀도와 반응 시간이 짧은 장점이 있다. 사용 압력 범위는 $10^{-4}$ Torr 까지 가능하다. 단점으로는 주변 환경 온도에 민감하므로 센서 자체의 온도를 일정하게 해주는 것이 필요하다. 캐패시턴스 다이아프램 게이지는 흔히 바라트론 게이지(Baratron gauge)라고도 부른다.

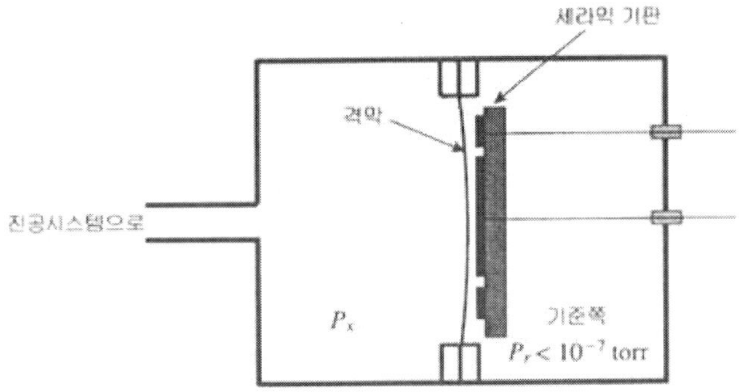


전기용량 압력계, 센서의 개략도

C=ε A/d

A:전극판 면적
D: 전극판과 격막사이의 거리
ε:유전율

*압력에 따라 d가
변하며 이에 따라
C 값이 변함

5.3.4 캐페시턴스 다이아프램 게이지 구성

### 5.3.4 열전대 게이지(TC gauge: Thermocouple guage)

열전대 게이지는 가스의 열전도도(thermal conductivity)를 이용하여 압력을 측정하는 열전도 게이지로써 가열된 필라멘트와 열전대(thermocouple)로 구성되어 있다. 가열된 필라멘트가 가스 분자들과의 상호 충돌로 열전달(heat transfer)이 일어나면 이로인해 필라멘트의 온도차가 발생하고 열전대가 변화된 필라멘트의 온도를 전위차(potential difference)를 발생시키고 이를 압력으로 변환하여 압력을 산출한다. 필라멘트의 온도를 직접 측정하는 방식으로 응답 속도가 빠르고 회로가 간단하다는 장점이 있으나 기체에 따라 감도(sensitivity)가 달라진다. 또한 필라멘트가 충격에 약하다는 단점이 있다.

진공 측정 범위는 약 $1 \sim 10^{-3}$ Torr 정도이다.

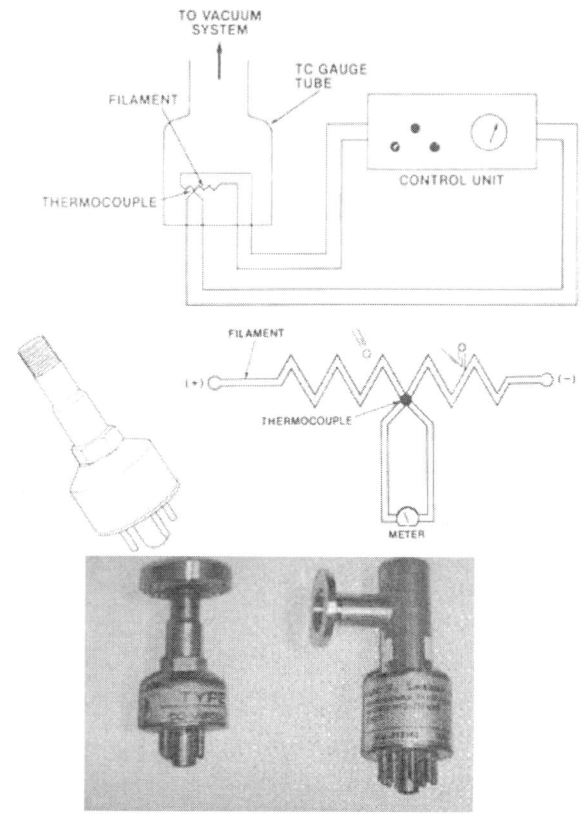


5.3.5 열전대(thermocouple) 게이지 구성

### 5.3.5 피라니 게이지(Pirani guage)

피라니 게이지도 열전대 게이지처럼 가스의 열전도도(thermal conductivity)를 이용하여 압력을 측정하는 열전도 게이지이다. 열전대 게이지와 다른 점은 피라니 게이지는 기체 분자들과 필라멘트의 충돌에 의한 필라멘트의 온도 변화를 전기 저항의 변화로 바꾸어 측정하다는 점이 다르다. 필라멘트의 온도는 150°C 나 200°C 정도로 일정한 값으로 가열시킨다. 압력이 높아지면 가스 분자들과의 충돌이 많아져서 열손실이 커지고 이로인해 필라멘트의 온도가 낮아지고 따라서 필라멘트의 저항이 낮아지면 휘스톤 브리지 회로(Wheastone bridge circuit)의 평형이 깨지게 된다. 이때 전압을 높여서 일정한 브리지 출력(⊿V)이 나오도록 조절한다.

피라니 게이지도 측정 속도가 빠르고 전기회로가 간단하다는 장점이 있으나 기체에 따라 감도(sensitivity)가 달라진다. 압력이 높은 대기압 부근에서는 상관관계가 약해 측정이 어렵다. 진공 측정 범위는 약 $10^{-4}$~$10^{-6}$ Torr 정도이다.

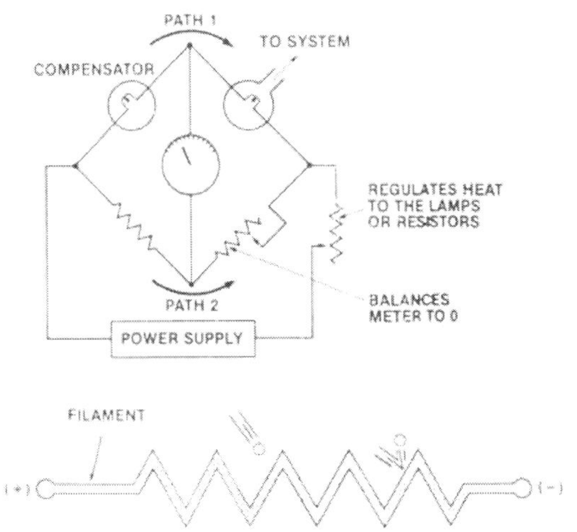


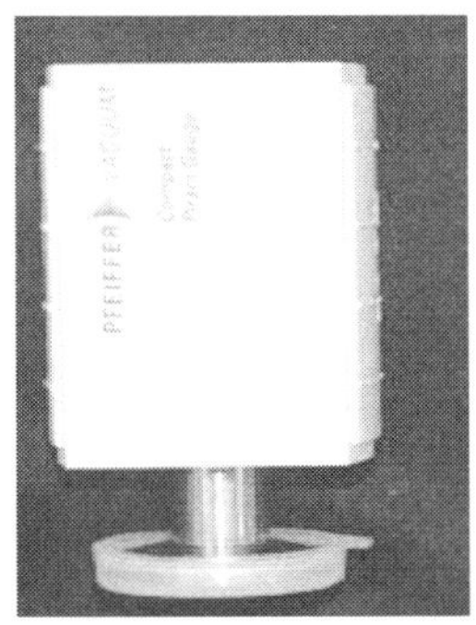

출처:진공이해하기/홍릉과학출판사/주장헌

5.3.6 피라니(Pirani) 게이지 구성

### 5.3.6 열음극 이온 게이지(Hot cathode ion gauge)

열음극 이온 게이지는 열음극(hot cathode)으로부터 방출(emission)되는 열전자(hot electron)와 기체 분자의 충돌에 의해 기체를 전리(ionization)하는 전리진공계의 일종이다. hot cathode라는 필라멘트를 가열하면 필라멘트로부터 열전자가 방출되고 열전자와 가스 분자들간의 충돌에 의해 발생하는 이온의 수가 압력(즉, 분자 밀도)에 따라 달라지므로 이에 따른 컬렉터(collector)에서 포집된 이온의 전류(ion current) 값을 측정하면 이에 상응하는 압력을 구할 수 있다.  열전자를 방출하는 필라멘트의 재료로는 융점이 높은 텅스텐(W)이나 이리듐($Ir/Y_2O_3$)을 주로 사용한다. 열전자에 의한 전류를 방출 전류(Emission current)라고 한다, 방출 전류가 변할 때에는 필라멘트의 온도를 제어하여 방출 전류를 일정하게 유지한다. 고진공 상태에서는 방전이 어려워 전자를 가속시키기 위해 높은 그리드(grid) 전압(약 200V)을 사용하여 가속한다. 이런 열음극 이온 게이지를 3극관(triode) ion gauge)라고 한다.

이 경우 높은 전압으로 가속된 전자로 인하여 컬렉터(양극)에 부딪혀서 이로 인한 X-Ray가 발생하여 광자 충돌에 의한 전자를 추가로 생성시켜 가스 압력에 비례하여 생긴 전자와 구별하기가 어려워진다. 이러한 오차를 줄이기 위해 개선된(필라멘트와 컬렉터의 위치와 모양을 바꿈으로 콜렉터의 면적을 현저히 줄여 X-Ray 발생을 줄임) 열음극 이온게이지가 BA(Bayard-Alpert) ion gauge 이다. hot cathode ion gauge의 압력 측정 범위는 $10^{-2}$~$10^{-9}$~$10^{-11}$  Torr의 고진공~초고진공 측정이 가능하다.

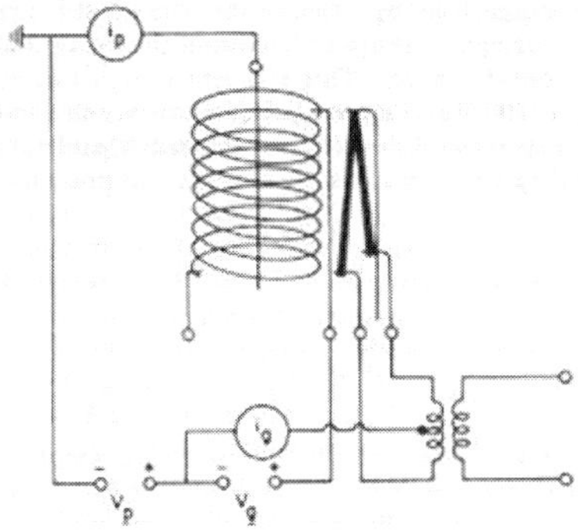


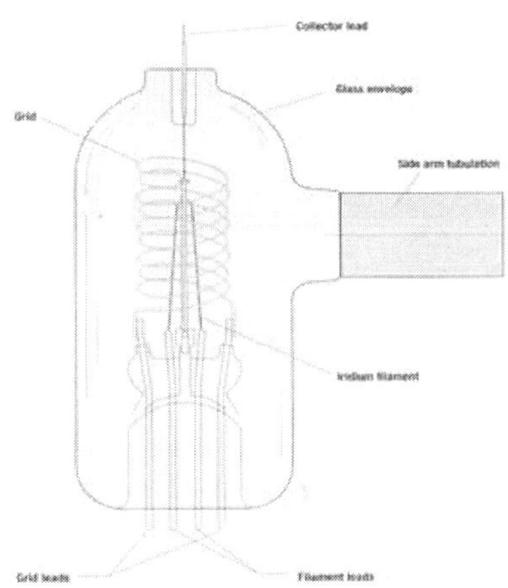

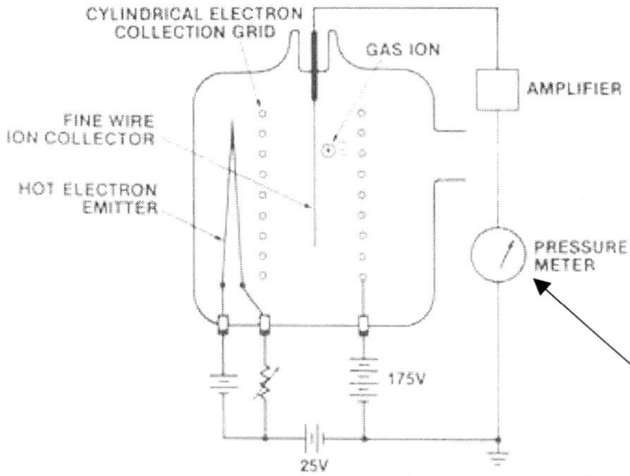


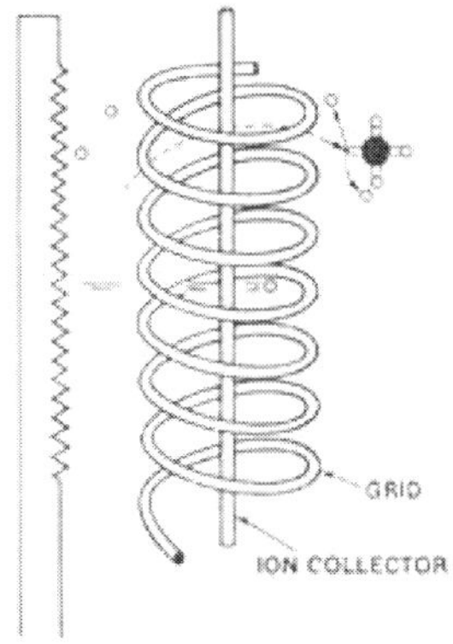


BA(Bayard−Alpert) ion gauge

$P = I_i/(S * I_e)$

(P: Pressure

S: Sensitivity

$I_i$ : Ion current

$I_e$: Emission current)

출처:진공이해하기/홍릉과학출판사/주장헌

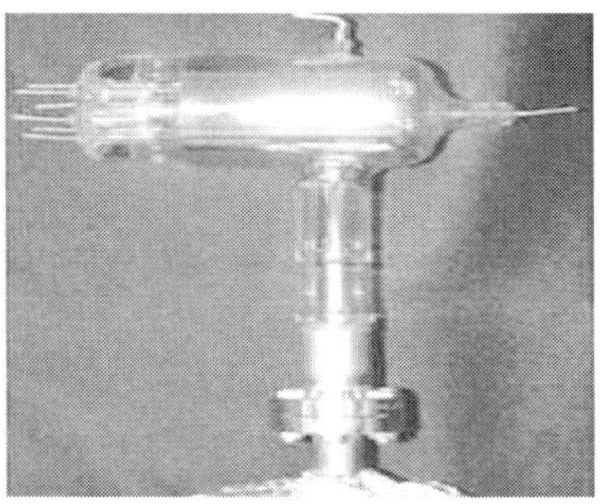

nude BA gauge

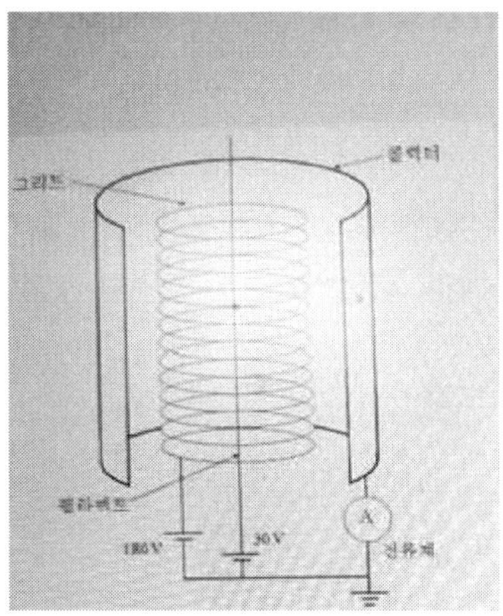


triode ion gauge

5.3.7 열음극 이온 게이지 (Hot cathode ion gauge) 구성

### 5.3.7 냉음극 이온 게이지(Cold cathode ion gauge)

냉음극 이온 게이지는 냉음극(cold cathode) 방전에 의해 기체를 전리하는 전리진공계의 일종이다. 냉음극 이온 게이지는 필라멘트인 음극과 양극 사이에 고전압(수KV)을 인가하여 음극에서 전자들이 방출(emission) 되고 방출된 전자들이 양극으로 가속된다. 가속되는 전자는 자석(magnet)에 의해 나선 운동(spiral motion)을 하며 양극에 도달하기 전까지 기체와의 충돌 횟수를 늘려 이온화율을 높여 이온 전류를 만든다.

냉음극 이온게이지는 필라멘트(음극)을 가열하지 않아도 됨으로 이로인한 필라멘트 손상을 줄일 수 있고 게이지를 켤 때 기체 방출이 거의 없다는 장점이 있는 반면에 낮은 압력(고진공)에서 방전시키기가 어렵다. 이로 인해 열음극 이온게이지에 비해 낮은 초고진공 상태의 측정이 어렵다. 냉음극 이온 게이지는 페닝(penning)이온 게이지라고도 한다. 진공 가능 측정 범위는 $10^{-8}$~$10^{-9}$ Torr 정도이다.

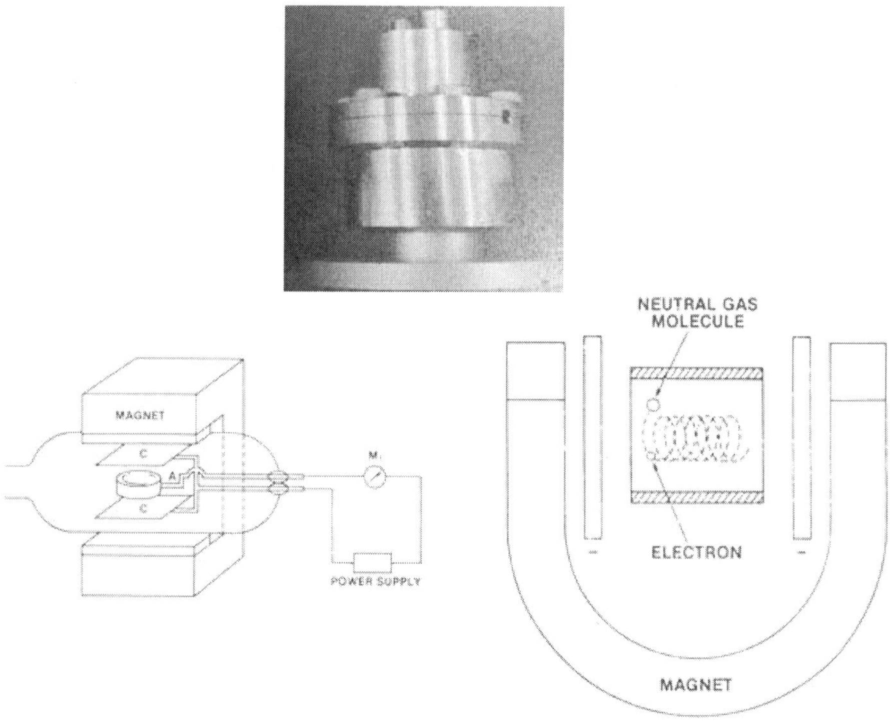


5.3.8 냉음극 이온 게이지 (Cold cathode ion gauge) 구성

### 5.3.8 진공 게이지 취급시 유의 사항

어떤 진공 게이지라도 측정 시 오염이나 열화에 의해 측정값이 변할 수 있다. 가스 발생원이 생기면 실제 압력보다도 높은 압력을 나타낼 수도 있고, 다이아프램 금속막의 기계적인 히스테리시스, 활성 가스에 노출 되는 경우 금속막의 기계적 성질 변화, 부식 등에 의해 측정의 불확실성이 증가한다. 이온 게이지 경우도 진공 게이지 자체의 배기 작용과 방출 가스가 문제가 된다. 방출 가스가 증가하면 이로 인한 오염에 따른 감도 변화나 표시  값 변동의 원인이 된다. 이를 방지하기 위해 열음극 이온 게이지에는 자체 탈가스(degas) 기능이 있다.

상기와 같은 여러 가지 요인으로 정확한 진공도 측정을 유지하기 위해서는 교정 장치를 사용하여 정기적인 진공 게이지의 교정(calibration)을 하는 것이 바람직하다.

또한, 진공 게이지의 부착에 있어서 진공게이지는 진공 챔버로부터 진공 펌프로의 흐름과 직각으로 진공 게이지의 개구면을 배치하는 것이 바람직하다.

그밖에도 진동, 소음, 온도 변화 등의 영향을 고려하여 진공 게이지 취급에 유의하여야 한다.

# 6장

# 가열 장치 이해

반도체 장비에는 여러 종류의 가열 장치(Heater)들이 사용되고 있다. 가열 장치를 사용하는 이유는 웨이퍼와 진공 챔버 내의 온도를 높여 공정 온도로 균일하게 가열한 상태에서 공정 가스들과의 반응 시 열에너지를 공급하여 반응이 원활하게 이루어지도록 하기 위함이다. 공정 별로 사용하는 공정 온도 범위는 다르며 이에 따라 가열 장치의 구조 및 재질도 달라진다. 히터(Heater)는 발열체(suceptor) 역할뿐만 아니라 상부에 ESC(Electro Static Chuck)을 장착하여 웨이퍼를  지지 및 고정시키는 역할과 플라즈마를 사용하는 장치에서는 플라즈마를 방전시키기 위한 하부 전극(bottom electrode) 역할도 함께 한다. 가열 장치의 온도를 측정하기 위한 온도 센서(sensor)도 별도로 구성되어 있다.

이번 장에서는 가열 장치(Heater)의 기본 이론과 가열 장치의 구성과 역할, 온도 센서의 종류와 작동 원리, 정전척(ESC: Electrostatic Chuck)의 종류와 작동원리에 대하여 기술하도록 한다.

## 6.1 가열 장치 기초 이론

가열 장치를 이해하기 위해서는 먼저 가열 장치에 대한 기초 이론의 이해가 필요하다.

이에 본 절에서는 저항 발열체를 사용한 가열 장치 기초 이론을 다루기로 한다.

### 6.1.1 히터 (Heater) 용량

저항(R)을 가진 저항체에 전압(V)을 인가하면 전류(I)가 흐르며 이때 옴(Ohm)의 법칙에 따라 다음과 같은 식으로 표현된다.

$$V = IR \ (V), \qquad I = \frac{V}{R} \ (A), \qquad R = \frac{V}{I} \ (\Omega)$$

I = 전류(Ampere) , V = 전압 (Volt)

R = 전기저항(Ohm)

가열체(heater)의 파워(P)는 다음과 같은 식으로 표현된다.

$$P = VI = I^2R = \frac{V^2}{R} \ (\text{Watts})$$

가열체에 필요한 히터 용량 W는 히터의 방열량을 고려하여 다음과 같은 식으로 표현된다.

$$H1 = \frac{w \times Cp \times t}{h} \ (\text{kcal/h})$$

$$H2 = a \times S \ (\text{kcal/h})$$

$$W = \frac{H1 + H2}{860} \times 1/\eta \ (\text{kW})$$

H1 ; 필요열량 (kcal/h)
w ; 피가열물 중량 (kg)
Cp ; 비열 (kcal/kg ℃)
t ; 온도 변화량 (℃)
h ; 승온 시간(hour)

H2 ; 방열량 (kcal/h)
a ; 열손실 계수 (kcal/㎡h)
S ; 피가열물 표면적 (㎡)
$\eta$ ; 열효율 (일반적으로 $\eta$=0.6~0.8)

W ; 필요 히터용량 (Watts)

**열용량 Q = W(중량)* C(비열)* ⊿T(온도 변화량)**

물체가 보유하는 열의 양을 열량이라 한다. 열량의 SI 단위계는 일과 같은 줄(J)을 사용하며 kcal를 사용한다. 1 kcal란 순수한 물 1kg을 표준 대기압에서 14.5°C에서 15.5°C 까지 높이는 데 필요한 열량이다. 줄(J)과의 관계식은 다음과 같다.

1 kcal = 4186 J, 1J= 0.24 cal

중량 $W_{kgf}$의 물체에 열량 dQ를 가하여 온도가 dT 만큼 상승했다면 dT는 dQ에 비례하고 중량 W에 반비례한다. 이를 수식으로 표현하면

dQ = W*C*dT 가 된다.

(질량 kg 기준의 SI 단위계에서는 W 대신 m을 사용한다. m을 사용하여 이 식을 표현하면 dQ = m* C* dT 이다.)

여기서 C는 비례상수로서 물질에 따라 정해지는 상수이며 이것을 그 물질의 비열(specific heat) 또는 열용량이라 한다. 비열의 물리적인 의미는 단위 중량의 물체 1 kgf을 가열했을 때 물체의 온도를 가열하기 전의 온도 보다 1°C 만큼 높이는 데 필요한 열량으로 공학단위는 kcal/kg °C 이다.

### 6.1.2 히터 (Heater) 와트(watt) 밀도

히터 와트 밀도란 히터 블록(Heater Block) 내부에 있는 히팅 엘리멘트(heating element)의 단위 면적당 발열량(전력)으로 히터의 수명과 관련이 있는 factor 이다. 즉, 히터의 전력 값(Watt)을 발열 요소의 단면적($cm^2$)으로 나눈 값($W/cm^2$)이다. 와트 밀도가 커지면 표면 온도는 높아지고 이에 따라 히터 내부가 고온이 되면서 발열체인 니코롬선의 단선이나 내부 절연 물질인 MgO(산화 마그네슘)의 전기적인 절연 저항의 저하 등으로 인해 히터의 수명이 짧아진다. 히터 와트 밀도는 표면 부하 밀도(surface load)라고도 한다. 식으로 표현하면 다음과 같다.

$$\text{Watts 밀도} = \frac{W}{\pi \times D \times L} \ (\text{Watts/cm}^2)$$

π - 원주율, D - 외경, L - 히터길이

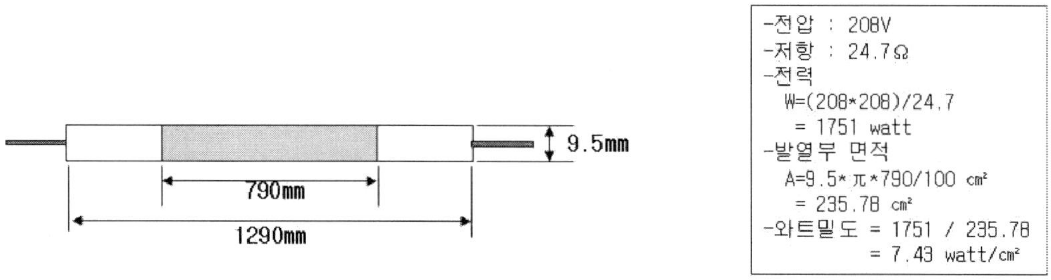


6.1.1 히터(heater) 와트(watt) 밀도 예

### 6.1.3 히터 (Heater) 재료(material)

#### 6.1.3.1 히터 소재의 특성

히터의 소재가 가져야 할 특성으로는 높은 열전도도, 높은 가공성과 성형성, 높은 용접성, 내부식성, 내열성 특성을 가져야 한다. 소재별 열전도도 특성은 다음 표와 같다.

| 소재(Materials) | 열전도도(watt/mK) |
|---|---|
| Ag | 414 |
| Cu | 385 |
| Au | 290 |
| Al | 204 |
| Inconel600 | 15 |
| SUS304 | 16.7 |
| AlN | 120~200 |
| $Al_2O_3$ | 21~35 |
| Air | 0.024 |

6.1.2 소재 별 열전도도

매질의 열 전달율에 따른 온도 균일도 향상이 매우 중요하다. 히터 위 표면의 온도 균일도가 좋으려면 웨이퍼 쪽 매질의 열전달율이 작은 것이 좋다. 또한, 히터 쪽의 열 발생량은 증가시켜 히터 표면의 온도 균일도를 향상시킨다. 또한, 히터 표면의 요철과,

히터 내 열선(heating element)의 넓이, 히터의 두께, 열선의 밀도(촘촘하게 혹은 넓은 간격으로)를 적절하게 조절하여 웨이퍼와 닿는 히터 표면의 온도의 균일도를 향상시키도록 한다.

-소재별 선팽창계수(CTE: Coefficient of Thermal Expansion)

: 어느 길이의 물체가 1℃ 상승할 때 그 길이의 증가와 늘기 전 길이와의 비를 나타내는 척도로 소재별 선팽창 계수는 아래 표와 같다.

(선팽창계수 단위:x$10^{-6}$/°C)

| 재료명 | 선팽창계수 | 재료명 | 선팽창계수 | 재료명 | 선팽창계수 |
|---|---|---|---|---|---|
| Pb | 29.3 | Zn | 16.5 | SUS304 | 16.5 |
| Mg | 26.0 | Ni | 13.2 | Inconel 600 | 11.5 |
| Al | 23.9 | Pt | 8.9 | SiC | 4.8~5.5 |
| Au | 14.2 | 연강 | 11.6 | $Al_2O_3$ | 7.9~8.3 |
| Ag | 19.7 | 경강 | 11.0 | AlN | 4.3 |
| Cu | 16.5 | 인바 | 1.2 | Si | 3.5~3.9 |

6.1.3 소재 별 선팽창계수(TCE)

### 6.1.3.2 히터 소재 별 구성 성분

히터의 소재도 소재별로 구성 성분이 제각각이다. 이에 소재별 구성성분이 어떻게 다른지, 히터 소재로 주로 사용하는 소재별에 따른 특징들을 알아보자.

(a)알루미늄(Aluminum)

| ALLOY | Si | Fe | Cu | Mn | Mg | Cr | Zn | Zr+Ti, V, Zr | Ti | OTHERS | | Al |
|---|---|---|---|---|---|---|---|---|---|---|---|---|
| | | | | | | | | | | EACH | TOTAL | |
| 1050 | 0.25 이하 | 0.4 이하 | 0.05 이하 | 0.05 이하 | 0.05 이하 | - | 0.05 이하 | - | 0.03 이하 | 0.03 이하 | - | 99.5 이상 |
| 2024 | 0.5 이하 | 0.5 이하 | 3.8~4.9 | 0.30~0.9 | 1.2~1.8 | 0.1 이하 | 0.25 이하 | Zr+Ti 0.20이하 | 0.15 이하 | 0.05 이하 | 0.15 이하 | 잔량 |
| 3003 | 0.6 이하 | 0.7 이하 | 0.05~0.20 | 1.0~1.5 | - | - | 0.1 이하 | - | - | 0.05 이하 | 0.15 이하 | 잔량 |
| 5052 | 0.25 이하 | 0.4 이하 | 0.1 이하 | 0.1 이하 | 2.2~2.8 | 0.15 ~0.35 | 0.1 이하 | - | - | 0.05 이하 | 0.15 이하 | 잔량 |
| 6061 | 0.40~0.8 | 0.7 이하 | 0.15~0.40 | 0.15 이하 | 0.8~1.2 | 0.04 ~0.35 | 0.25 이하 | - | 0.15 이하 | 0.05 이하 | 0.15 이하 | 잔량 |
| 7075 | 0.4 이하 | 0.5 이하 | 1.2~2.0 | 0.3 이하 | 2.1~2.9 | 0.18 ~0.28 | 5.1~6.1 | Zr+Ti 0.25이하 | 0.2 이하 | 0.05 이하 | 0.15 이하 | 잔량 |

(b)인코넬(Inconel)

| 합금명 | 주요 합금 성분 | 기계적 성질 (상온) | | | | 녹는 범위 | 특 징 |
|---|---|---|---|---|---|---|---|
| | | 밀도 (g/㎤) | 인장강도 1000psi (MPa) | 항복강도 1000psi (Mpa) | 경 도 Brinell (Rockwell) | | |
| INCONEL 600 (N06600) | Ni 76.0 Cr 15.5 Fe 8.0 | 8.42 | 80-100 (550-690) | 30-50 (210-340) | 120-170 | 1354-1413°C | • 니켈-크롬 합금<br>• 고온하 강산화, 염화이온 부식균열에 강하며, 수분이나 가성알칼리 부식에 강하다. |
| INCONEL 601 (N06601) | Ni 60.5 Cr 23.0 Fe 14.0 Al 1.4 | 8.06 | 80-115 (550-790) | 30-60 (210-340) | 110-150 | 1360-1411°C | • 니켈-크롬 합금<br>• 알루미늄이 첨가되어 산화, 고온부식에 특히 강하다.<br>• 고온하 기계적 성질 우수. |
| INCONEL 617 (N06617) | Ni 52 Mo 9 Cr 22 Al 1.2 Co 12.5 | 8.36 | 110 -760 | 51 -350 | 173 | 1330-1380℃ | • 니켈-크롬-코발트-몰리브덴합금<br>• 가공면에서 안정하고, 강하며, 고온에서도 산화되지 않는다.<br>• 알루미늄을 첨가하여 산화에 더욱 강하다.<br>• 광범위한 습식부식환경에서도 내식성을 가진다. |
| INCONEL 625 (N06625) | Ni 61 Cr 21.5 Mo 9 Nb + Ta 3.6 | 8.44 | 135 -930 | 75 -520 | 180 | 1290-1350℃ | • 니오븀이 첨가된 니켈-크롬-몰리브덴합금<br>• 열처리없이 고강도<br>• 광범위한 심한 부식환경하 내식성. |
| INCONEL 690 (N06690) | Ni 60 Cr 30 Fe 9.5 | 8.19 | 100 -690 | 55 -379 | 184 | 1343-1377°C | • 크롬이 다량 포함된 니켈 합금<br>• 습식,고온대기하 우수한 내식성.<br>• 크롬이 다량 포함되어 산, 염에 의한 산화를 막고, 고온에서 황화들화 저지.<br>• 고강도와 금속가공에 안정적, 우수한 세공적인 특징. |

(c )알루미늄 합금

| 구 분 | 합 금 명 | 대표조성 | 특 성 | 용 도 | 비 고 |
|---|---|---|---|---|---|
| 비열처리용 (고용 경화) | 1XXX (Pure Al) | 99%Al | -연성, 용접성, 내식성 가공성, 전도성 우수 | 전기, 공조, 화학, 식품 공업 | 대표합금 : A1100, A1050, A1060 등 |
| | 3XXX (Al-Mn) | 1.2%Mn 1.0%Mg | -적정강도, 성형성, 내식성, 용접성 우수 | 주방용품, 판금재료, Can Body | 대표합금 : A3003, A3004 등 |
| | 4XXX (Al-Si) | 13%Si | -내열성, 내마모성이 우수. | 피스톤, 용접봉 Brazing Filler | 대표합금 : A4032, A4043 등 |
| | 5XXX (Al-Mg) | 5.5%Mg 1.0%Mn 0.3%Cr | -용접성, 성형성 우수 내식성이 우수. - 넓은 범위의 강도. | 장갑차,선박용 재료, 용접구조물, 압력용기 | 대표합금 : A5083, A5052 등 |
| 열 처 리 용 (석출 경화) | 2XXX (Al-Cu) | 6.8%Cu 1.8%Mg | -기계적 성질 및 절삭성이 우수. -내식성, 용접성 떨어짐 | 항공기 구조재, 리벳용 소재 | 대표합금 : A2024, A2011, A2117 등 |
| | 6XXX (Al-Mg-Si) | 1.5%Mg 1.5%Si | -성형성, 내식성, 표면 처리성이 우수. -적정강도. | 건축용, 구조용 재료 | 대표합금 : A6061, A6063 등 |
| | 7XXX (Al-Zn-Mg) | 4~8%Zn 1~3%Mg | - 우수한 강도 및 용접성. | 항공기 구조재, 방산용 재료 | 대표합금 : A7075, A7003, A7050 등 |

**강 도 : 1XXX < 3XXX < 5XXX < 6XXX < 2XXX < 7XXX**
**경 도 : 1XXX < 3XXX < 5XXX < 6XXX < 2XXX < 7XXX**
**열전도율 : 5083 < 7075 < 5052 < 2024 < 6061 < 3003 < 6063 < 1100 < 1050**
**열전도율 : 117 < 130 < 138 < 151 < 167 < 193 < 218 < 222 < 227**

합금이란 두 가지 이상의 금속 또는 금속과 비금속 원소가 합해진 물질로 금속 성질을 갖는다. 순수 금속에 비해 일반적으로 경도와 강도가 증가하고 주조성도 우수해지고 내부식성과 내마모성이 좋아진다. 반면에 열전도율과 전성(단조 또는 압연에 의해 재료에 금이 가지 않고 얇고 넓게 잘 펴지는 성질), 연성(재료가 잘 늘어나는 성질) 특성은 저하된다.

(d )알루미늄 나이트라이드(Aluminum Nitride: AlN)

알루미늄 나이트라이드(알루미나) 소재는 고열전도성, 저열팽창율 전기절연성, 내화학성을 가진 세라믹 소재로서 균일한 열 분포 특성을 가지며 공정 중 급격한 온도 변화의 저항성과 고온에서의 강도성이 우수하다. 또한, 열팽창계수(TCE)가 낮으며 실리콘(silicon)과 비슷한 열팽창 계수를 가진다. 또한, 불소 및 염소 가스에 대한 강한 내식성을 가지고 있어 이와 같은 가스를 사용하는 공정 중에 발생되는 파티클(particle)을 감소시켜 수율(yield) 향상에 기여할 수 있다.

| 소재 | 소성온도 | 열전도도 (W/mK) | 열팽창계수 (TCE)($10^{-6}$ /°C | 내압특성 (dielectric strength)(MV /cm) |
|---|---|---|---|---|
| AlN | 1800°C | 180~200 | 4~5 | 15 |

## 6.2 가열 장치(Heater)의 구성과 역할

가열 장치의 구성과 역할에 대해 알아보자.

### 6.2.1 히터 (Heater)의 구성과 역할

히터는 히터 블록(Heater Block)이라고도 하며 공정 챔버내에서 웨이퍼를 지지하고 공정 온도로 균일하게 가열하고 하부 전극(bottom electrode)의 역할을 하는 핵심 부품이다. 히터 블록의 구성은 블록(Block), 열선(Heating Elements), 로드(Rod), TC 센서,

TC tube, gas pipe, vacuum pipe, ceramic busing, cover, ball cover, clamp ring 등으로 구성되어 있다.

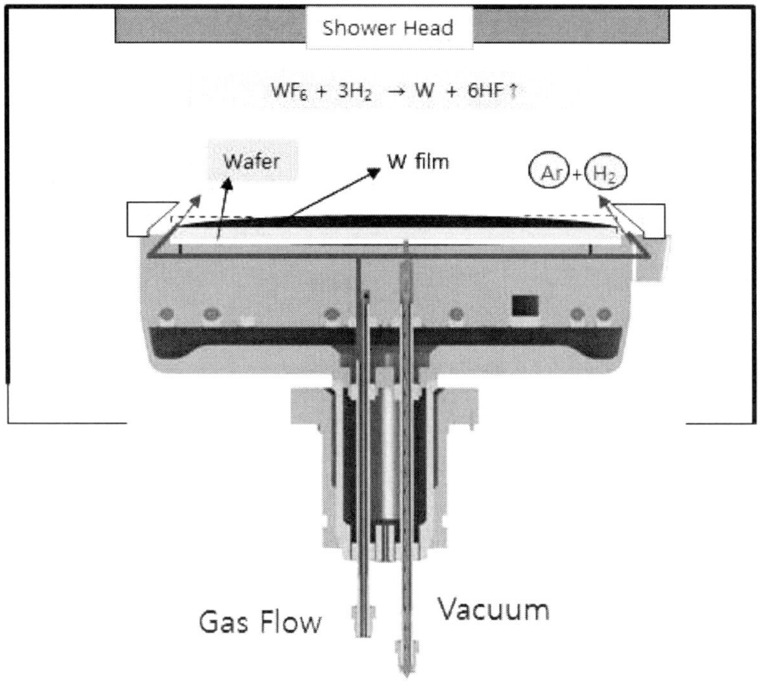


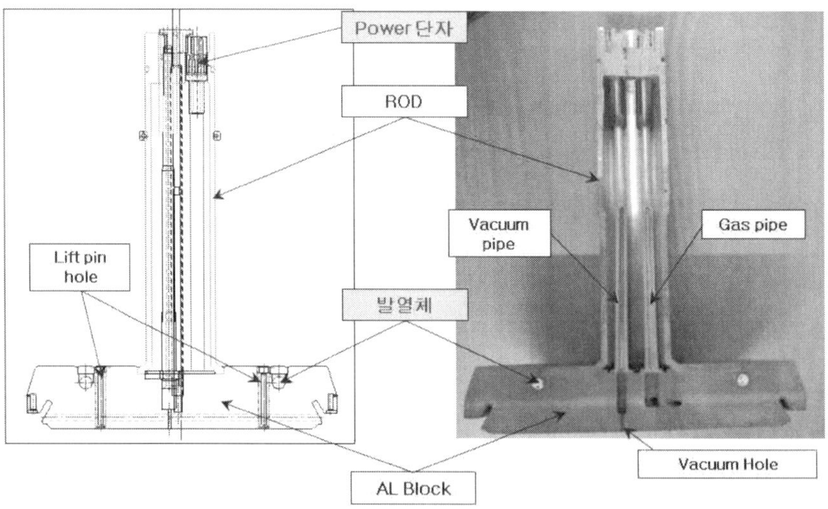

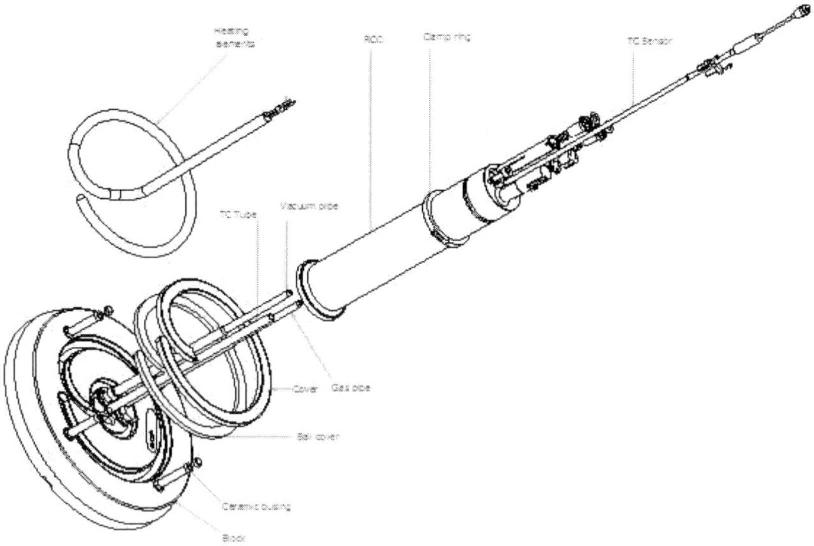


6.2.1 히터 블록(Heater block) 구성

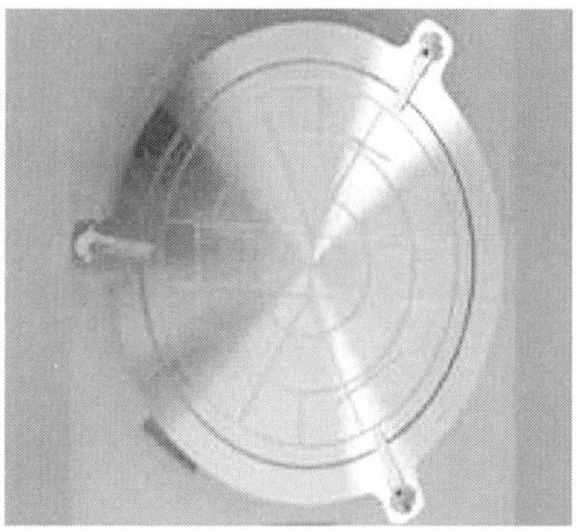

6.2.2 히터 블록(Heater block ) 사진

## 6.2.2 히팅 엘리멘트 (Heating Element)의 구성과 역할

히팅 엘리멘트는 히터블록의 핵심 부품으로 열선과 절연체(MgO), 열선과 절연체를 감싸주는 금속 보호관인 히터 쉬스(heater sheath)로 구성되어 있다.

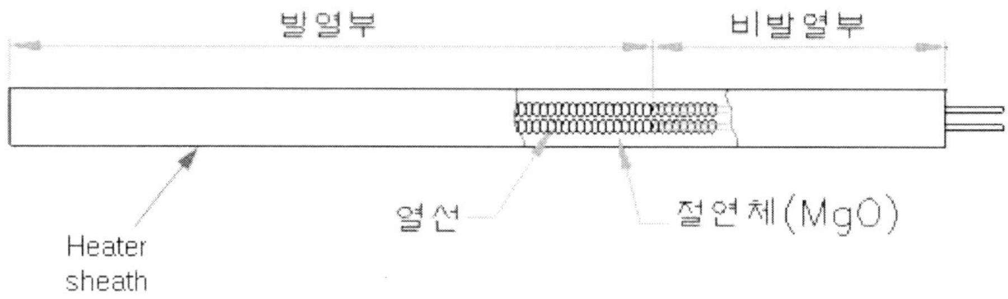


6.2.3 히팅 엘리멘트 구성도

열선은 내산성과 고온 강도가 우수한 Fe-Cr 합금이나 Ni-Cr 합금을 주로 사용한다. 그 외에도 칸탈선(canthal), 백금선(Pt)을 사용할 수 있다. 칸탈선의 경우 최고사용온도를 1200℃, 백금선의 경우 최고사용온도를 1500℃까지 사용할수 있으며, 공융점 발열체로 몰리브덴(Mo), 탄달(Ta), 텅스텐(W)이 있으며 이 경우 최고사용온도는 2000~2500℃이다.

히팅 엘리멘트(열선)과 절연체를 감싸주는 금속피복관인 히터 쉬스(heater sheath)는 알루미늄(Al), SUS 또는 Incoloy를 사용한다.

## 6.3 온도 센서(Sensor)의 구성과 동작원리

히터의 가열 온도를 측정하기 위한 온도 센서의 종류에는 크게 열전대 현상을 이용한 TC(Thermocouple) 센서와 저항 온도계인 RTD(Resistance Temperature Detector) 센서, 열 방사를 측정하는 광고온계인 파이로메터(Pyrometer) 센서가 있다. 이들 온도 센서들에 대한 구성과 동작원리에 대해 알아보자.

| 열선종류 | 특성 |
|---|---|
| Fe-Cr 1종 | 내산화성 우수, 고온목적으로 사용, 냉간가공이 용이하지 않은것은 열간가공(100-300℃)이 필요함, Ni에 비해 고온강도 LOW |
| Fe-Cr 2종 | 냉간가공 용이, 부식에 취약 |
| Fe-Cr 공통 | Ni-Cr 열선대비 황화가스에 대한 내식성이 우수하다 |
| | Forming전 250~300℃의 열처리를 하면 냉간가공의 특성이 향상됨 |
| Ni-Cr 1종 | 내산성 우수, 고온강도 우수, 냉간가공성 우수, 고온다습하고 유화성 GAS에서는 사용하면 취약함 |
| Ni-Cr 2종 | Ni-Cr 1종 대비 내산화성, 고온강도 LOW |
| Ni-Cr 공통 | 구부려도 잘 부러지지 않는 성질로 냉간가공 용이함 |

| 종류 | 최고사용 온도 (℃) | 주요 구성성분 비율 | | | |
|---|---|---|---|---|---|
| | | Ni | Cr | Fe | Al |
| Fe-Cr 1종 | 1250 | | 23-26 | 65-70 | 4-6 |
| Fe-Cr 2종 | 1100 | | 17-21 | 73-79 | 2-4 |
| Ni-Cr 1종 | 1100 | 77-79 | 19-21 | | |
| Ni-Cr 2종 | 1000 | 57-65 | 15-18 | | |

Sheath 재질별 최고 사용온도 및 전력밀도

| SHEATH재질 | 허용온도 (℃) | 전력밀도($W/cm^2$) | | |
|---|---|---|---|---|
| | | 무 풍 | 송 풍 | 수 중 |
| Incoloy 800 | 850 | 7 | 8 | — |
| Incoloy 840 | 850 | 7 | 8 | — |
| sus 321 | 760 | 4 | 5 | — |
| sus 304 | 760 | 3 | 5 | — |
| sus 316L | 760 | (3) | — | 8 |
| Cu | 200 | — | — | 12 |
| Fe | 400 | (1.5) | (3) | |
| Al | 300 | (1) | — | — |

| Designation | Ni | Cr | Mn | S | C | Si | Cu | Al | Fe | Ti | Other |
|---|---|---|---|---|---|---|---|---|---|---|---|
| Incoloy 800 | 30-35 | 19-23 | 1.5max | 0.015max | 0.1max | 1max | 0.75max | 0.15-0.6 | 39.5min | 0.15-0.6 | |
| Incoloy 840 | 20max | 20max | | | | | | | 60min | | |

### 6.3.1 TC(Thermocouple) 온도 센서의 동작원리

TC 온도센서는 열전대 센서라고 하며 열 기전력을 측정하는 센서로 센서의 구성은 +극 구성 재료(금속)와 -극 구성 재료(금속)가 다르며 이들 다른 구성 재료가 만나는 접점에 온도를 가열하면 두 전극의 구성 재료의 차이로 인한 기전력 차이가 발생하고 이 기전력의 차이는 접점에서의 가열 온도에 따라 기전력의 차이가 증가 또는 감소한다. 즉 온도의 차이는 기전력의 차이로 나타나므로 기준 접점의 온도를 알고 다른 접점의 온도는 기전력(전압, 통상 mV 단위로 나타냄)을 측정하면 접점의 온도를 알 수 있다. 통상 기준 접점의 온도는 0°C 또는 20°C를 사용한다.

TC 온도 센서의 +극과 -극의 재질의 종류에 따라 TC 센서의 종류를 달리할 수 있으며 이들 센서의 종류에 따라 측정하는 온도 범위가 달라진다.

| 온도센서 type | 재질(Material) | 측정 온도 |
|---|---|---|
| B | Platinum30% Rhodium (+)<br>Platinum 6% Rhodium (-) | 600-700℃ |
| E | Chromel (+)<br>Constantan (-) | -200~0℃<br>0~800℃ |
| J | Iron (+)<br>Constantan (-) | 0-750℃ |
| K | Chromel (+)<br>Alumel (-) | -200~0℃<br>0~1200℃ |
| R | Platinum 13% Rhodium (+)<br>Platinum (-) | 0~1600℃ |
| S | Platinum 10% Rhodium (+)<br>Platinum (-) | 0~1600℃ |
| T | Copper (+)<br>Constantan (-) | -200~0℃<br>0~350℃ |

6.3.1 TC(Thermocouple) 온도 센서 종류

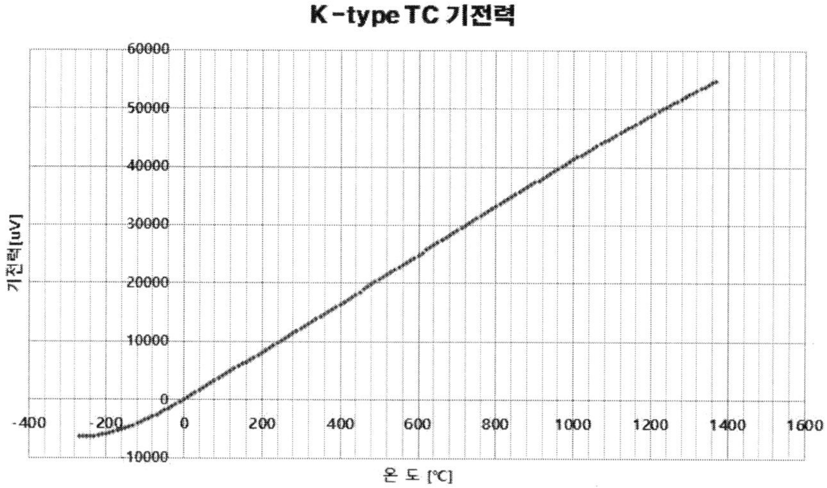

6.3.2 K-type TC(Thermocouple)의 기전력 그래프

### 6.3.2 TC(Thermocouple) 온도 센서의 구성

TC 온도센서는 센서 와이어(sensor wire)와 절연체(MgO), 접점(junction), 센서 쉬스(sensor sheath)로 구성되어 있으며 센서 와이어는 +극 금속과 -극 금속으로 이루어져 있다. +극이란 기전력을 측정하는 계기의 + 단자에 접속하는 극을 말하며, -극이란 기전력을 측정하는 계기의 -단자에 접속하는 극을 말한다.

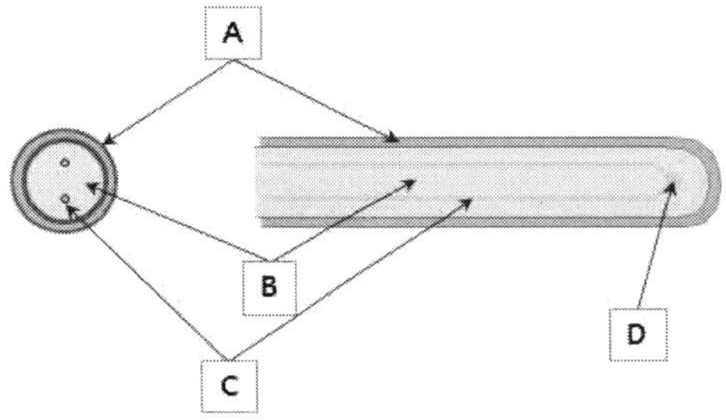


| 구분 | 명칭 | 비고 |
|---|---|---|
| A | Sensor sheath | SUS316L |
| B | 절연체 | MgO |
| C | Sensor wire | +극 ; 크로멜 / -극 ; 알루멜 |
| D | 접점 | +/- 용접 접점 |

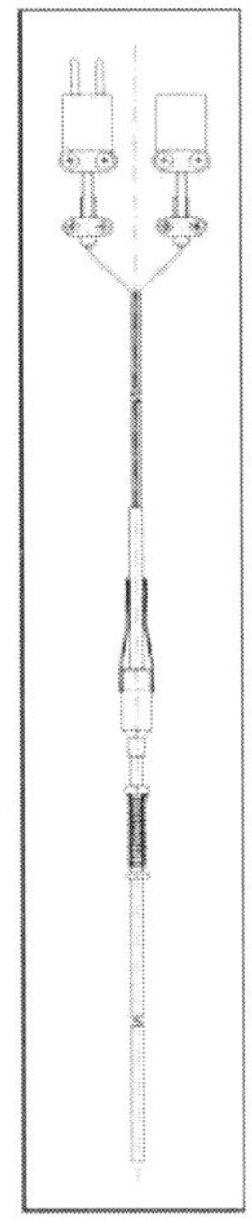

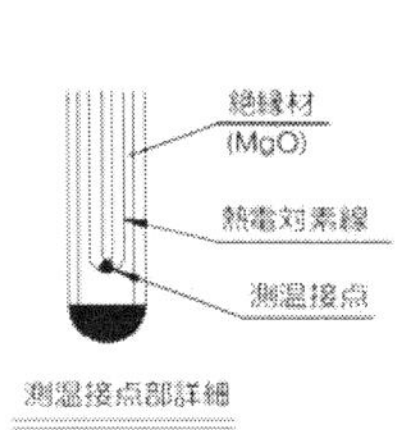


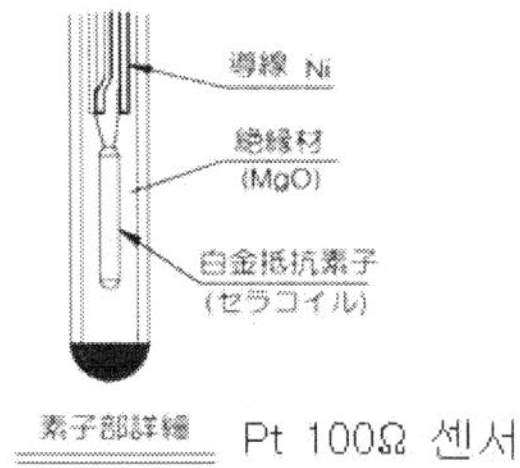


6.3.3 K-type TC(Thermocouple)의 구성도

## 6.3.3 RTD(Resistance Temperature Detector) 온도 센서의 구성과 동작원리

RTD온도 센서는 저항온도계라고 부른다.

RTD 센서의 동작 원리는 금속의 전기 저항은 온도의 변화에 따라 달라진다. 즉, 온도가 증가할수록 전기 저항값은 증가한다. 즉 두 값 사이에 일정한 관계 (선형성)가 존재한다. 따라서 온도와 저항간의 관계를 알면 저항을 측정하면 온도를 구할 수가 있다.

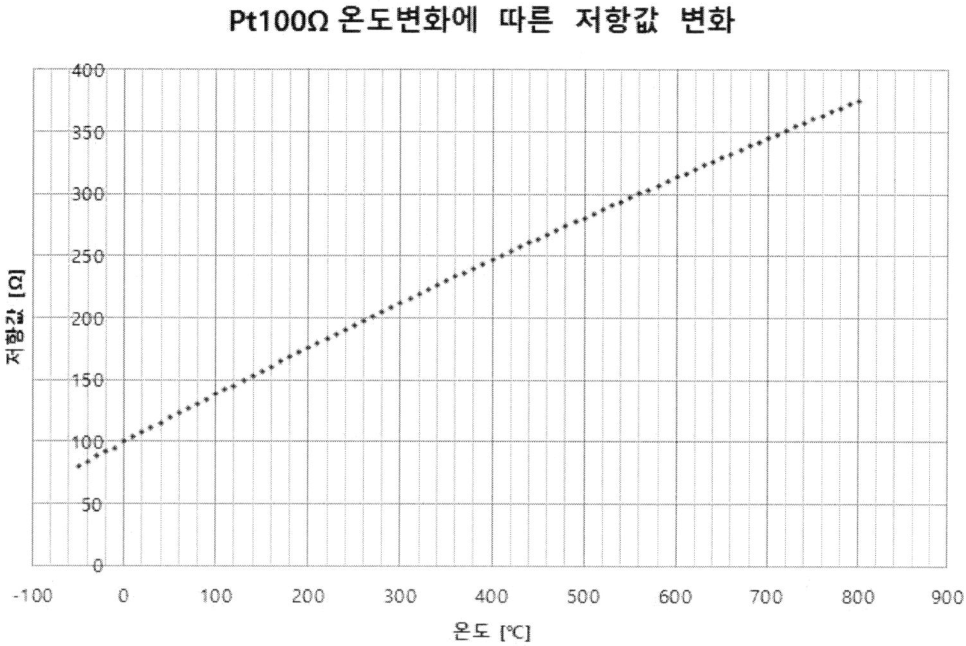


6.3.4 백금(Pt) 발열체의 온도에 따른 저항값 그래프

RTD 센서를 사용한 측온 방법에는 2선식, 3선식, 4선식이 있으며 4선식의 경우 가장 정확한 측정이 가능하다. RTD 센서는 TC 센서에 비해 측정온도 범위가 작고 (−200~850°C)(TC 센서는 최대 2500°C까지 측정 가능함), 응답속도가 느린 단점이 있으나 선형성이 우수하고 고정확도(0.01~0.1°C), 고안정성(0.1%이하의 drift)을 갖는 장점이 있다.

RTD 센서의 재료로는 백금(Pt), 니켈(Ni), 구리(Cu), 텅스텐(W)을 주로 사용한다.

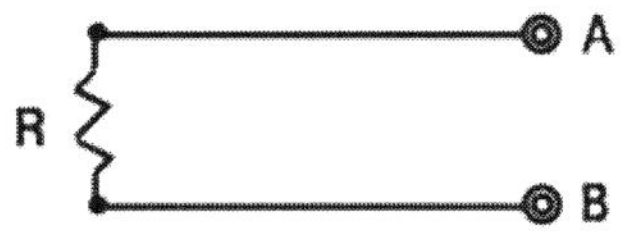


[2 도선식] W 형식

- ✓ 저항소자의 양끝에 각각 도선을 연결하여 사용
- ✓ 다른 형식에 비하여 가격이 싸지만 도선저항의 영향이 크므로 정밀한 측정에 적합하지 않음

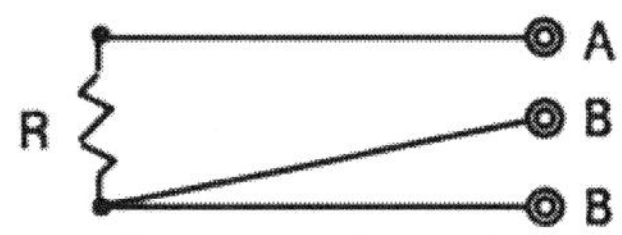


[3 도선식] X 형식

- ✓ 저항소자의 한 끝에 2개, 다른 끝에 1개 도선을 접속
- ✓ 도선저항의 영향을 제거할 수 있도록 설계
- ✓ 공업용 계측용으로 신뢰성이 가장 높은 계측방법

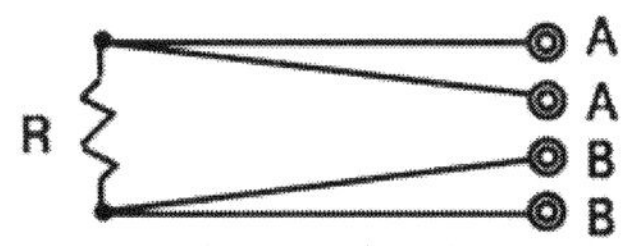


[4 도선식] Y 형식

- ✓ 저항소자의 양끝에 각각 2개의 도선을 접속
- ✓ 도선저항의 영향을 제거할 수 있도록 한 형식
- ✓ 정밀한 온도를 요하는 경우에 사용
- ✓ 2 도선식 이나 3 도선식에 비해 가격이 비싸다.

R = RTD element　　◎= Terminal
— = lead wire　　A or B = code for terminal

**4선식 측정**

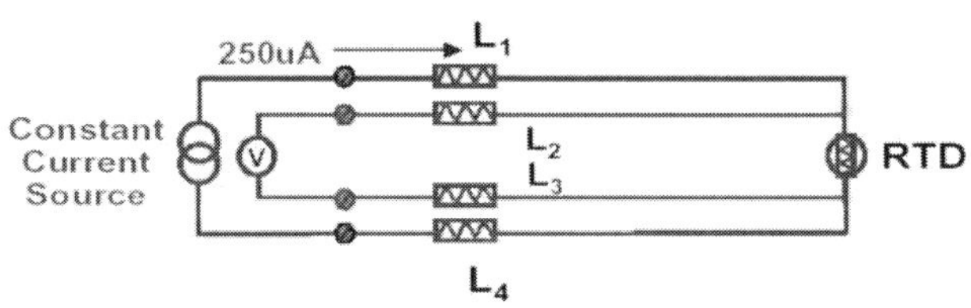


- ➢ L1, L4 에 정전류 인가
- ➢ L2, L3 리드선에 고임피던스 전압계 걸어 전압 측정 (L2,L3에 전류 흐르지 않음)
- ➢ V=IR 이용하여 RTD 의 저항을 정확하게 측정 가능함.

좀 더 정확도를 높이고자 한다면?

➔ Pt1000 옴 RTD Sensor 사용

6.3.5 RTD 센서의 측온 방식

## 6.3.4 광 고온계(Pyrometer) 온도 센서의 구성과 동작원리

Pyrometer는 광 고온계라고 부른다.

RTP나 EPI 공정 챔버에 사용되는 고온의 발열체(텅스텐 할로겐 램프)로부터 생성되는 방사에너지는 다음과 같은 식으로 표현된다.

$E = \varepsilon \cdot \delta \cdot T^4$ (Watts/m$^2$)

여기서 $\varepsilon$은 복사율 또는 방사율(emissivity), $\delta$는 스테판 볼쯔만 상수(5.67x $10^{-8}$ $Wm^{-2}$ $K^{-4}$), T는 절대온도 이다.

물체의 방사되는 에너지를 측정하여 물체의 온도를 측정할 수 있다. 검출기는 수집된 방사에너지를 측정하여 전기 신호로 산출한다. 광 고온계는 대상물이 발산하는 특정한 파장의 복사(통상 적외선 파장) 세기 및 휘도를 측정한다.

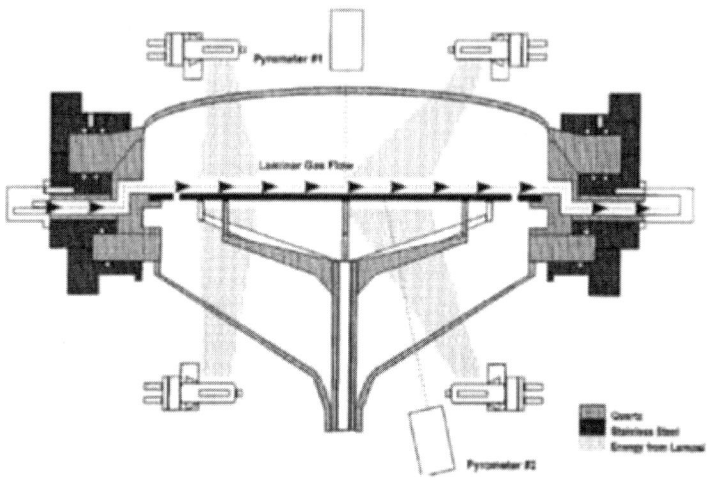


6.3.6 EPI Reactor에서의 광고온계(Pyrometer)

## 6.4 ESC(Electrostatic Chuck)의 구성과 동작원리

ESC는 정전척이라고 하며 히터의 상부에 장착되어 정전기적인 힘(Electrostatic Force)을 이용하여 웨이퍼를 고정시켜주는 역할을 하는 핵심 부품이다. 공정 중 진공상태로 챔버 내부 상태가 변화하고 공정 가스가 분사되는 중에서 웨이퍼의 위치가 고정되지 않는다면 웨이퍼가 손상되거나 손상이 되지 않더라도 분진(particle) 발생이나 공정의 불균일성으로 인한 수율(yield)저하를 가져올 수 있다.

ESC위에 웨이퍼가 밀착되어 있으므로 히터블록으로부터 웨이퍼에 전달되는 온도의 균일성을 유지하여야 한다. 또한 플라즈마를 사용하는 공정에서 플라즈마에 의해 공정 중 웨이퍼의 온도가 상승할 수 있는데 이때 ESC의 온도를 조절하여 항상 웨이퍼 온도의 균일성을 확보하게 해 주는 역할을 하여야 한다.

ESC의 구성과 동작원리 및 ESC의 종류에 대하여 알아보자.

### 6.4.1 ESC 구성

ESC는 히터 위에 접착되어 있으며, 전극(electrode)과 절연체와 DC 전원으로 구성되어 있다.

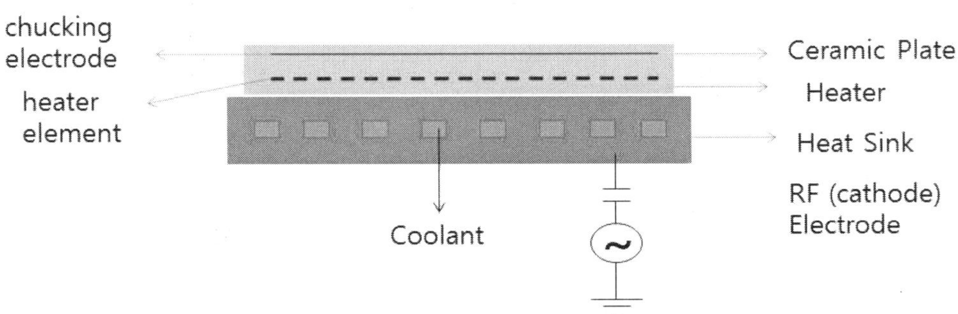


6.4.1 ESC 구성도(1)

ESC 표면에는 균일한 간격으로 작은 구멍(hole)이 뚫려있다. 이 구멍을 통해 헬륨(He) Coolant가 공급되어 가열된 웨이퍼의 온도를 조절한다.

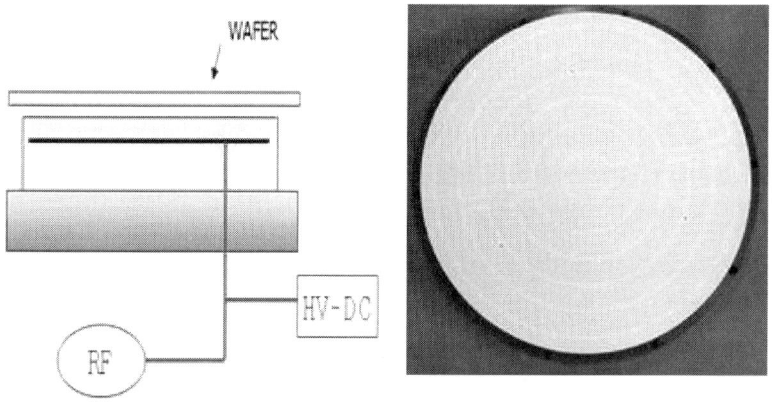


| 구분 | 특징 |
| --- | --- |
| W/F | 12" |
| 유전체 | $AL_2O_3$ |
| Type | Coulomb |
| Pattern | Dot |
| He | Dual |
| Cooling | Single |
| Heater | Dual |

6.4.2 ESC 구성도(2)

## 6.4.2 ESC 동작 원리

ESC 동작원리는 쿨롱의 법칙(Coulomb's Law)을 이용한 것으로서 일정한 면적(A)을 가진 평행한 두 금속판이 일정한 거리(d)를 두고 마주보고 있으며, 이때 양 금속판에 직류(DC) 전압(V)을 인가하면 +전극과 연결된 금속판에는 +전하(positive charge)가 대전되고, −전극과 연결된 금속판에는 - 전하(negative charge)가 대전되며 대전된 두 금속판 간에는 서로 끌어당기는 쿨롱 힘(인력)이 발생하며 이를 정전기력(Electrostatic Force)라고 한다. 두 금속판 간에 작용하는 정전기력은 두 금속판의 면적(A)에 비례하고, 두 금속판 사이에 충전된 유전체의 유전상수( $\varepsilon = \varepsilon_0 \cdot \varepsilon_r$)에 비례하며, 두 전극 사이에 인가된 전압의 제곱($V^2$)에 비례하며 두 금속판 사이의 거리의 제곱($d^2$)에 반비례한다. 여기서 상부 금속판을 웨이퍼로 간주하면 된다.

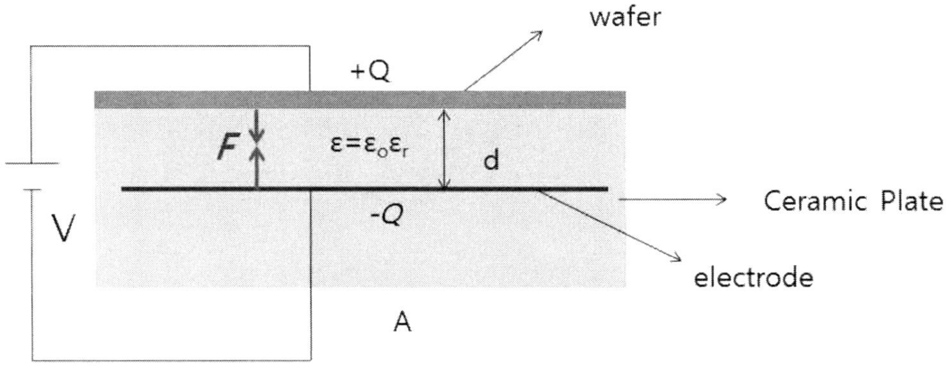


$$(E_Q = Q/2\varepsilon A)$$

$$F = QE = \frac{\varepsilon A V^2}{2d^2} = \frac{\varepsilon_o \varepsilon_r A}{2}\left(\frac{V}{d}\right)^2$$

6.4.3 ESC 동작원리

## 6.4.3 ESC 종류

ESC(정전척) 종류로는 전극의 개수에 따라 단극성(Monopolar 또는 Unipolar) ESC와 쌍극성(Bipolar) ESC로 나뉜다. 또한, 전극 사이에 위치한 유전층(dielectric layer)의 저항률(resistivity)에 따라 Coulomb type과 Johnsen-Rahbek type으로 나뉜다.

또한, 소재에 따라 Anodizing type, Polyimide type, Ceramic type ESC로 나뉜다.

(a)단극성(Monopolar)ESC 와 쌍극성(Bipolar) ESC

단극성 정전척(Monopolar ESC)의 전극(Electrode)에는 한극(+극)만 대전되고 웨이퍼는 플라즈마가 켜져 있을 동안만 대전(-극)되어 양단간의 인력이 작용하여 chucking이 이루어진다. de-chucking 동작은 플라즈마가 꺼져서 웨이퍼내의 charge가 discharging되어야만 동작이 이루어진다. chucking force는 강한 장점이 있으나 시상수가 길어 chucking, de-chucking 동작에 시간이 걸리는 단점과 또한 전류(current) path가 웨이퍼를 통해 이루어짐으로 누설 전류(leakage current) 발생 및 플라즈마 damage 문제가 발생할 우려가 있다.

반면에 쌍극성 정전척(Bipolar ESC)은 정전척 내부에 2개의 전극(+극, -극)을 가지고 있어 웨이퍼 외부에 플라즈마와 같은 전기적인 연결이 필요 없다. 따라서 chucking, de-chucking 동작이 순간적으로 이루어지고 누설전류(leakage current)나 플라즈마 damage 영향이 거의 없다. 반면에 2개의 전극이 있기 때문에 2개의 축전기가 직렬로 연결된 구조로 볼 수 있으므로 chucking force는 단극성의 1/4 로 작다는 단점이 있다.

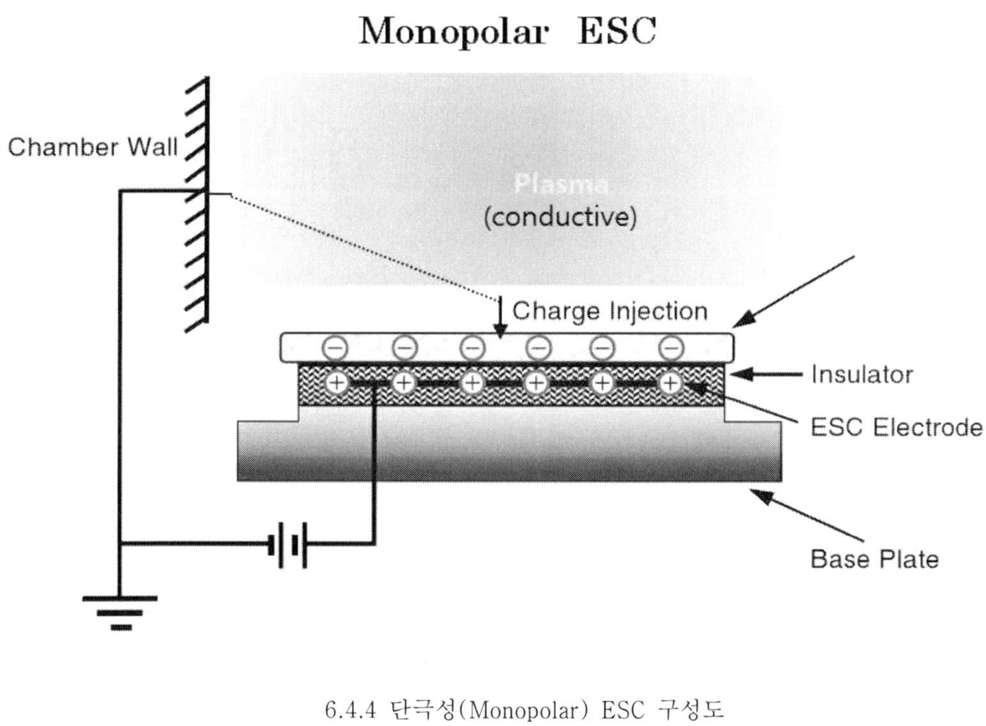


6.4.4 단극성(Monopolar) ESC 구성도

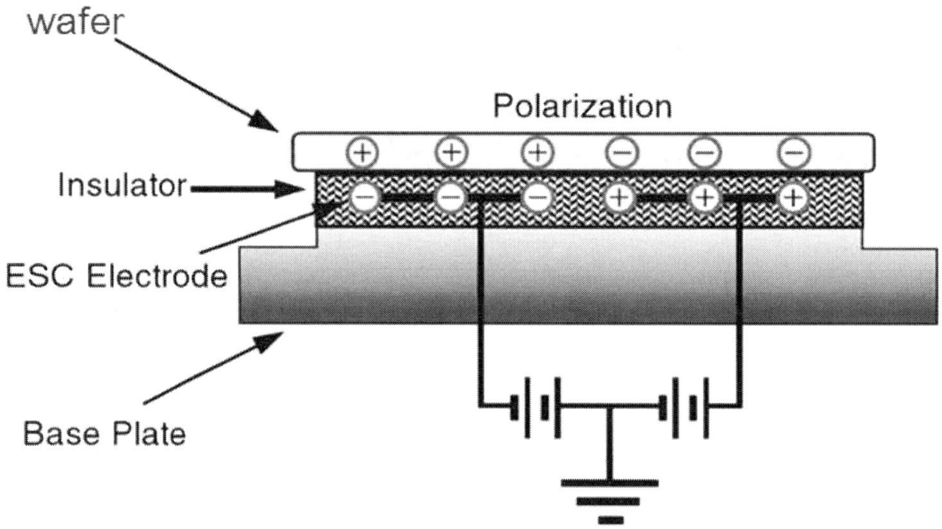


6.4.5 쌍극성(Bipolar) ESC 구성도

(b)Coulomb type ESC 와 Johnsen-Rahbek type ESC

유전체의 저항의 크기에 따라 쿨롱과 존슨-라벡 타입의 ESC로 구분할 수 있다.

쿨롱(Coulomb) 타입 ESC는 유전체의 저항이 높기 때문에 전하들이 유전층을 통과하지 못하고 두 전극사이의 전기장에 의한 유전체의 분극으로 정전기력이 발생하는 원리로 동작을 한다. 반면에 존슨-라벡 타입 ESC는 유전체의 저항율이 낮기 때문에 전하의 흐름을 허용하여 전하들은 대상체와 맞닿은 유전체의 상부까지 도달하여 이 전하들과 대상체의 거리가 짧아지고 이들 사이에 상대적인 포텐셜 차이에 의해 정전기력이 생성되는 원리로 동작한다. 존슨-라벡 타입은 쿨롱 타입보다 흡착력(chucking force)은 우수하나 시상수가 큰 것이 단점이다.

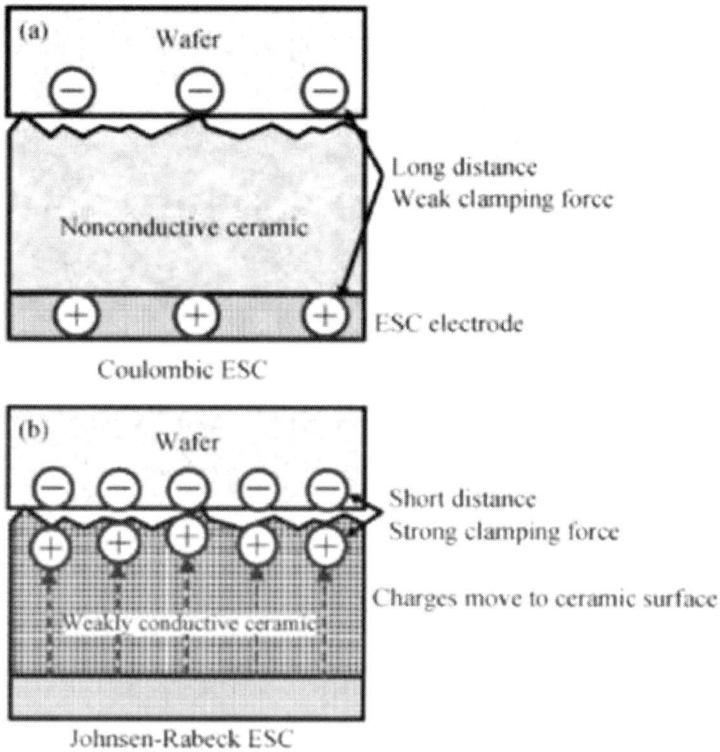


6.4.6 쿨롱 타입 ESC와 Johnsen-Rabeck 타입 ESC 구성도

(C)Anodizing type, Polyimide type, Ceramic type ESC

ESC 소재로는 Anodizing type ESC는 가격이 저렴하고 흡착력이 우수하며 존슨-라벡 타입의 ESC이다. 하지만 낮은 절연 파괴 전압 특성과 부식성 공정에 취약한 단점이 있다. Polyimide type ESC는 쿨롱 type ESC로서 가격이 저렴하고 높은 절연 파괴 전압 특성을 갖으나 내구성 특히 플라즈마 공정에 대한 내구성이 취약한 단점이있다. 이러한 단점을 극복하고자 가장 많이 사용하는 것이 Ceramic ESC이다. Ceramic 재질 중 가장 많이 사용하는 것이 알루미나($Al_2O_3$) 또는 AlN ESC이다. Ceramic ESC는 플라즈마에 대한 내구력이 강하고 높은 절연 파괴전압을 가지며 AlN ESC 경우는 $Al_2O_3$ ESC보다 열전도율이 높고 온도 균일도도 우수하다. 단, 가격이 비싼 단점이 있다. 이 중 알루미나

($Al_2O_3$) ESC 의 구성에 대해 알아보면 다음 그림 및 표와 같다.

## $Al_2O_3$ ESC (Electrostatic Chuck) SPEC

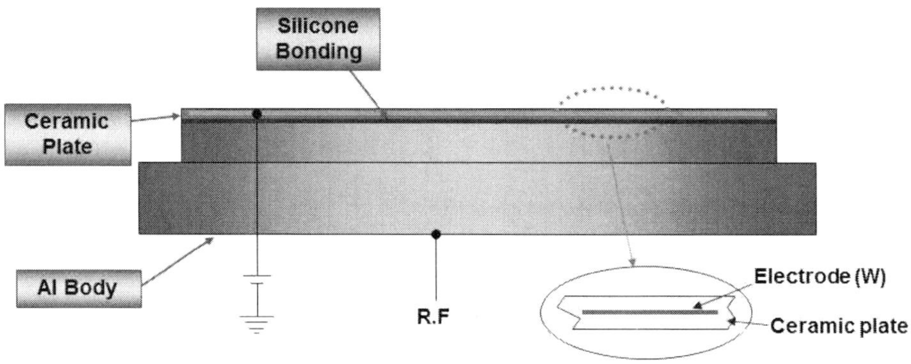


| NO | Al2O3 Purity (%) | Resistivity (Ωcm) | Dielectric Constant (1MHz) | Thermal Expansion Coefficient | Thermal Conductive Coeffieient | Flatness (micron) | Dielectric Layer Thickness |
|---|---|---|---|---|---|---|---|
| 1 | > 90 | $1\times10^{9}$ | 10 | 6.3 | 14.7 | | 0.5 |
| 2 | > 90 | $1\times10^{11}$ | 10 | 6.3 | 14.7 | 0~50 | 0.4 |
| 3 | > 92 | $1\times10^{16}$ | 9 | 6.9 | 16.5 | | 0.3 |

6.4.7 $Al_2O_3$ ESC의 Specification

7장

# 냉각 장치 이해

반도체 장비에는 칠러(chiller), 열교환기(heat exchanger)와 같은 냉각 장치(cooling system)가 장착되어 있다. 냉각 장치를 사용하는 이유는 웨이퍼와 챔버의 벽면(wall)의 온도를 식혀서 일정한 온도로 제어함으로써 공정의 균일성을 꾀하기 위함이다. 냉각 장치는 공정별로 사용하는 온도가 다르기 때문에 이에 따라 사용하는 냉각 장치의 종류도 다르다. 저온의 냉매를 사용하여 온도를 낮추기 위해서는 냉동기(refrigerator)를 사용하여 냉각을 하여야 한다. 그 외에 일반적으로 상온에서 온도를 제어하기 위해서는 열교환기(heat exchager) 타입의 냉각 장치로도 충분하다. 이번 장에서는 이들 냉각 장치의 기초 이론과, 냉각 장치의 종류별 구성 및 특징, 동작 원리에 대하여 살펴보기로 한다.

## 7.1 냉각 장치 기초 이론

냉각 장치를 이해하기 위해서는 먼저 냉각 장치에 대한 기초 이론의 이해가 필요하다.

### 7.1.1 열역학 법칙

(a) 열역학 1법칙(에너지 보존 법칙)

열과 일은 본질적으로 에너지의 일종으로 같으며 열은 일로, 일은 열로 변환 시킬 수 있다. 독립된 계에서 에너지의 합은 일정하다. 계가 임의의 싸이클(cycle)을 이룰 때 시스템 내의 열에 의한 에너지와 일에 의한 에너지는 항상 보존된다.

(b) 열역학 2법칙

열은 그 자체만으로는 저온 물체로부터 고온 물체로 이동할 수 없다. 즉, 에너지가 필요하다. 싸이클로 작동하는 열기관에서 고온의 열원에서 받은 열량을 계속해서 일로 변환하기 위해서는 이보다 낮은 저온의 열원이 있어야 한다.

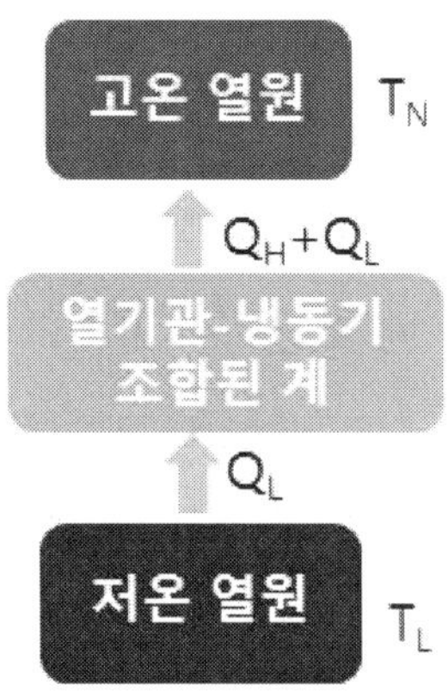


여기서 싸이클(cycle)이란 계 내의 동작 유체가 한 상태로부터 다수의 상태 변화를

쳐고 최초의 상태로 돌아오는 과정을 말한다.

### 7.1.2 냉동 과 냉매

(a) 냉동(Refrigeration)

냉동이란 외부로부터 일(work)을 통하여 그 일에 대응하는 열량을 저온체 열온에서 흡수하여 고온체 열원으로 방열하는 것을 의미한다. 열역학 제2 법칙에 따르면 열은 그 스스로가 저온의 물체에서 고온의 물체로 이동할 수 없고 특별한 장치가 필요하다. 이와 같이 저온의 물체에서 열을 빼앗아 냉동 효과를 얻는 장치를 냉동기(Refrigerator)라고 하며 이와 같은 장치에 사용되는 싸이클을 냉동 싸이클(refrigeration cycle)이라 한다. 그리고 냉동기에서 외부에서 공급된 에너지에 의해 냉동 싸이클을 순환하면서 저온체 열원의 열량을 흡수해서 고온체 열원으로 열을 방출하는 역할을 하는 유체를 냉매(refrigerant)라고 한다. 이때 상변화에 의해 열을 운반하는 냉매를 1차 냉매라고 하고, 1차 냉매로부터 열을 운반하는 냉매를 2차 냉매라고 한다.

(b) 냉매(Refrigerant)의 종류

냉매로는 할로겐화 탄화수소(프레온계), 탄화수소, 암모니아, 탄산가스 등이 있다. 냉매가 갖춰야 할 조건으로는 응고점이 낮고 증발열이 커야 하고, 압축 압력이 낮고 증발 압력은 높아야 한다. 또한 비열은 크고 비체적은 작아야 하며 냉매의 임계 온도가 상온보다 높아야 한다. 인체에 해가 없어야 하고 불활성이고 취급시 안정성이 있어야 하며 상변화에 따른 점성 변화가 적어야 한다. 최근 요구되는 사항에는 환경파괴지수인 오존 파괴지수나 낮아야하고 지구 온난화 지수 또한 낮아야 한다.

| 냉매의 종류(구성 원소) | 냉매 | 특징 |
|---|---|---|
| CFC 냉매(염소:Cl, 불소:F, 탄소:C) | R-11. R-12 | 오존층 파괴지수(ODP), 지구 온난화지수(GWP) 높음. 사용 중단 됨. |
| HCFC 냉매(수소:H,염소:Cl,불소:F, 탄소:C) | R-22, R-123<br>R-124 | 오존층 파괴지수 높고, 지구 온난화 다소 있음<br>규제 대상. |
| HFC 냉매(수소:H, 불소:F, 탄소:C) | R-134a, R-404a,<br>R-407c, R-410a | 오존층 파괴 없음<br>지구온난화지수(GWP) 다소 있음 |
| 천연 냉매 | 암모니아, 탄화수소계<br>이산화탄소 | 오존층 파괴 없음<br>지구온난화지수 낮음 |

7.1.1 냉매의 종류

*브라인(Brine)

간접 냉각식 냉동 장치에 사용하는 액상 냉각 열매체를 브라인(brine)이라 한다. 브라인은 일종의 부동액으로 1차 냉매처럼 냉매액과 냉매 증기로 상변화를 하지 않고 액체 상태로만 열교환기를 순환하며 일을 한다. 브라인이란 명칭은 원래 염수를 의미한다. 증발기에서 발생한 냉매의 냉동력을 냉각하고자 하는 곳으로 전달하는 역할을 하는 2차 냉매이다. 브라인은 온도가 낮은 상태에서 공기중의 수분이 응축되어흡수되므로 농도가 점점 희박해진다. (농도계로 측정하여 농도를 유지해야 함)

브라인은 무기질 브라인과 유기질 브라인으로 구분한다.

-무기질 브라인: 염화 칼슘, 염화 나트륨 염화 마그네슘이 있으며, 저렴하고 저독성이나 금속에 대한 부식성이 강함.

-유기실 브라인 에틸렌 글리콜, 프로필렌 글리콜, 에틸 알콜이 있으며, 금속을 덜 부식시키며 화학 플랜트에 사용.

(C) 냉동 능력

냉동 싸이클은 냉매가 냉동기 내를 순환하는 과정을 반복하는 것을 말한다. 냉동 싸이클을 반복하면서 저온체 열원에서 냉동기가 열을 흡수하는데 냉동기의 냉동 능력은 1시간에 냉동기가 저온체 열원에서 흡수하는 총 열량(kcal/hr)로 나타낸다. 냉매의 냉동 효과는 냉매 1$kg_f$ 가 흡수하는 열량(kcal/$kg_f$)으로 나타낸다. 냉동기의 냉동 능력을 나타내는 지표로 냉동톤을 사용하는데 1 냉동톤이란 0°C의 물 1 톤(1000$kg_f$)을 1일간(24시간)에 0°C의 얼음으로 냉동시키는 능력을 의미한다.

1 냉동톤 = 3,320 (kcal/hr) 이다.

냉동 싸이클에서 저온체의 열원으로부터 흡수한 열량(흡수 열량)을 $Q_L$, 고온체의 열원으로 방출하는 열량(방출 열량)을 $Q_H$라고 하고, 저온체에서 고온체로 열을 이동하기 위해 필요한 외부 일(압축기의 일)을 W라고 하면 열역학 제 2법칙에 의해 다음 식으로 표현된다.

$Q_L + W = Q_H$

냉동기의 성능을 나타내는 성능 계수(또는 성적 계수라고도 함) $\varepsilon_r$ 은

$\varepsilon_r$ = 냉동 효과($Q_L$)/압축기의 일(W) 로 나타낸다.

열 펌프의 성능 계수 $\varepsilon_H$는

$\varepsilon_H$ = 난방 효과($Q_H$)/압축기의 일(W) 로 나타낸다.

### 7.1.3 냉동 싸이클(역 카르노 싸이클)

(a) 냉동 싸이클(역 카르노 싸이클)

열기관 싸이클인 카르노 싸이클(Carnot cycle)인 “등온 팽창->단열 팽창->등온 압축->단열 압축”을 역으로 수행하는 싸이클로서 다음과 같은 두 개의 단열 과정과 두 개의 등온 과정으로 구성된 싸이클을 냉동 싸이클(역 카르노 싸이클)이라고 한다.

① 냉동 장치의 기본 Cycle

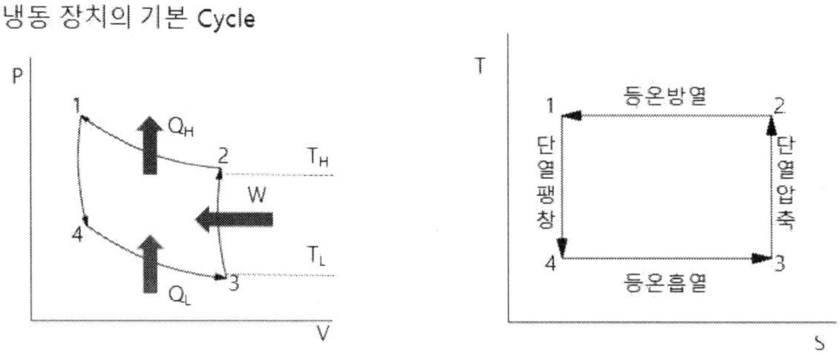


② 과정 (Process)

▲ **등온 흡열 (증발기)** : 저온 저압의 작동 유체는 저열원에서 열을 등온과정으로 흡수

▲ **단열 압축 (압축기)** : 단열압축에 의해 압력과 온도가 상승
(작동유체가 저열원에서 고열원으로 이동)

▲ **등온 방열 (응축기)** : 고온 고압의 작동유체는 열을 고열원 쪽으로 등온과정으로 방출

▲ **단열 팽창 (팽창장치)** : 작동유체가 고열원에서 저열원으로 이동

7.1.2 냉동 싸이클(역 카르노 싸이클) 구성도

(b) 증기압축 냉동 싸이클

증기 압축 냉동 싸이클은 냉매를 압축하는 과정에서는 액체이며 팽창하는 과정에서는 기체로 되는 2상의 냉매를 사용하는 싸이클로써 압축기(compressor), 응축기(condensor), 팽창 밸브(expansion valve), 증발기(evaporator)로 구성된다.

작동 유체인 액상의 냉매를 팽창 밸브를 거쳐 압력을 낮추게 되면 증발이 일어나고, 증발 과정에서 흡수되는 증발열을 이용하여 저온을 얻는 싸이클을 증기 압축 냉동 싸이클이라고 한다.

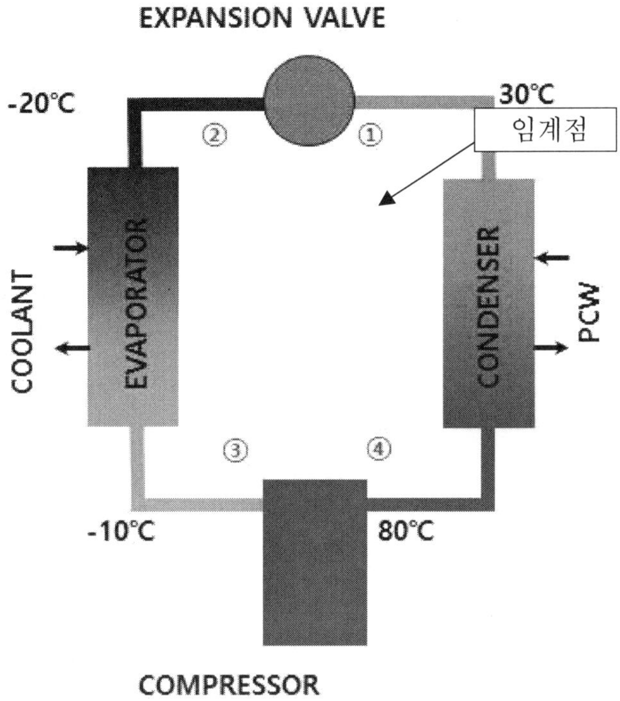


7.1.3 증기 압축 냉동 싸이클 구성도

(c) 몰리에 선도(P-h diagram)

몰리에(Mollier) 선도는 압력(P)-엔탈피(h) 선도라고 하며 약어로 P-h 선도라고도 한다. 몰리에 선도를 통하여 증기 압축 냉동기의 압축기가 소모한 일, 증발기의 냉동 능력, 응축기에서 제거한 열량, 팽창 밸브의 적정한 작동 여부, 증발기의 과열도와 응축기의 과냉각도 등의 정보를 알 수 있다. 임계점을 중심으로 좌측의 포화액선 곡선이 있으며 포화액선 밖의 영역이 과냉각 구역이며, 임계점 우측에 포화 증기선 곡선이 있으며 포화 증기선 밖의 영역을 과열 증기 영역이라고 한다. 그리고 이 2개의 곡선이 이루는 부분을 습증기 영역이라고 한다. 과냉각 구역에는 과냉각된 응축액만 존재하며 과열 증기 구역에는 과열 증기만 존재하다. 그리고 습증기 구역에는 액체와 기체(증기)가 공존한다.

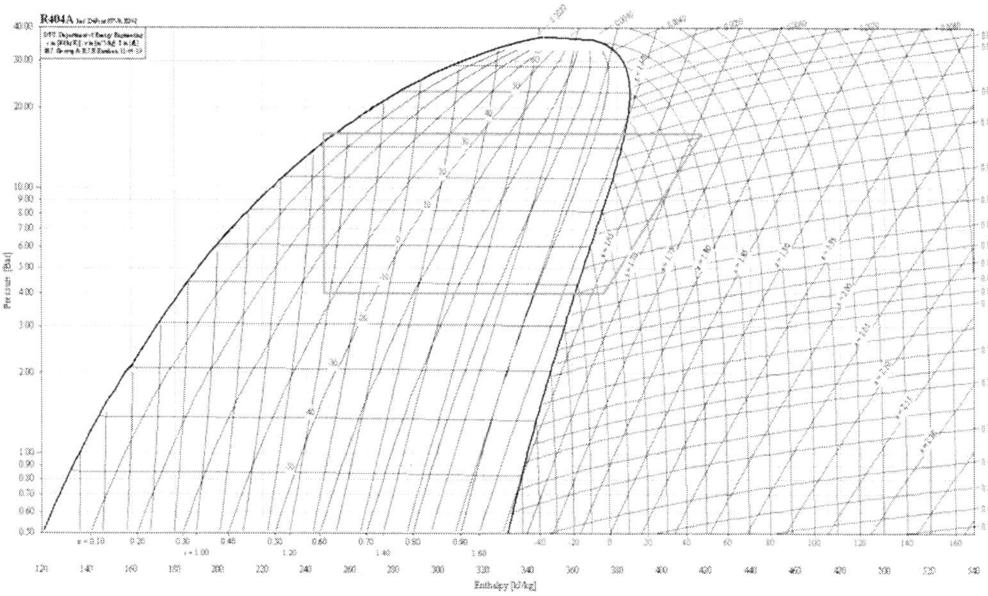


7.1.4 몰리에 선도(압력-엔탈피 선도, P-h 선도)

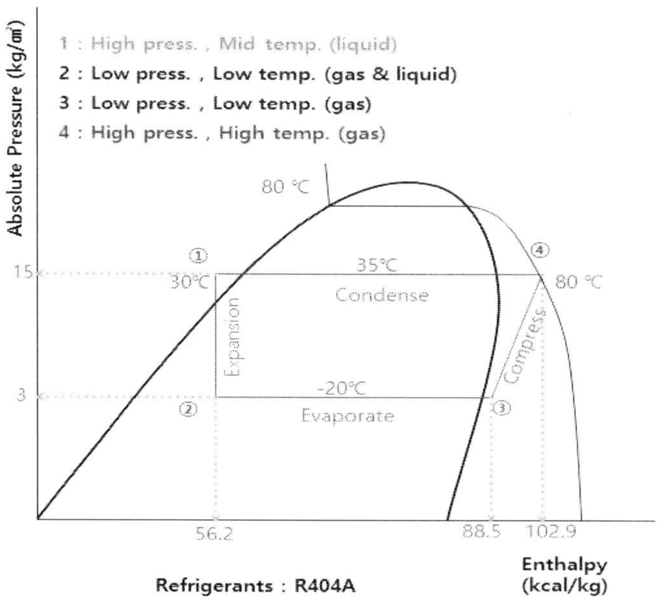


7.1.5 몰리에 선도와 냉동 싸이클

## 7.2 냉각 장치 종류와 작동 원리

냉각 장치(chiller)의 종류에는 크게 냉동기를 이용한 Compressor 타입과 PCW를 이용하여 냉각하는 열교환(Heat Exchanger) 타입으로 나뉜다. 이들 냉각 장치에 대한 구성과 동작 원리에 대해 알아보자.

### 7.2.1 Compressor type Chiller

컴프레서 타입은 저온의 냉매를 이용하여 웨이퍼가 놓이는 ESC와 챔버 월(wall)을 냉매를 순환시켜 냉각 시켜 원하는 온도로 조절 및 유지시켜주는 장치로서 냉동기를 사용한 냉동 순환부와, coolant 순환부, PCW 순환부, 전기 제어부로 구성되어 있다. 컴프레서 타입은 사용 온도 대역이 넓고 특히 저온 영영대의  제어가 가능하고 냉각능력이 우수한 장점이 있다.

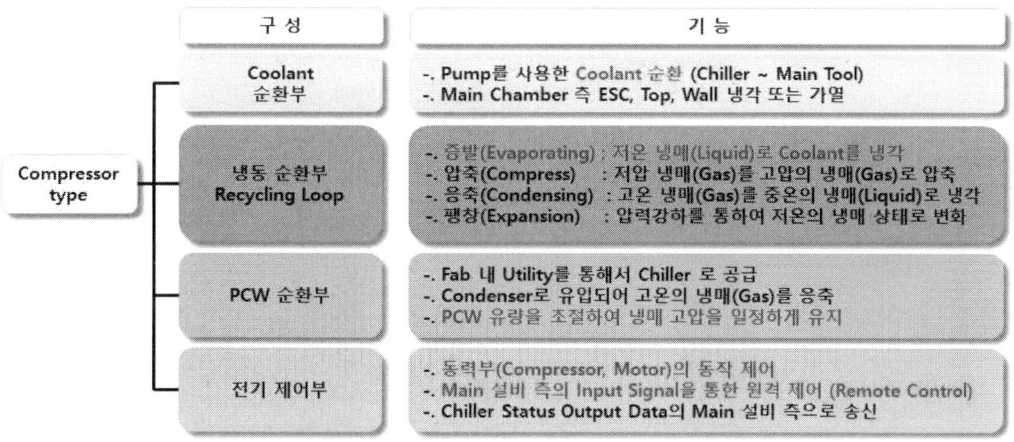


7.2.1 Compressor type chiller 구성도

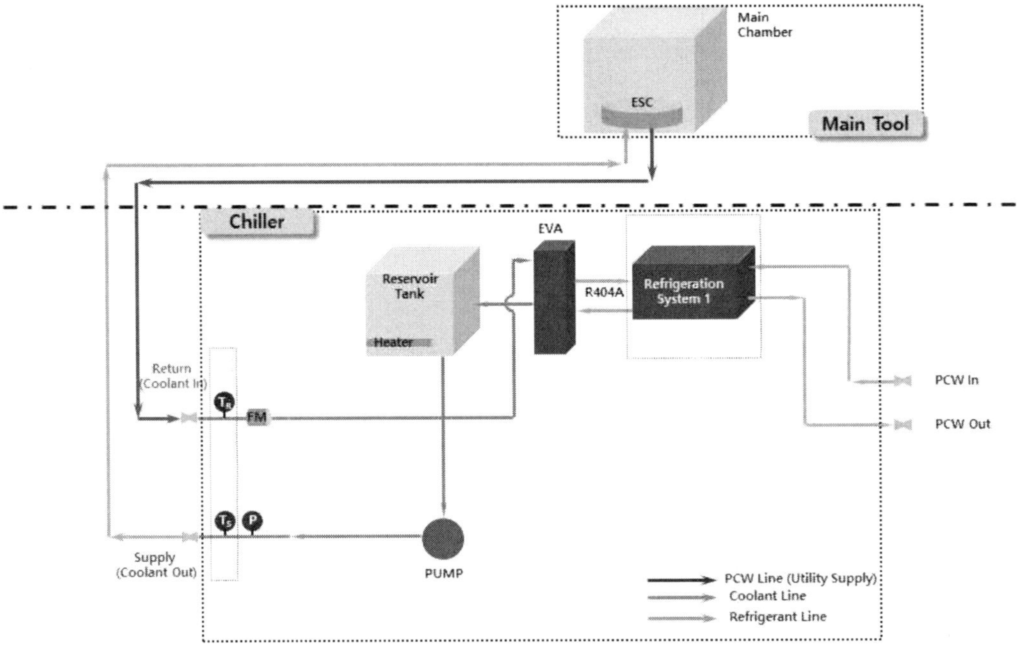


7.2.2 Compressor type chiller 계통도

7.2.3 Compressor type chiller 사진

위(좌): 압축기(compressor), 위(우):액분리기(accumulator), 중간(좌):수액기(receiver), 중간(우): 팽창밸브
아래(좌):필터 드라이어

| 구성품 | 역할 |
| --- | --- |
| 압축기(compressor) | 냉동기 구동 동력원. 냉동 싸이클의 냉매순환 |
| 응축기(condenser) | 압축기에서 발생한 냉매 증기를 증발기에서의 증발을 위해 액체 냉매로 응축시키는 역할 |
| 증발기(evaporator) | 냉동기에서 냉동의 목적인 냉동 효과를 일으키는 장치, 팽창 밸브에서 만들어진 포화 냉매액의 냉매 습증기가 증발기를 통과하면서 공기나 물로부터 열을 흡수하여 증발한다. |
| 수액기(receiver) | 고압 액화 가스를 저장. 액 상태의 냉매 공급 응축기와 팽창밸브 사이 배관에 설치 |
| 액분리기(accumulator) | 액 상태의 냉매와 가스 상태의 냉매를 분리. 내부로 유입된 냉매(액+가스)에서 액상태의 냉매만 외부로 토출. |

|  | 증발기와 압축기 사이에 설치. |
|---|---|
| 팽창밸브(expansion valve) | 응축기에서 공급되는 고온 고압의 과냉각 냉매액을 저온, 저압의 포화액이나 습증기로 감압하고 냉동 부하에 대응하는 냉매 유량을 조절. 오리피스(orifice) 효과를 이용한 감압 조절. |
| 필터 드라이어(filter dryer) | 응축기(condenser)에서 응축된 액화 가스에 존재하는 수분 및 산성물질, 불순물 등 제거. |

7.2.4 Compressor type chiller 구성품

## 7.2.2 열교환(Heat Exchanger) type Chiller

열교환 타입의 칠러는 순환 냉각기 유체를 냉각하기 위한 냉각 정치가 없다. 즉, 컴프레서 타입에서 사용하는 증기 압축 냉동기를 사용하지 않고 직접적인 유체 열 교환에 의해 온도를 조절하는 장치이다. 열교환기는 한 유체 매체에서 다른 매체로 열을 전달하여 작동한다. 최적의 냉각을 위해 가열된 공정 유체와 냉각수(PCW) 사이의 접촉 표면을 최대화 하여 냉각 효율을 높여준다. 일반적으로 컴프레서 타입보다 온도 조절 범위가 작고 PCW 이상의 온도 범위에서 조절이 가능하다. 또한, 컴프레서 타입에 비해 가격이 저렴하다.

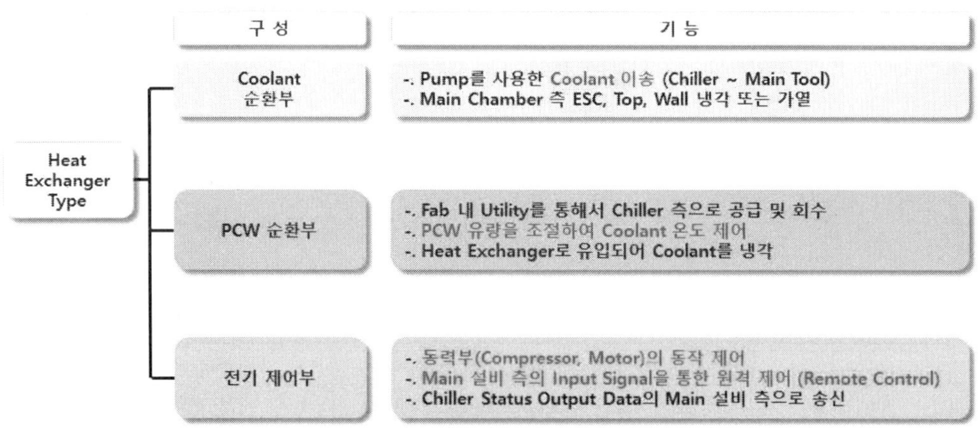


7.2.5 Heat Exchanger type chiller 구성도

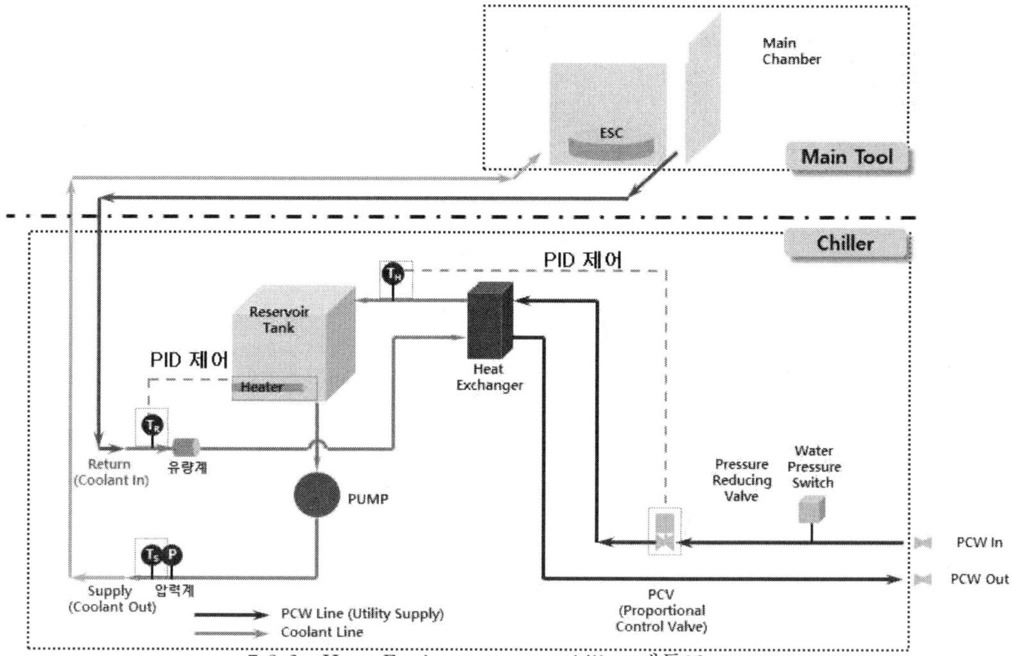


7.2.6 Heat Exchanger type chiller 계통도

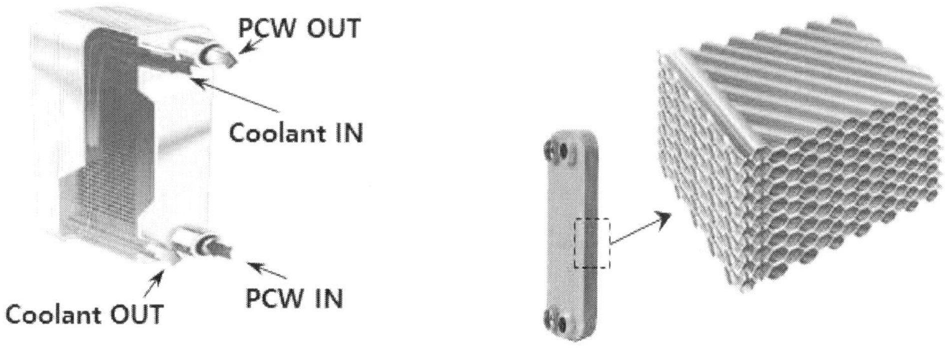


7.2.7 Heat Exchanger 구성품

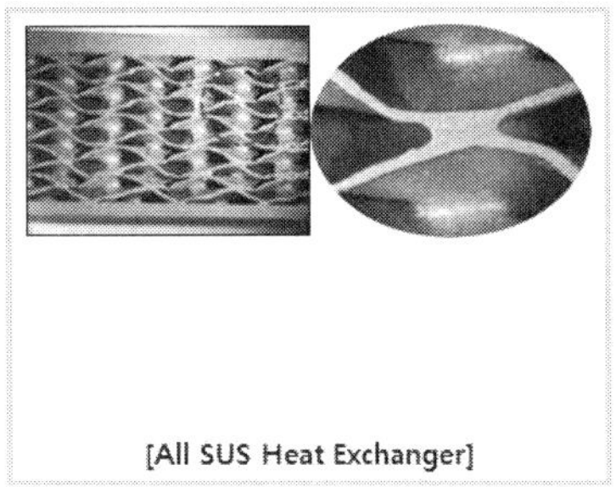


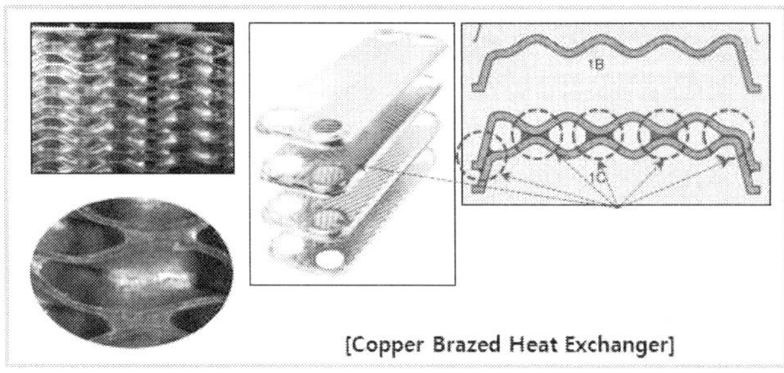


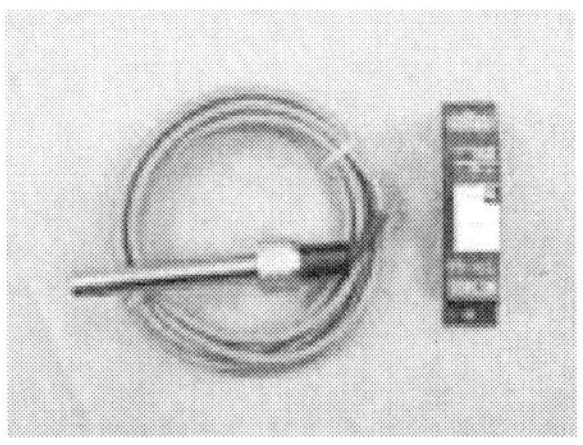
비저항 센서

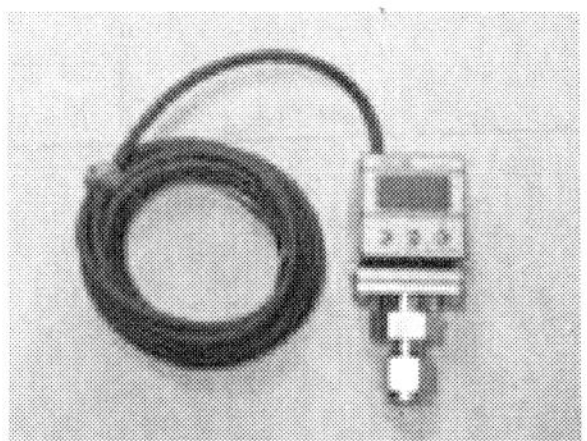
압력센서

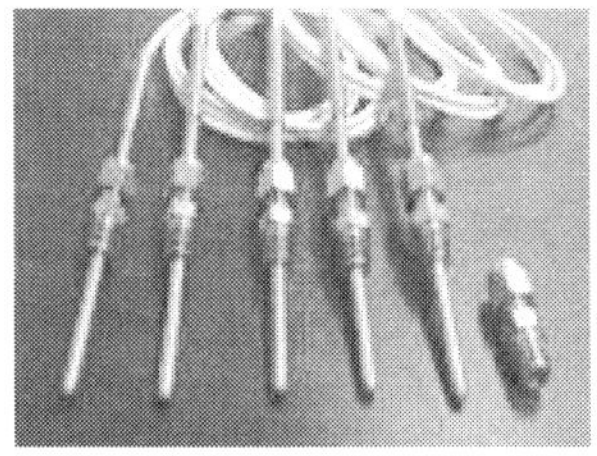
온도 센서

| 기타 센서(sensor) | 역할 |
|---|---|
| 비저항(resistivity) 센서 | coolant의 비저항 측정 |
| 압력(pressure) 센서 | coolant의 압력 측정 |
| 온도(temperature) 센서 | coolant의 온도 측정 |

7.2.8 기타 센서(sensor) 구성품

# 8장

# 플라즈마 장치 이해

반도체 장비에는 식각(Etch) 장치, 박막(Thin Film) 장비 등 많은 반도체 장비에 플라즈마(plasma)를 사용하고 있다. 플라즈마의 사용 범위는 소자(칩)의 집적도가 증가하면서 더욱 넓어지고 있다. 이와 같이 플라즈마를 사용하는 장비의 공정 챔버(process chamber)에는 플라즈마 발생을 위한 장치가 장착되어 있다. 플라즈마 공급 장치는 크게 플라즈마를 일으키는데 사용되는 전력(power)과 주파수(frequency)를 공급하는 역할을 하는 플라즈마 발생기(plasma generator), 플라즈마 발생기와 공정 챔버의 임피던스(impedence)를 정합(matching)시켜 챔버로 공급되는 플라즈마의 효율을 높여주기 위한 장치인 플라즈마 매쳐(plasma matcher)로 구성되어 있다. 이번 장에서는 플라즈마에 사용되는 용어, 플라즈마 소스와 이들 핵심 장치의 구성 및 동작 원리에 대해 살펴보기로 한다.

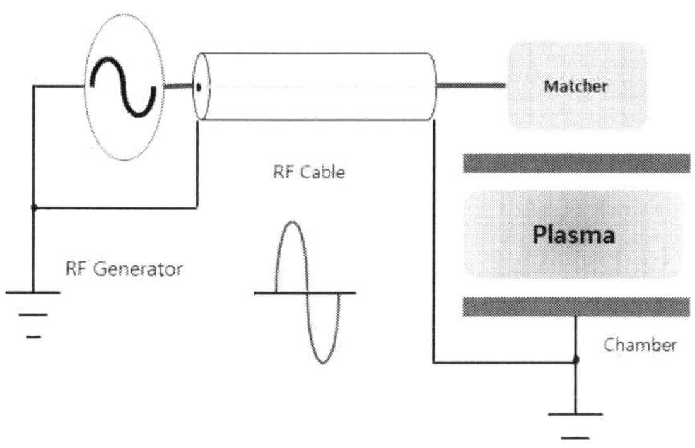


8.1.1 플라즈마 장치 구성도

## 8.1 플라즈마 용어

플라즈마 장치를 이해하기 위해서는 먼저 플라즈마에서 사용되는 기초 용어(이론)의 이해가 필요하다.

(a)플라즈마(plasma)

플라즈마란 이온화된 기체로서 전자(electron), 이온(ion), 중성기체 분자 들로 구성되어져 있는 상태로 집단행동을 하며 전기적으로는 준중성(quisi-neutral)인 기체다.

(b)디바이 길이(Debye length)

플라즈마 내에서 양전하(positive charge)와 음전하(negative charge)들이 서로 전기력을 차폐하는데 이러한 차폐거리를 말한다.

수식으로 표현하면, $\lambda_D = 743\sqrt{\frac{Te}{n}}$ ($\lambda_D$:디바이길이, Te: 전자온도, $n_e$: 전자밀도)

(c )플라즈마 쉬스(plasma sheath)

플라즈마 쉬스란 챔버 벽(wall)과 플라즈마 벌크(bulk) 사이의 경계층을 말하며 전자(electro)밀도가 이온(positive ion)밀도 보다 적고 플라즈마 벌크에 대해 음 전위(potential)를 갖는 공간을 말한다.

(d)플라즈마 진동(plasma oscillation)

플라즈마가 외부 전기장에 의해 섭동이 생겼을 때 이온에 비해 질량이 작은 전자가 먼저 움직이면서 이온은 움직이지 않고 전자만 움직인다고 가정할 때 전자의 움직임이 에따라 새로 만들어 전기장에 의해 제자리로 돌아가려는 전자는 관성에 의해 원래의 위치를 지나치게 되어 다시 돌아가는 현상이 진동으로 나타난다. 이를 플라즈마 진동이라 하고 이때의 전자의 진동수를 플라즈마 진동수($f_{pe}$ : plasma frequency)라고 한다.

플라즈마 진동수를 식으로 표현하면 다음과 같다.

$f_{pe} = 9000\ n_e^{1/2}$ [Hz] ($n_e$ = 플라즈마(전자) 밀도)

## 8.2 플라즈마 소스(source)

공정 챔버에 플라즈마를 인가하는 방법으로는 전기장을 인가하여 플라즈마를 생성하게 되는데 전기장을 만드는 소스(plasma source)로는 직류(DC)나 교류(RF), 마이크로파(Microwave)가 있다. 이들 소스를 사용하여 두 전도성 전극에 기체를 주입한 후 전압을 인가하여 방전(discharge)하여 플라즈마가 형성되게 된다. 이들 플라즈마 소스 생성 원리에 대해 알아보자.

(a) DC 소스 (DC Glow Discharge)

양단 전극 사이에 DC 전압을 인가하면 음극에서 가속된 전자가 양극으로 가속되면서 중성 기체와 충돌에 의해 중성 기체들이 이온화 되고, 이온화 된 이온들은 다시 음극을 때려서 음극에서 2차 전자가 방출되고, 방출된 2차 전자들은 양극으로 가속되면서 중성기체들과 충돌하여 이온화를 일으키며 더욱 많은 이온들을 만들어낸다. 이런 과정이 반복되면 전류가 크게 증가하게 되고 이를 전자 사태(breakdown)라고 하며, 글로우 방전 상태가 되게 된다.

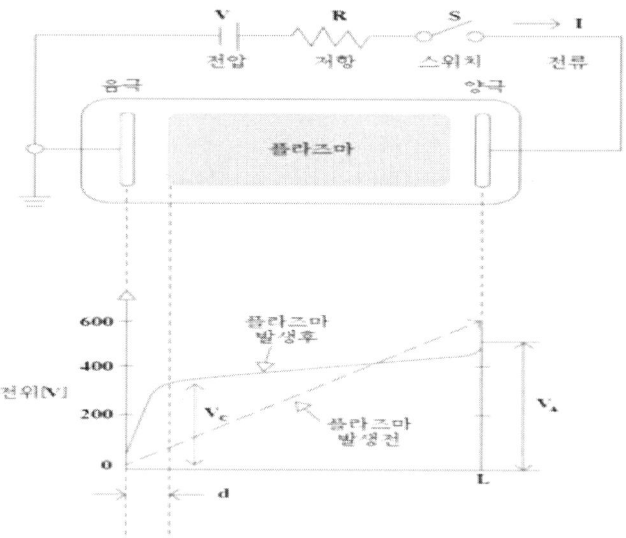


그림출처: 플라즈마전자공학/청문각/정진욱

8.2.1 DC Glow 방전(discharge)

(b) RF 소스 (Radio Frequency source)

부도체 전극을 사용할 경우 DC 전압을 사용하게 되면 플라즈마가 지속적으로 유지되지 못하고 플라즈마가 꺼져 버린다. 이는 절연체 음극에 양전하의 축적이 일어나서 플라즈마 영역의 전압이 방전 개시 전압 아래로 감소되어 플라즈마가 꺼져 버림. 이러한 전하 축적에 의한 플라즈마 소멸현상을 해결하기 위해 교류(AC) 전원을 사용하게 됨. 교류 주파수로는 주로 RF 주파수(통상 13.56 MHz)를 사용하며 RF소스는 DC 소스에 비해 양 극판 내에서 주파수에 따른 이온의 감금효과로 인해 높은 플라즈마 밀도를 얻을 수 있고 플라즈마 주파수가 높을수록, RF 소스의 전력(power)가 높을수록 높은 밀도의 플라즈마를 만들 수 있다.

RF 주파수를 사용하는 소스는 크게 축전 결합 플라즈마(CCP: Capacitively Coupled Plasma)와 유도 결합 플라즈마(ICP: Inductively Coupled Plasma) 소스로 나뉜다. 축전 결합 플라즈마 소스는 평행 평판 모양의 축전기 형태로 전기장을 만들고, 유도 결합 플라즈마 소스는 코일(안테나)를 사용하여 암페어의 법칙으로 코일에서 만들어진 자기장이 패러데이 법칙에 의거하여 다시 유도 전기장을 만드는 형태이다.

일반적으로 ICP 방식이 CCP 방식보다 높은 밀도의 플라즈마를 만들 수 있다.

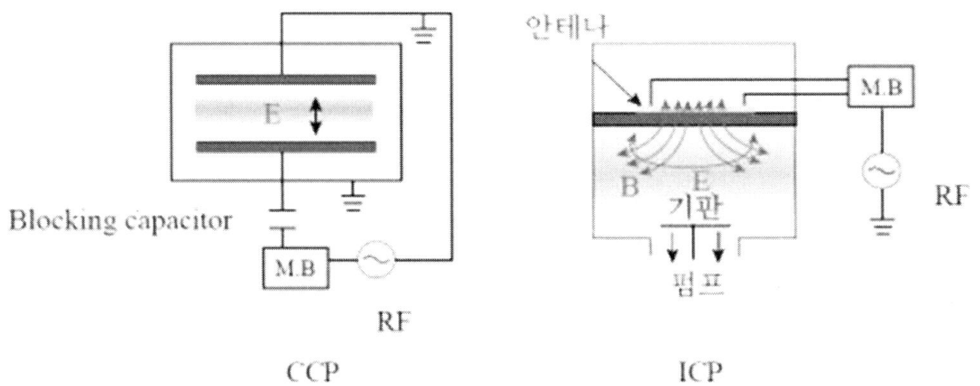


그림출처: 플라즈마전자공학/청문각/정진욱

8.2.2 RF 소스 ( CCP & ICP) 모식도

(c ) 마이크로파 소스 (Microwave Frequency source)

RF 소스 보다 고주파 대역의 주파수 (통상 2.45GHz)를 사용하여 고밀도 플라즈마를 만드는 데 사용되는 소스이다. 마이크로파를 도파관으로 챔버에 입사시켜 전자석을 사용하여 자기장을 인가하면 전자가 회전 운동을 하게되고 마이크로파의 주파수와 전자의 회전 진동수가 일치하면 회전하는 전자는 마이크로파 전기장을 마치 정지해 있는 직류 전기장처럼 느끼게되며 전기장으로부터 지속적인 에너지를 얻게되는데 이를 전자 사이클로트론 공진(ECR: Electron Cyclotron Resonance)라고하고 이러한 ECR을 이용한 플라즈마 소스를 마이크로파 소스 또는 ECR 소스라고 한다.

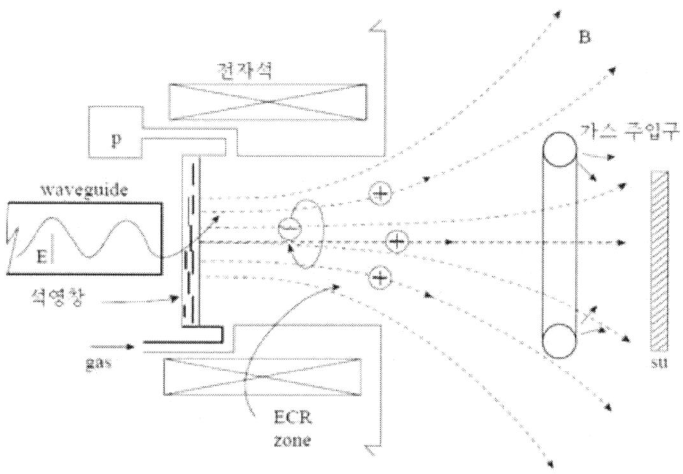


그림출처: 플라즈마전자공학/청문각/정진욱

8.2.3 Microwave 소스 ( ECR 소스) 모식도

## 8.3 플라즈마 발생 장치(Plasma Generator)

플라즈마 발생장치(Plasma Generator)는 통상 RF Generator라고 불리며 플라즈마를 이용하는 반도체 장치에서 플라즈마 발생을 위한 고주파 전력을 제공하는 장치이다.

(a) RF Generator의 주요 기능

1. 전력 변환 (AC->RF) 손실 저감으로 전력 변환 효율 증대
2. 종단의 방향성 결합기(RF sensor)에서 진행파와 반사파 값이 검출되며, 진행파의 검출값을 사용자의 기준값과 비교 제어하여 항상 일정한 RF 출력 값을 발생시키도록 한다.
3. Arc Detection(검출): 일정 값 이상의 반사 전력(Reflect Power) 감지 시 빠른 검출을 통해 즉시 RF Power를 off 하여 장비의 손상을 예방한다.
4. 안정적인 RF 출력 확보: Low power 구간에서도 안정적인 출력 확보한다. Load 측의 Impedence가 변하여 miss matching이 발생하더라도 안정적인 출력을 확보한다.
5. Programmable RF Ramping: RF on 시 setting parameter를 기반으로 제어를 통해 선형적으로 출력이 증가하면서 설정된 Forward Power에 도달.
6. 순간 정전시에도 RF 출력 전력 정상 공급 대응 기능
7. RF Generator의 출력 임피던스(impedence)는 50Ω(Ohm)으로 한다. 50Ω으로 하는 이유: 전력 전송선(동축 케이블), 고주파 측정설비등을 사용함에 있어서 호환과 편이를 위해 규격을 통일.

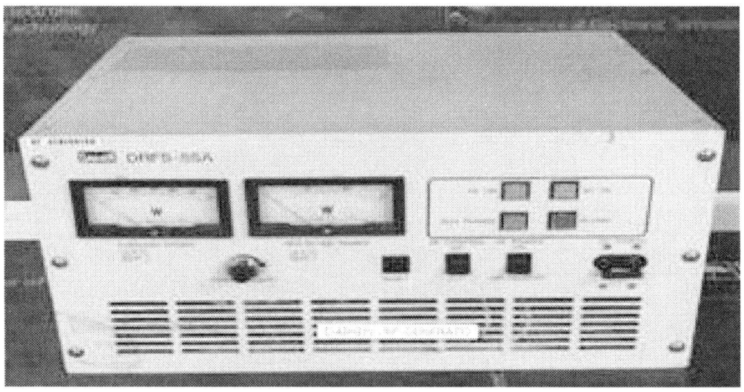

8.3.1 RF(Radio Frequency) Generator

(b) RF Generator의 구성

RF Generator를 구성하고 있는 핵심 파트는 다음과 같다.

1. Power Amplifier
2. AC-DC Converter, SMPS(DC-DC Converter)
3. Combiner, Filter
4. RF Sensor
5. Controller

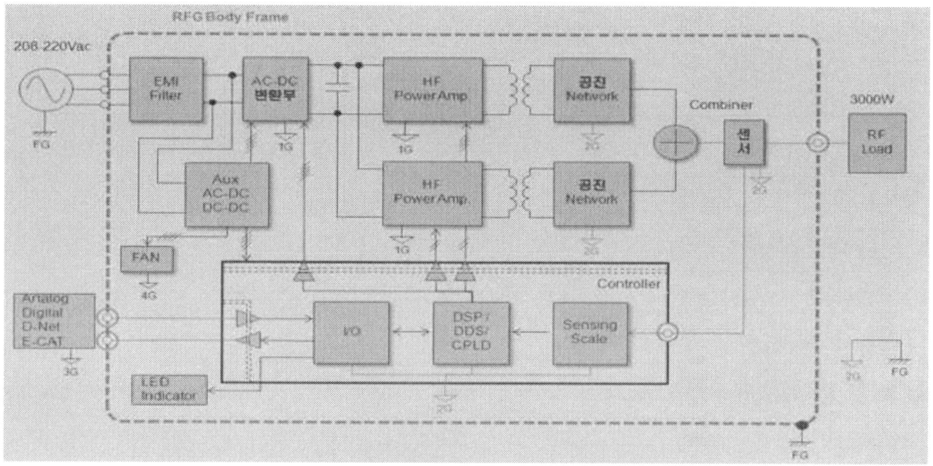


8.3.2 RF(Radio Frequency) Generator 구성도

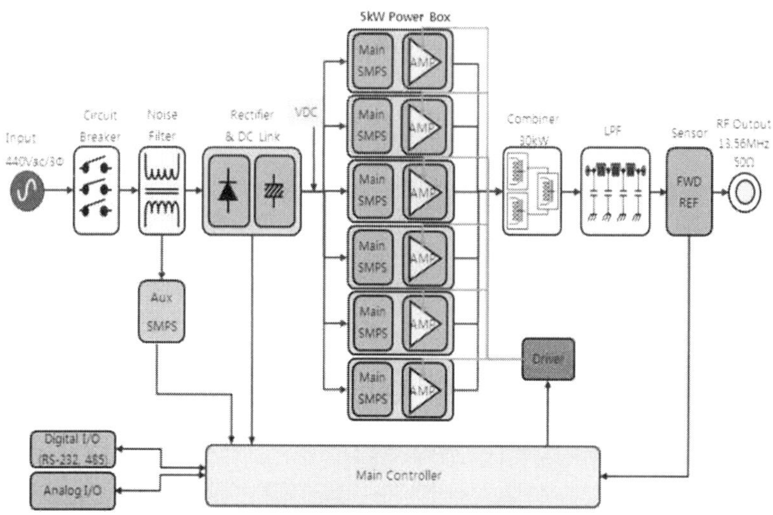


8.3.3 RF(Radio Frequency) Generator Block Diagram

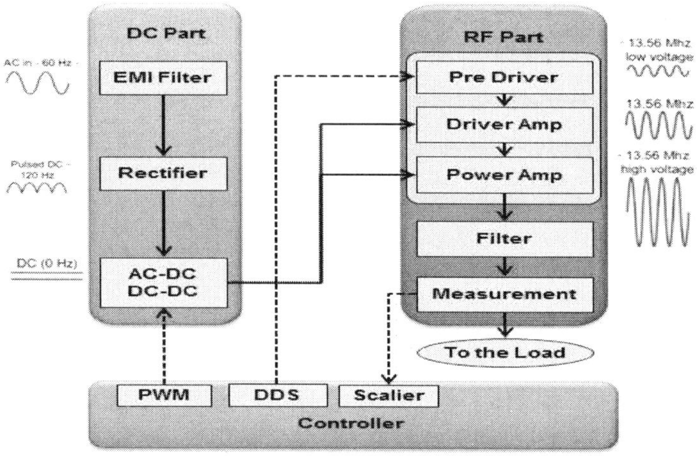


| 구성품 | 기능 |
|---|---|
| AC input | Line 전압은 보통 208VAC사용. 반드시 ground 연결.<br>제품 정격에 따라 입력 전류 용량이 다름. |
| EMI filter<br>& Rectifier | Noise Filter: 전원 라인 및 장비 내부에서 발생한 노이즈 간섭을 차단.<br>Rectifier:교류(AC) 전압을 직류(DC)전압으로 정류. |
| AC-DC Converter | 정류된 직류 DC 전압을 변환하여 RF 앰프에 공급.<br>정류된 직류 DC 전압을 변환하여 각 부에 DC전압공급 |
| Pre-Driver | DC 전압이 입력되어 RF 정확한 주파수 생성<br>신호는 저전력(~mW) 발생 |
| Driver Amplifier | OSC의 RF 전력 신호를 증폭하여 Power AMP가 동작 가능한 전력을 공급 |
| Power Amplifier | Pre Amp에서 공급된 전력을 증폭하며, DC-DC에서 공급된 직류 전압에 의해 제어.<br>고조파 및 노이즈 주파수 성분이 Filtering 된다. |
| Filtering | 사용 주파수 대역 외의 고조파 신호를 억제하는 역할.<br>통상 Low Pass Filter를 사용 함. |
| Measurement | 순방향, 역방향 전력 또는 전압, 전류를 감지하여 controller에 전달하여 power가 제어되도록 함. |
| Controller | 출력 전력을 로컬 및 원격 제어하고, 장비 상태를 표시하는 기능을 함. |

8.3.4 RF(Radio Frequency) Generator 구성품과 기능

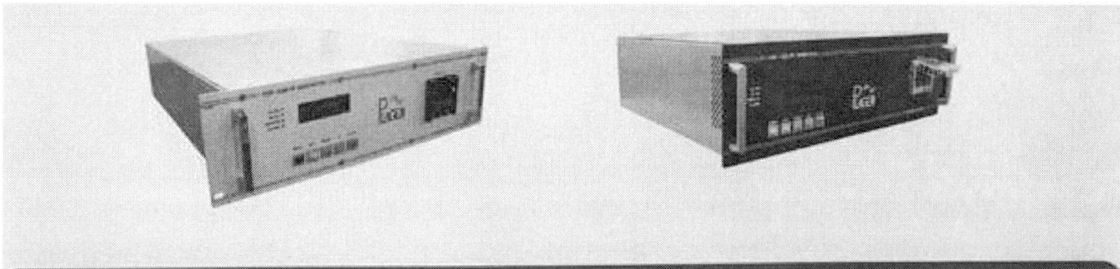

| RF Generator | | | | | | | |
|---|---|---|---|---|---|---|---|
| Power | 100kHz | 380kHz | 750kHz | 2MHz | 3.2MHz | 4MHz | 13.56MHz |
| 600W | ● | ● | ● | ■ | ■ | ■ | ■ |
| 1.5kW | ■ | ■ | ■ | ■ | ■ | ■ | ■ |
| 3kW | ● | ● | ● | ■ | ■ | ■ | ■ |
| 5kW | ● | ● | ● | ● | ● | ● | ■ |
| 10kW | ● | ● | ● | ● | ● | ● | ● |
| 20kW | | | | | | | ● |

8.3.5 RF(Radio Frequency) Generator 종류

RF Generator는 주파수 별로 저역대부터 고역대, 파워별로도 Low Power에서 High Power로 여러 종류가 있다. 통상 Main 플라즈마 소스 파워 공급 용으로는 High Frequency, High Power RF Generator를 사용하고, Bias Power 공급용으로는 Low Frequency, Low Power를 사용하는 Dual Frequency 소스를 사용한다.

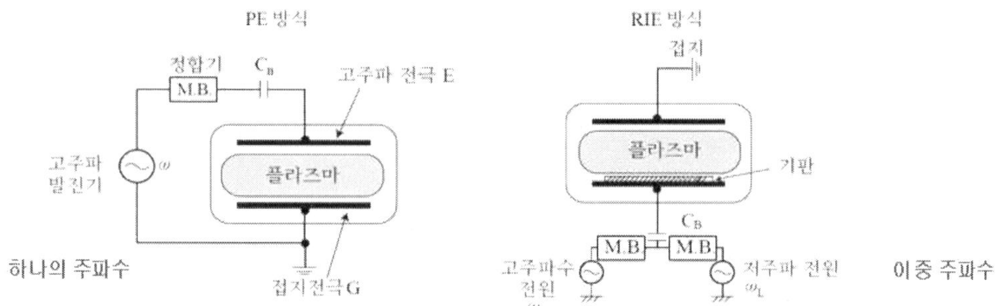


그림출처: 플라즈마전자공학/청문각/정진욱

8.3.6 싱글 RF 와 Dual(이중) RF frequency 소스

## 8.4 플라즈마 매칭 장치(Plasma Matcher)

플라즈마 매칭 장치(Plasma Matcher)는 통상 RF Matcher라고 불리며 플라즈마를 이용하는 반도체 장치에서 공정 챔버(Process Chamber)와 RF Power source인 RF Generator의 임피던스(50Ω)를 실시간으로 정합(matching)하여 반사 전력(Reflect Power)을 최소화 하여 챔버에 최대 전력을 전달해 주는 장치이다.

(a) RF Matcher 원리

RF교류 전원의 출력 저항은 대개 실수 저항 50Ω으로 되어 있다. 이에 반해 챔버의 플라즈마 전극이나 코일(안테나)은  대개 리액턴스로 되어있다($Z_L = R + jX$). RF 전원에서 최대 전력을 챔버로 전달하기 위해서는 챔버(부하: Load) 의 실수 저항 R은 출력 저항 50Ω 과 같아야하며, 리액턴스 jX는 영(zero)이 되어야 한다. 이를 임피던스 정합(Impedence matching)이라고 하며 이와 같은 역할을 하는 장치를 RF Matcher라고 한다.
만일, 임피던스 정합이 되지 않으면 부하(챔버)에서 반사 전력(Reflect Power)이 발생하고 이것이 전원쪽으로 되돌아가 저원과 플라즈마의 불안정성을 야기시킨다.
임피던스 매칭 회로(Matching Network)는 가변 축전기와 인덕터로 구성되어 있으며 정합회로를 포함해서 $Z_{in} = 50\ \Omega + j0$ 이 되도록 한다.

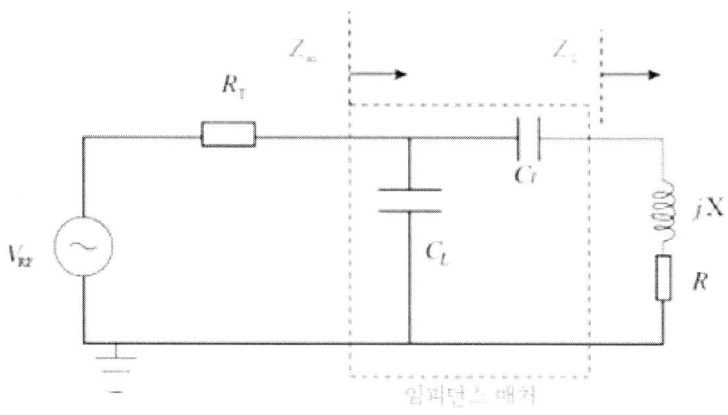


그림출처: 플라즈마전자공학/청문각/정진욱

8.4.1 RF Matcher(임피던스 매처) 구성도

임피던스가 매칭되지 않으면 반사파가 생기는데 이로인해 실제 시스템(챔버)에 공급되는 실제 전압은 Vload = Vforward - Vreflected 로 나타내며 반사파는 시스템에 전달되는 전송파의 크기를 해치게 된다. 또한, 반사파가 생길 때는 위상차이가 발생한다. 이러한 위상 차이에 의해 입사파와 반사파가 합쳐져서 새로운 형태의 파형이 나타난다. 이 때 새로운 파형은 sine wave가 아니므로 그 파형의 최고치와 최저치의 비율이 달라진다. 위상이 다른 반사 전류에 의해 전력 공급의 방향이 바뀌게 되면 진행 전력과 반사전력이 생기고 이 때 이 비율을 정재파비(VSWR)이라고 한다.

**Reflected Power**

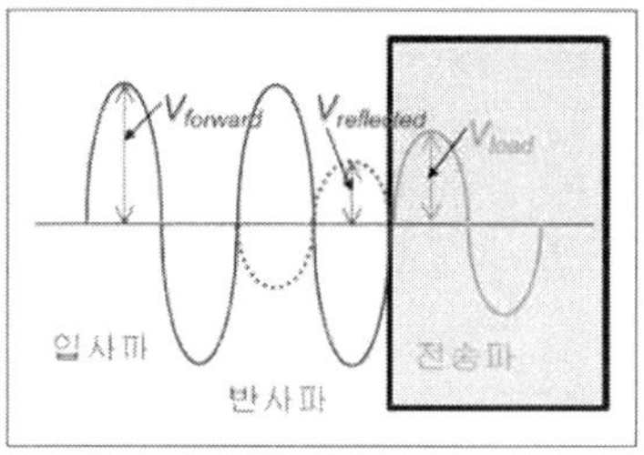


$$V_{load} = V_{forward} - V_{reflected}$$

**Reflection and Transmission**

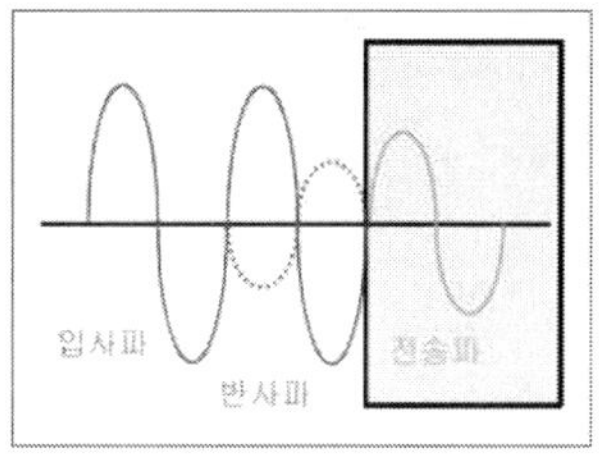


**Reflection Coefficient $\Gamma$**

$$VSWR = \frac{\dfrac{V_{forward} + V_{reflected}}{V_{forward}}}{\dfrac{V_{forward} - V_{reflected}}{V_{forward}}} = \frac{1 + \dfrac{V_{reflected}}{V_{forward}}}{1 - \dfrac{V_{reflected}}{V_{forward}}} = \frac{1+}{1-}$$

$$\Gamma = \frac{V_{reflected}}{V_{forward}} = \sqrt{\frac{P_{reflected}}{P_{forward}}} \qquad 0 \le \Gamma \le 1$$

Ohm의 법칙에 의하면 $P = I * V = V^2 / R$이므로

8.4.2 VSWR(정재파비) 개념도

(b) RF Matcher의 구성

RF Matcher를 구성하고 있는 핵심 파트는 다음과 같다.

1. Load Capacitor
2. Tune Capacitor
3. Inductor

의 3가지 component로 구성되어 있으며, 부하 상황에 따라서 유기적으로 Load/ Tune Capacitor가 가변하여 matching 동작을 수행한다.

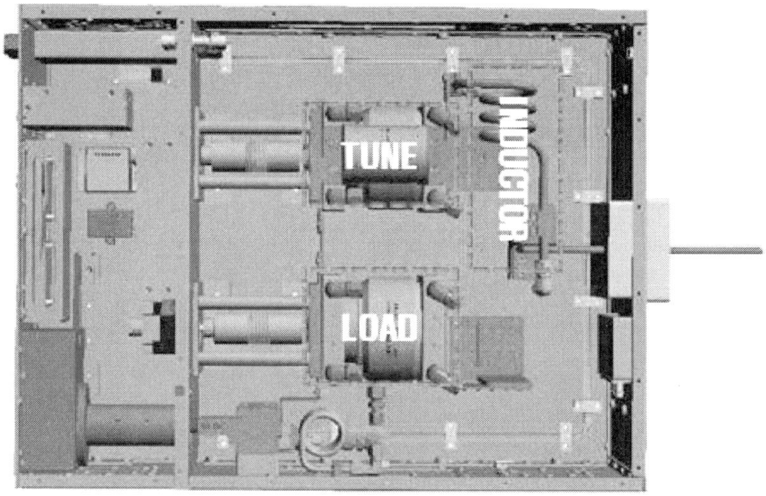


13.56Mhz Matching Network

8.4.5 RF Matcher 내부 및 외부 사진

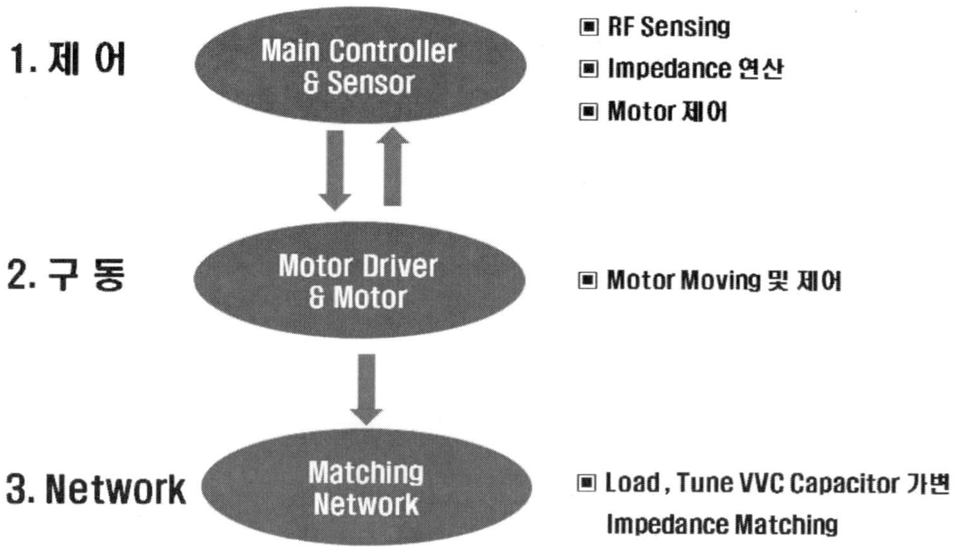


8.4.6 RF Matching network 내부 구성도

- Matching Speed: within 1 sec.

(C ) RF Matcher의 여러 가지 타입(TYPE)

RF Matcher는 사용하는 RF 주파수 대역에 따라 다음과 같이 구분한다.

1. L- type
2. T- type
3. $\pi$ -type

◈ **Match Circuit 별 특성**

| TYPE 명 | L | π | T |
|---|---|---|---|
| Circuit | 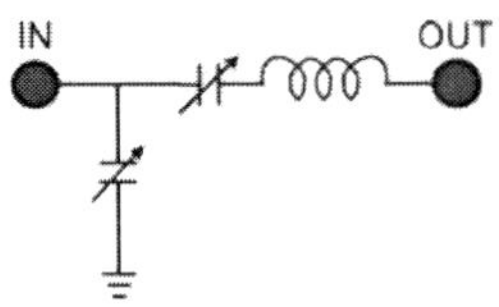 | 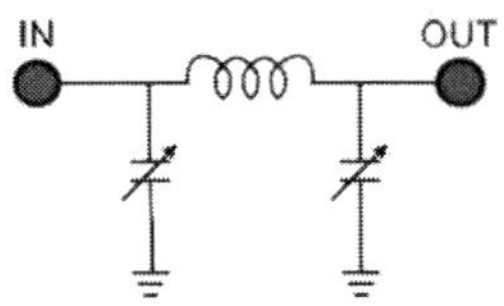 | 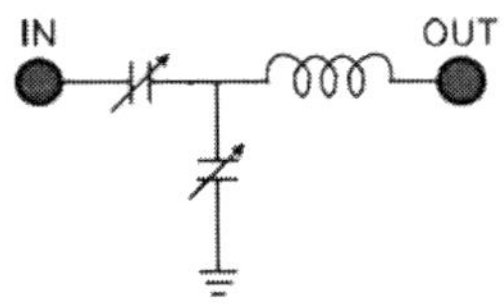 |
| Impedance | Z < 50Ω | <<br>Z = 50Ω<br>> | Z > 50Ω |
| 특 징 | **Plasma Antenna Impedance**<br>**50**Ω보다 적을 경우 대응 하며, 가장 많은 **TYPE**임<br>**(HF** 사용 시 주로 구성**)** | **Plasma Antenna Impedance**<br>**50**Ω을 기준으로 크거나 작을 때 양방향 대응<br>**(MF** 사용 시 주로 구성**)** | **Plasma Antenna Impedance**<br>**50**Ω보다 클 경우 대응<br>**(LF** 사용 시 주로 구성**)** |

(d ) RF Matcher의 종류

Input impedance: 50Ω
Matching speed: Within 1sec
Circuit type: L-type / T-type / π-type
Customizable

· Cooling system: Air / Water
· Control type: Auto / Manual
· Dimensions: Customizable

| Power | 380kHz | 2MHz | 4MHz | 12.56MHz | 13.56MHz | 27.12MHz |
|---|---|---|---|---|---|---|
| 1.5kW | ▲ | ▲ | ■ | ● | ■ | ● |
| 2.5kW | ● | ■ | ● | ● | ■ | ■ |
| 3kW | ● | ■ | ■ | ● | ■ | ● |
| 5kW | ● | ● | ● | ● | ▲ | ● |
| 10kW | ● | ● | ■ | ● | ■ | ● |

▲ : Splitter Matcher ■ : Customer Released ● : Product Available

8.4.7 RF Matcher 종류

# 9장

# 반송 장치 이해

반도체 장비에는 대부분이 반송 장치를 보유하고 있다. 과거에는 웨이퍼의 직경이 작아서 사람의 손으로 웨이퍼를 장치에 로딩(Loading)하고, 언로딩(Unloading)하였으나 최근에는 웨이퍼의 직경이 커져서 사람의 손으로 취급하기가 어려워 졌다. 이로 인해 웨이퍼를 담은 캐리어인 FOUP(Fornt Opening Unified Pod)의 반도체 장치간의 이송은 OHT(Overhead Hoist Transport)를 통해 자동 이송하며, 장치에 자동 이송된 FOUP은 반도체 장치 앞단에 위치한 EFEM(Equipment Front End Module)의 Load Port Module(LPM)에 안착이 되며, LPM에서 FOUP을 열고 FOUP내의 웨이퍼를 EFEM 내부에 장착된 ATM Robot이 웨이퍼를 Pick-up하여 Main Frame내에 위치한 로드락 챔버(Load Lcok Chamber)로 웨이퍼를 이송하게 된다. 로드락 챔버에 위치한 웨이퍼는 트랜스퍼 챔버(Transfer Chamber)에 장착된 진공 로봇(Vacuum Robot)이 Pick-up하여 공정 챔버(Process Chamber)로 이송하여 공정을 진행하게 된다. 이러한 웨이퍼를 이송하는 일련의 장치를 반송 장치라고 하며 본 장에서는 이 중 반송 장치의 핵심 장치인 웨이퍼 반송용 로봇과 로봇을 구동하는 장치인 구동 모터에 대하여 알아보기로 한다.

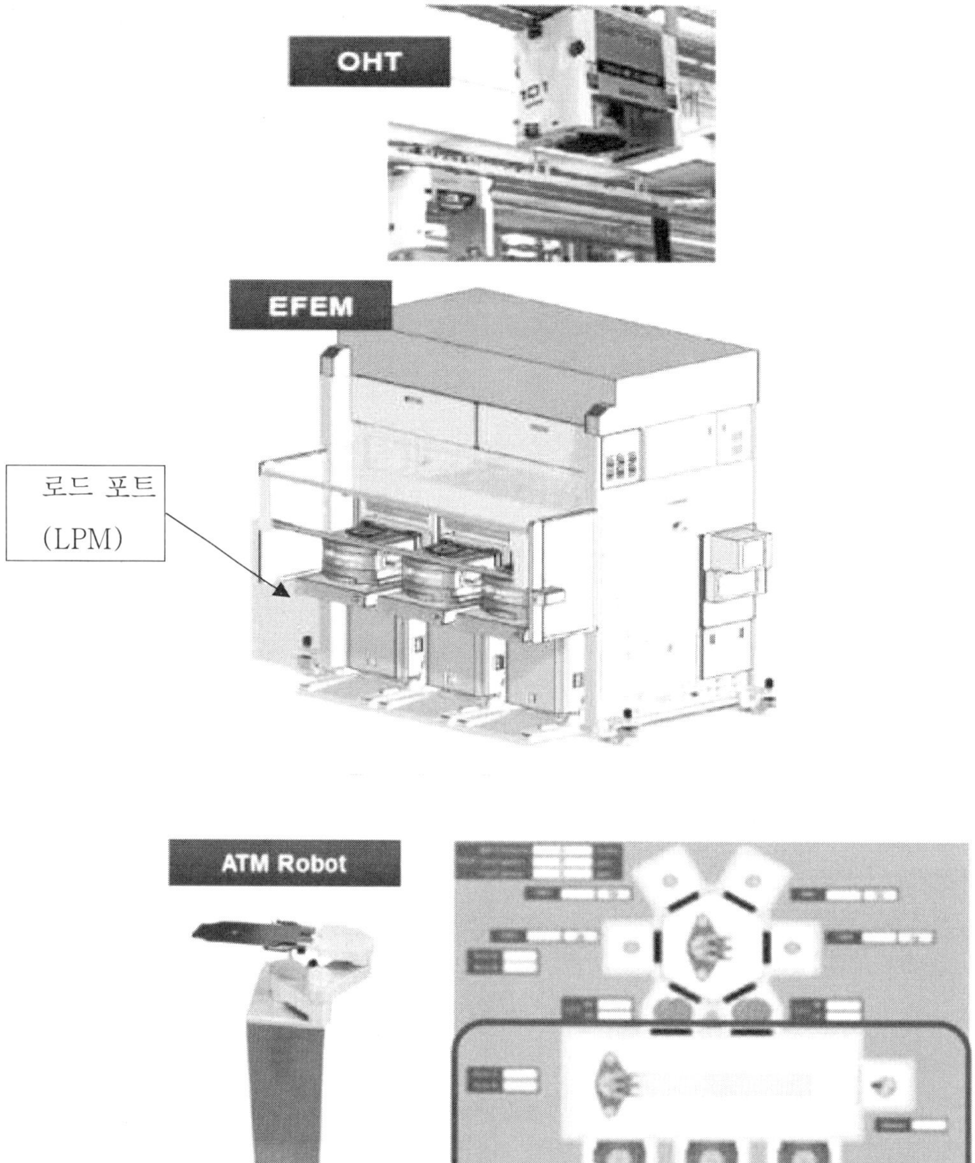


9.1.1 EFEM 과 내부 ATM 로봇(Robot)

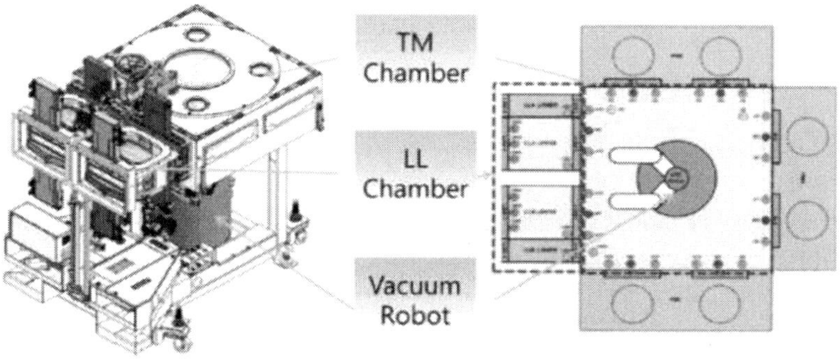


9.1.2 Main Frame 과 Vacuum Robot

## 9.1 웨이퍼 반송용 로봇

반도체 장비에서 웨이퍼를 이송하기 위한 반송 로봇은 크게 EFEM내에 위치하며 FOUP에 있는 웨이퍼를 반도체 Main Frame 내의 로드락 챔버로 웨이퍼를 이송하는 로봇인 ATM 로봇과, 트랜스퍼 챔버내에 위치하며 로드락 챔버에 있는 웨이퍼를 공정 챔버로 이송하는 로봇인 진공 로봇(Vacuum Robot)으로 나눈다. 이들 장치의 구성에 대해 알아보자.

(a)ATM(대기) 로봇(Robot)

ATM 로봇이란 로봇의 동작 환경이 대기압(Atmospheric Pressure) 상태에서 이루어져서 ATM(대기) 로봇이라 불린다. Load Port에 위치한 FOUP내의 웨이퍼를 Pick-up 해야 하므로 이 동작을 트랙을 따라 이동하면서 수행하는 Track-type의 ATM 로봇과 트랙없이 웨이퍼를 Pick-up하는 Trackless type의 ATM 로봇으로 구분된다. 또한, 웨이퍼를 잡는 그리퍼(gripper) 타입에 따라 패시브(passive) 그립, 엣지(edge) 그립, 베큠

(Vacuum) 그립으로 구분된다.

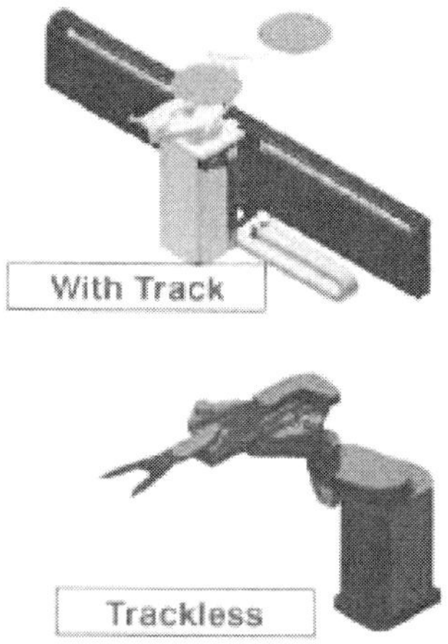


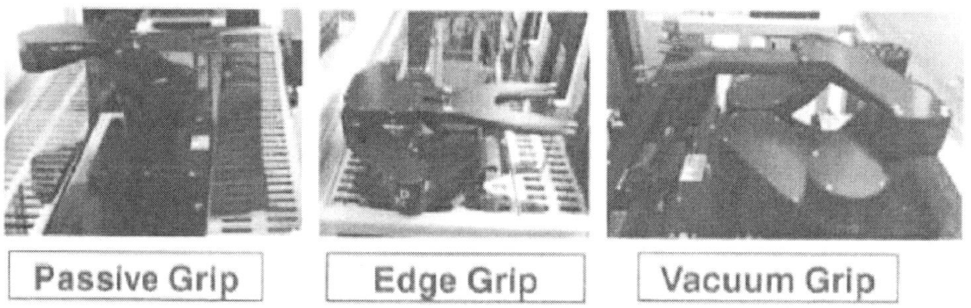


9.1.3 ATM Robot

웨이퍼가 닿는 부분을 엔드 이펙터(End Effector)라고 하며 파티클(particle) 발생이 있을 수 있으므로 재질의 선택과 웨이퍼 이송 중 고정 방식이 매우 중요하다. 중력에 의해 웨이퍼를 올려놓는 패시브 그립 타입과 진공을 이용하여 웨이퍼 이송 중 웨이퍼의 낙하 및 이탈을 방지하기 위한 배큠 그립 타입과 웨이퍼의 가장자리만 핸들링하여 닿는 면적을 최소하하여 오염을 막기 위한 에지 (edge)그립 타입으로 구분된다.

(b) Vacuum(진공) 로봇(Robot)

진공 로봇은 로봇의 동작 환경이 진공(Vacuum) 상태에서 이루어져서 진공 로봇이라 불린다. 트랜스퍼 챔버에 위치하며 Load Lock 챔버내에 위치한 웨이퍼를 진공환경에서 Pick-up 해서 공정 챔버로 이송해야 한다. 진공환경과 때로는 고온 환경에서도 파티클 발생없이 동작해야 하므로 로봇 암(Arm) 부분만 진공 환경에 노출시키고 몸체는 대기환경에 노출된다. 웨이퍼 처리 속도(Throughput)를 향상시키기 위해 최근에는 Single Arm 보다는 Dual Arm 이나 Quad Arm 구조를 채택하는 경우가 많다.

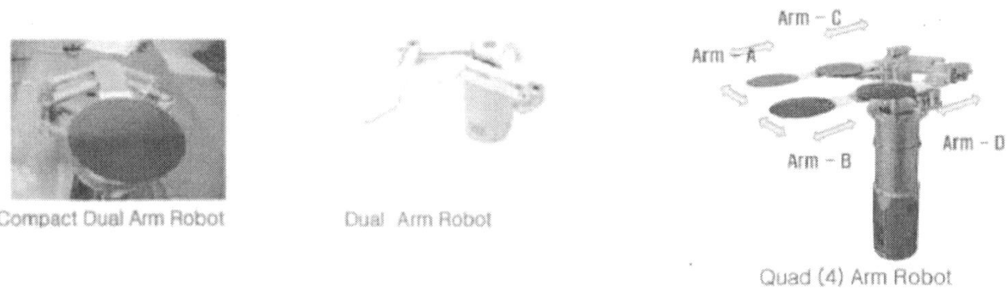


9.1.4 Vacuum Robot

진공 로봇에서 요구되는 조건은 고진공(10-10 Torr)환경에서도 이상 없이 작동해야 하며, 고온(~500°C)에서도 이상 없이 작동해야 되고, 반복 정밀도도 +/-0.1mm 이내로 유지되야 하고, 진동을 최소화하고, 회전 운동시 Magnetic Fluid Seal(자성 유체 씰)을 사용하여 높은 밀폐 및 청정도를 class 1 수준으로 유지해야 한다. 또한, 60,000 시간 이상의 MTBF(Mean Time Between Failure)를 갖는 고신뢰성을 유지해야하며 웨이퍼가 고속으로 회전 시 웨이퍼가 중심에서 Slip-Out 되는 일이 없도록 chucking 부의 설계와 재질 선택이 중요하다.

## 9.2 웨이퍼 반송용 로봇의 구조

웨이퍼 반송용 로봇의 구성은 로봇 몸체와 로봇을 제어하는 제어파트(controller)와 로봇 몸체와 제어파트를 연결해주는  케이블로 구성되어 있다.

(a)로봇 몸체

반도체에서 사용하는 웨이퍼 반송용 로봇의 기구 운동방식은 원통형 좌표계(Cylindrical Coordinate) 또는 관절형 에 속하며 가장 기본이 되는 동작(회전, 직진, 상하)을 갖는 Single Arm을 채택한 원통형 좌표계를 채택한 로봇의 경우 통상 3축( $\theta$ –X–Z)의 자유도를 가진다. 관절형을 채택한 로봇의 경우는 3축( $\theta$ – $\theta$ –Z 또는 Z– $\theta$ – $\theta$ )의 자유도를 갖는다. 여기서 자유도란 서로 독립된 좌표축을 의미한다. 공간 상 모든 위치에서 자세를 갖추기 위해서는 최소한 6축의 자유도를 갖는 것이 요구된다. 로봇의 구동원으로는 Servo Motor 나 Stepping Motor, DD(Direct Drive) Motor가 사용된다. 로봇의 말단에는 웨이퍼를 지지하기 위한 엔드 이펙터(end effector)인 그리퍼(Gripper)가 장착되어 있다.

(b)로봇 제어기(Controller)

로봇의 위치와 자세를 제어하는 전용 제어기로 통신을 통해서 로봇 제어가 이루어진다.

(c)로봇 케이블(Cable)

로봇 내부의 케이블과 로봇 몸체와 제어기 간을 연결하는 내부 케이블로 구성된다.

(d)웨이퍼 감지 센서(sensor)

로봇의 엔드 이펙터 위에 웨이퍼가 놓여있는 상태를 감지하기 위한 센서

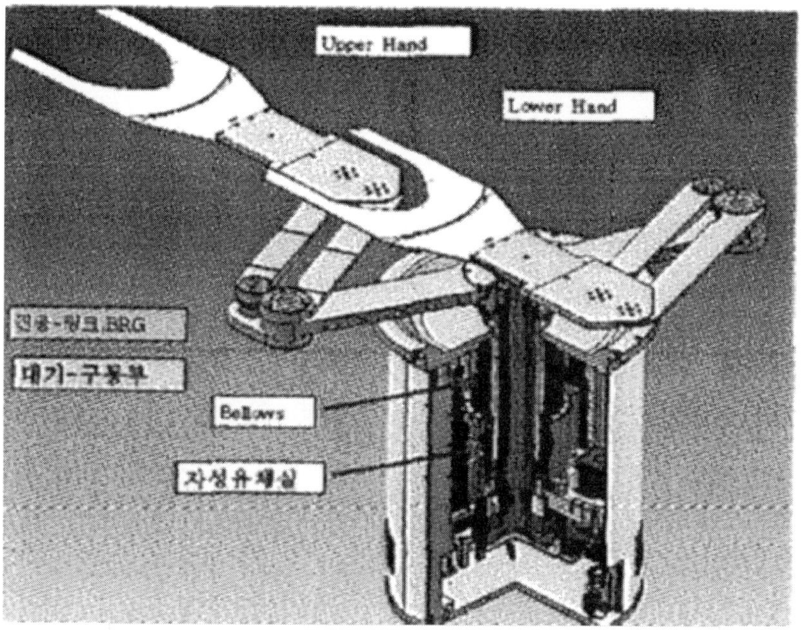

### 자성유체씰 이란

진공 Chamber내에서 회전 운동을 필요로 하는 경우, 아래와 같은 형태의 Magnetic Fluid Seal을 사용한다.
(회전 운동의 경우는 Magnetic Fluid Seal이 직선 운동의 경우 Metal Bellows가 진공상태를 유지 시켜 준다.)

| 로봇 사양 | | | |
|---|---|---|---|
| 제품형식 | xxx | | |
| 피반송물 | ~300mm 웨이퍼 | | |
| 기계구조 형식 | 수평다관절형 | 제어축 | 5축 |
| 모터 타입 | 전축 AC 서보 모터 사용 | | |
| 동작 범위 | 제 제3관절 중심거리 | 선회 (θ축 ) | 상하 (Z축 ) |
| | 635mm | 360deg | 60mm |
| 반송 속도(평균) | 암 (R축 ) | 선회 (θ축 ) | 상하 (Z축 ) |
| | 640mm/sec | 160deg/sec | 60mm/sec |
| 반송 속도(최고) | 암 (R축 ) | 선회 (θ축 ) | 상하 (Z축 ) |
| | 950mm/sec | 200deg/sec | 85mm/sec |
| 분해능 | 제1관절축 ( J1축 )<br>제2관절축 ( J2축 ) | 제3관절축 ( J3축 )<br>제3관절축 ( J5축 ) | Z축 ( J4축 ) |
| | 0.00081deg<br>0.00081deg | 0.00072deg<br>0.00072deg | 0.98μm |
| 반송 레벨 | 219mm ( 플랜지 설치면에서 척 설치면까지) | | |
| 반복 정밀도 | ±0.1mm 이내 | | |
| 클린도 | 자성 유체 실 및 필터에 의한 대책 | | |
| 내진공도 | $1\times10^{-6}$Pa | | |
| 유틸리티 | 전원 : 단상AC200 ~ 230V 2kVA 50/60Hz | | |
| 피반송물 상태에 따라 사양이 달라질수 있음 | | | |

9.2.1 Vacuum Robot의 구성 및 사양(예)

## 9.3 로봇 구동 모터(Motor)

로봇의 축을 구동 시키기 위한 동력을 제공하는 장치가 로봇 구동 모터이다. 로봇 구동 모터는 위치, 속도와 가속도를 정밀하게 제어해야 한다. 로봇 구동에 많이 사용하는 모터로는 서보 모터(servo motor), 스테핑 모터(stepping motor), DD 모터(Direct Drive motor)가 많이 사용된다. 이 들 모터의 구성, 동작 원리에 대해 알아보자.

### 9.3.1 서보 모터(Servo Motor)

서보 모터란 빈번하게 순간적으로 변화하는 위치나 속도의 지령에 대해 신속하고 정확하게 추종할 수 있도록 설계된 모터를 말한다. 서보 모터는 응답성, 제어성이 모두 뛰어난 고속, 고정밀 제어가 가능하다. 순간 발생 토크가 크고 모터 자신의 관성 모멘트, 시정수가 작다. 고 빈도의 시동, 제동, 정지, 역전, 미속 운전이 연속적으로 이루어 질 수 있다.

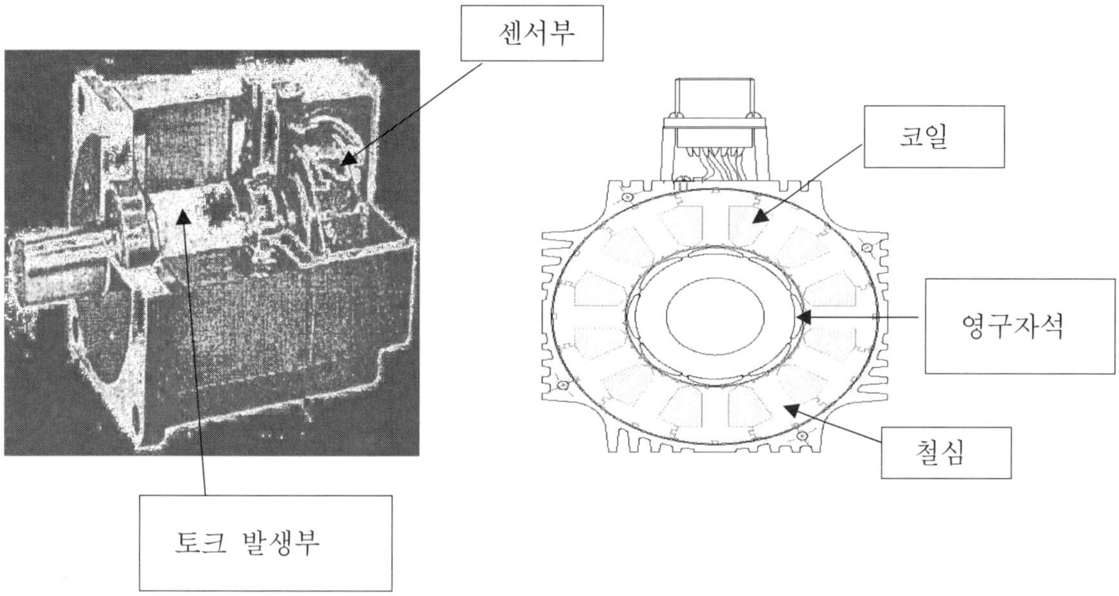


9.3.1 서보 모터 (Servo Motor) 구조(동기형 교류 서보모터)

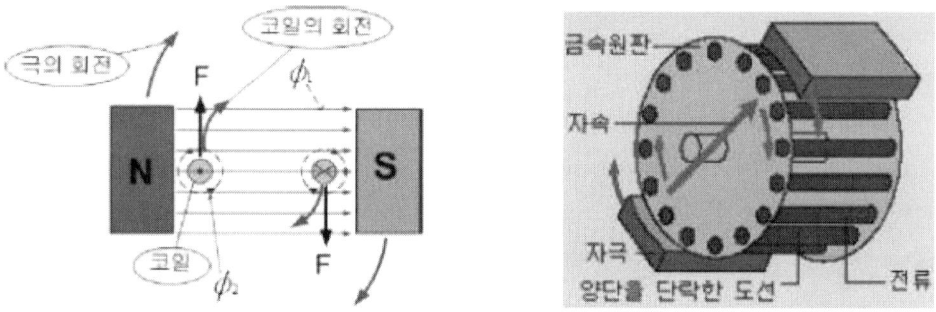


9.3.2 교류 서보 모터 (Servo Motor) 동작 원리

서보 모터는 직류 서보 모터와 교류 서보 모터로 구분되고, 교류 서보 모터는 유도형과

동기형으로 나뉜다.

직류형 서보 모터는 교류전원을 정류하여 직류 전원을 얻고, 직류 전원을 모터에 인가하는 방식으로 제어를 하는 방식이다. 제어성이 좋고 경제적이나 브러시 마모에 의한 단점과 수명이 짧은 단점이 있다.

교류 서보모터는 정류자와 브러시가 필요 없다, 동기형 교류 서보모터는 고정차측은 원통형 프레임과 고정자 철심이 있고 철심에 전기자 권선이 감겨져 있다. 회전자는 축과 축외경에 자석이 부착되어 있고 전기자 권선은 고정자에 감겨져 있다. 교류 전류가 흐르면 전류는 플레밍의 왼손 법칙에 따라 코일에 시계방향의 힘이 발생하고 이때 코일이 고정자로 고정되어 있으며 반발력에 의해 회전자 자석이 반시계방향으로 회전한다. 회전자가 반회전하면 전류를 반대방향으로 흐르게하여 연속적인 회전을 하게한다. 전기자 전류와 토크의 관계가 선형이므로 제동이 용이하다, 그러나 회전자에 영구자석을 사용하여 구조가 복잡하고 제어시 회전자의 위치를 검출하기 위한 광학식 엔코더가 필요하다.

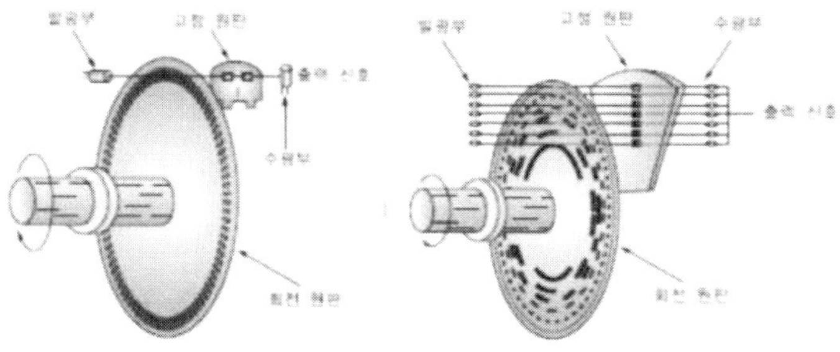

(a) 증분형 인코더 (b) 절대형 인코더

9.3.3 광학식 엔코더(encoder) 종류 및 구성도

센서부에는 주로 엔코더(encoder)를 사용한다. 엔코더란 기계적인 변화량을 전기 신호로 변환하여 회전체의 위치와 속도에 대한 정보를 출력하도록 하는 센서이다.

엔코더는 출력 구동방식에 따라 자기식과 광학식으로 나누는데 주로 광학식을 사용한다. 발광부에서 발생한 빛이 회전 원판과 고정 원판을 통과헤 수광부에 도달하는데 수광부는 이 빛을 그때마다 펄스 신호로 출력하게 된다. 센서 출력 방식에는 증분형(incremental)과 절대형(absolute)방식이 있는데 증분형은 절대형에 비해 회로가 간단하나 전원 on시 원점 재 셋팅이 요구되고 누적오차가 발생할수 있다. 절대형은 회전 원판의 0° 지점에서 360° 사이를 일정한 비율로 분할하고 분할된 각도마다 특정 디지털코드를 출력하는 구조이다. 누적오차가 발생하지 않으며 전원차단되고 다시 전원 on 시도 정보가 소실되지 않아 원점 복귀가 불필요하다. 엔코더는  엔코더와 서보모터, 엔코더와 스테핑 모터, 엔코더와 직류모터를 조합하여 사용한다.

### 9.3.2 스테핑 모터(Stepping Motor)

스테핑 모터는 외부로부터 하나의 펄스가 주어졌을 때 일정한 각도만큼 움직이는 모터이다. 한 바퀴의 회전을 많은 수의 스텝들로 나눠 제어를 한다. 스테핑 모터의 회전각도는 입력한 펄스 신화에 정확히 일치하며 정확한 각도제어가 가능하고 분할 각도를 많이 하면 회전 각도 제어를 보다 정밀하게 할 수 있다. 펄스 신호의 입력 주파수에 비례하여 회전 속도가 가변하고 저속부터 고속회전까지 가능하고 응답성이 좋고 정지 위치 제어가 가능하다는 장점이 있다. 스테핑 모터의 작동원리는 스테핑 모터는 고정자와 회전자로 구분하며 스테핑 모터가 돌아가는 원리는 고정자의 전자석들이 하나씩 시계 방향이나 반시계 방향으로 전류를 순차적으로 흘려 자석이 될 때 모터의 축이 그 특정 자속 쪽으로 다가가기 위하여 회전하는 것이다, 스테핑 모터의 고정자 코일에 전원을 특정 순서대로 펄스 형태로 인가하면 이 펄스에 따라 스테핑 모터는 특정 각도만큼 회전하게 된다.

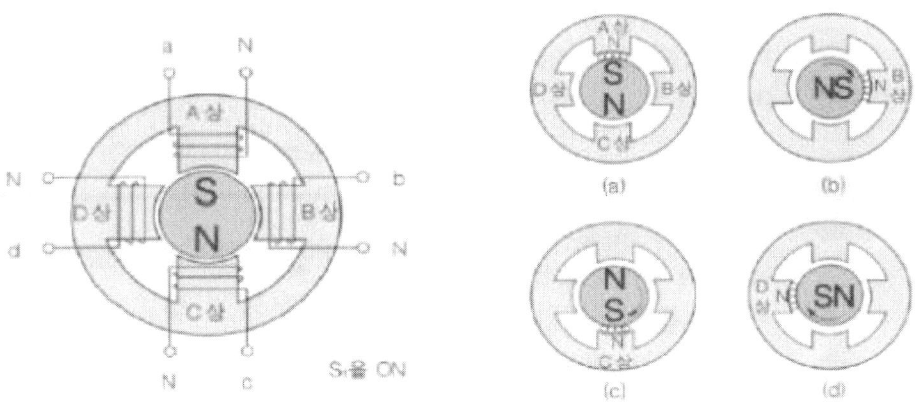


9.3.4 스테핑 모터(Stepping Motor) 동작원리(영구자석형)

스테핑 모터의 종류는 가변 릴럭턴스형, 영구 자석형, 복합형(하이브리드형)이 있고 영구 자석형이 가장 저렴하여 많이 사용한다. 높은 토크와 작은 스테핑각을 얻기 위해서는 가변릴럭턴스형과 영구자석형을 혼합한 복합형(하이브리드형)을 주로 사용한다. 하이브리드형은 하이브리드 모터의 각 극에 연철로 만든 이(치극)가 균일한 간격으로 메워져 있고, 각 극에 부착된  이는 두 부분으로 나뉘어져 있고, 각각 반으로 나뉜 이는 어긋난 형태로 되어 있다. 고정자가 자기장을 생성하고 이 자기장이 원통형 회전자인 영구 자석과 상호작용을 일으키는 방식으로 회전 토크를 생성한다.

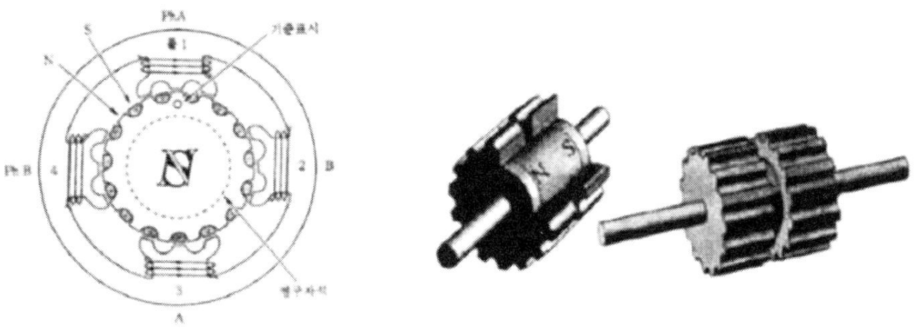


9.3.5 스테핑 모터(Stepping Motor) 동작원리(하이브리드형)

### 9.3.3 DD 모터(Direct Drive Motor)

DD 모터란 DD 서보 모터라고도 불리며 감속기나 벨트같은 별도의 중간 기구를 거치지 않고 부하를 직접 드라이브 할 수 있는 고토크 저속 구동 모터이다. 즉, 별도의 주변 기기를 최소화 할 수 있으므로 감속기의 백래시가 없고 탄성 변형 등의 영향을 받지 않고 인코더의 분해능을 크게 함으로써 고속 정밀 구동이 가능하다. DD 모터가 온전한 성능을 발휘하기 위해서는 정밀한 제어 기술(고성능 고기능 드라이버)이 요구된다.

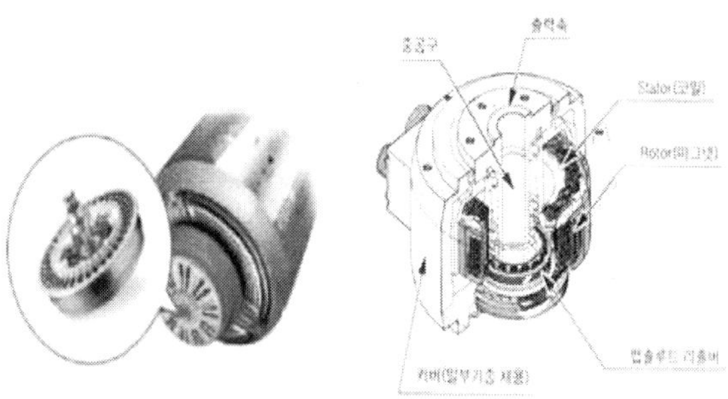

9.3.6 DD 모터

# 10장

# 제어 장치 이해

반도체 장비는 크게 하드웨어 부분인 챔버, 로봇, 진공 펌프, 히터 등이 있고 이들 하드웨어를 제어하는 제어 장치인 콘트롤러(Controller)로 구성되어 있다. 제어 기술은 크게 피드백 제어(feedback control)와 시퀀스 제어(sequence control)로 구분된다. 피드백 제어는 온도, 습도, 압력 등의 제어량의 값을 입력측으로 되돌려 이것을 목표값과 비교하면서 제어량이 목표값과 일치하도록 조절 동작을 하는 제어 방법이다.

이와 반면에 시퀀스 제어는 미리 정해진 순서나 논리에 따라 제어의 각 단계를 실행시켜 나가는 제어다. 시퀀스 제어의 대표적인 방식이 프로그램 내장 제어 시스템(PLC: Programmable Logic Controller)이다.

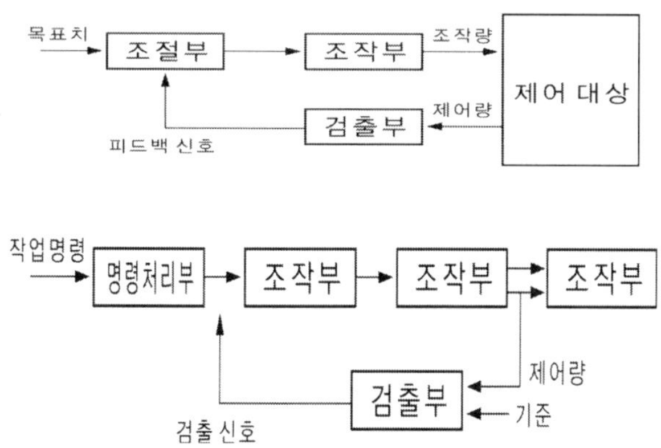


10.1.1 제어 시스템 구성도; (위):피드백 제어, (아래) 시퀀스 제어

반도체 장비 제어 장치는 장비를 제어하는 메인 콘트롤 장치(Main Controller)와 장비에 설치된 각각의 입/출력 모듈인 I/O 모듈(Module), I/O 모듈의 센서(sensor)에서 신호를 입력받아 메인 컨트롤 장치로 전송하는 데이터 전송 케이블(Data Transfer Cable)로 구성되어 있다. 센서들로부터 신호를 받은 메인 콘트롤러는 제어신호를 출력하여 다시 데이터 전송 케이블을 통해 다수의 I/O 모듈의 액추에이터(actuator)로 전송되어 작동시킨다.

이번 장에서는 이와 같은 반도체 제어 장치 시스템에 대해 알아보기로 한다.

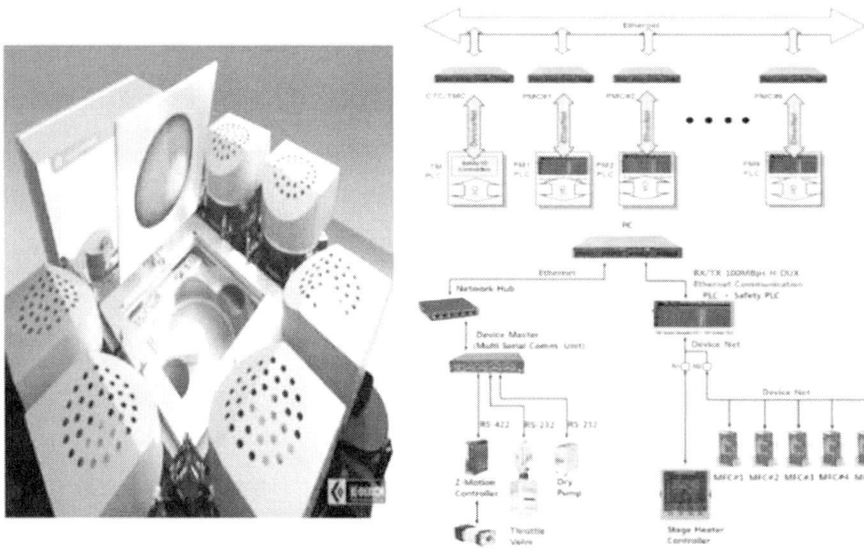

10.1.2 반도체 장비 제어 시스템 구성

## 10.1 반도체 제어 장치 시스템 구성 소프트웨어(SW)

반도체 제조 장치 제어 장치 구성은 크게 CTC(Cluster Tool Controller), PMC(Process Module Controller), TMC(Transfer Module Controller)와 I/O Module, 데이터 전송선으로 구성되어 있다. 이들의 각 기능에 대해 알아보자.

(a) CTC(Cluster Tool Controller)

PMC, TMC, 기타 제어 부분을 하나의 시스템으로 통합하는 장비 전체를 통합 제어하는 메인 콘트롤 시스템 소프트웨어를 일컬으며 다음 기능을 갖는다.

-웨이퍼 FLOW 스케쥴러

-모션 제어: 서보/스테핑 모터, 실린더 제어, 로봇 제어 등.

-공정 반응 제어: 반응 가스 유량 제어, 진공 압력 제어, 온도 제어, RF 플라즈마 제어 등.

-실시간 공정 데이터 저장: 온도, 가스량, 압력량 등.

-이벤트, 얼람 자동 저장

-레시피(Recipe) 수동 및 자동 운전 등.

-각 종 인터록(Interlock) 동작 등.

-GUI(Graphic User Interface) : 사용자 편의 위주 그래픽 화면 제공으로 상세 공정 및 장비 상태 모니터링 등.

-FA(Factory Automation: 공장 자동화)를 위한 SECS-GEM 기능 등.

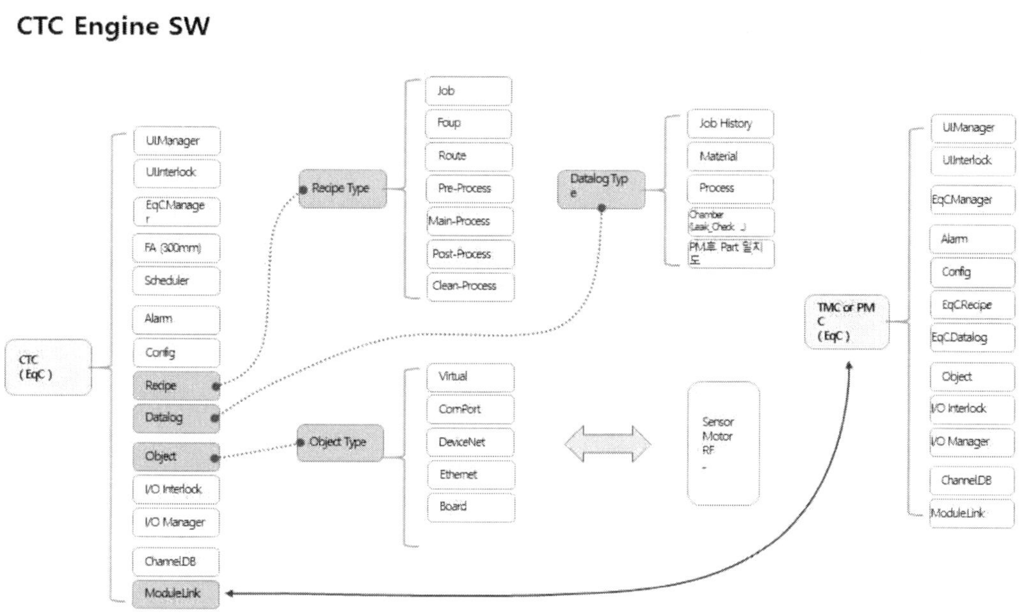


10.1.3 CTC 시스템 구성

**GUI(Graphic User Interface)**

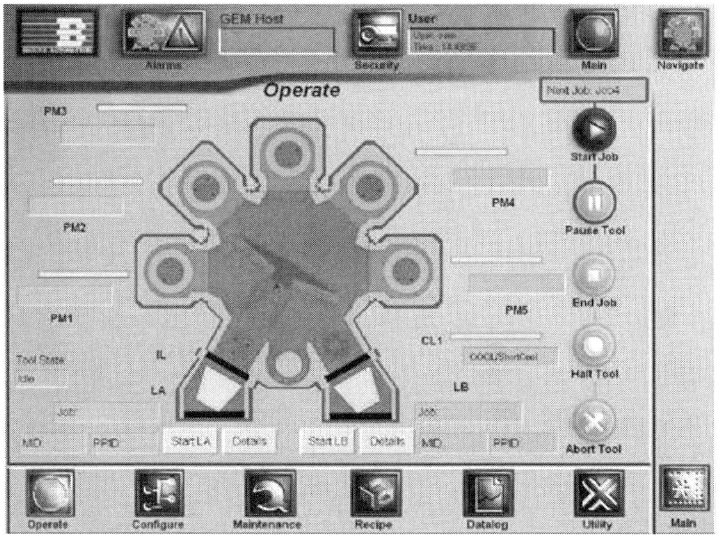


10.1.4 GUI 화면 구성

(b) PMC(Process Module Controller)

온도, 가스 Flow, 진공, 플라즈마 등 공정과 관련된 모듈을 제어하는 시스템으로 CTC와 연동되어 운영되거나 독립적으로 운영된다. 이더넷(Ethernet) 통신으로 연결된다.

(c ) TMC(Transfer Module Controller)

로봇을 이용한 이송 시스템 제어를 하는 시스템으로 EFEM, Load Lock, Transfer Chamber 제어를 관장한다. 이더넷(Ethernet) 통신으로 연결된다.

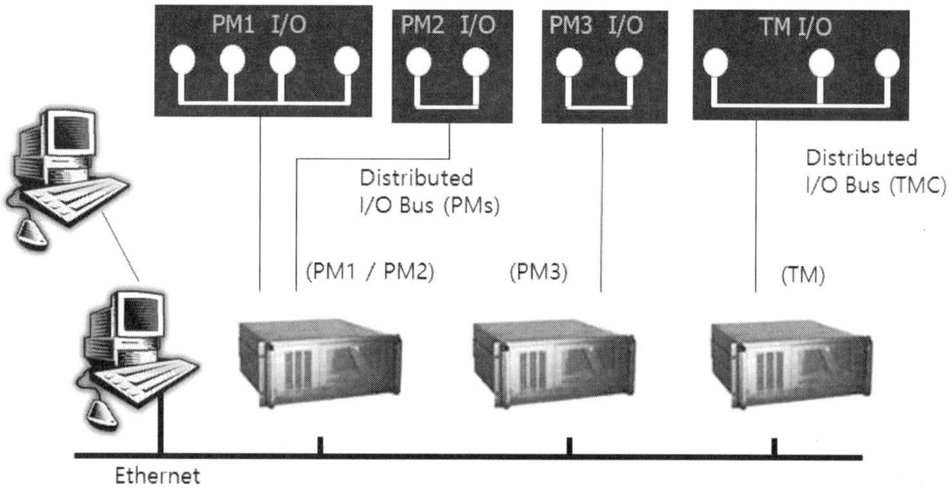


**Example Architecture**

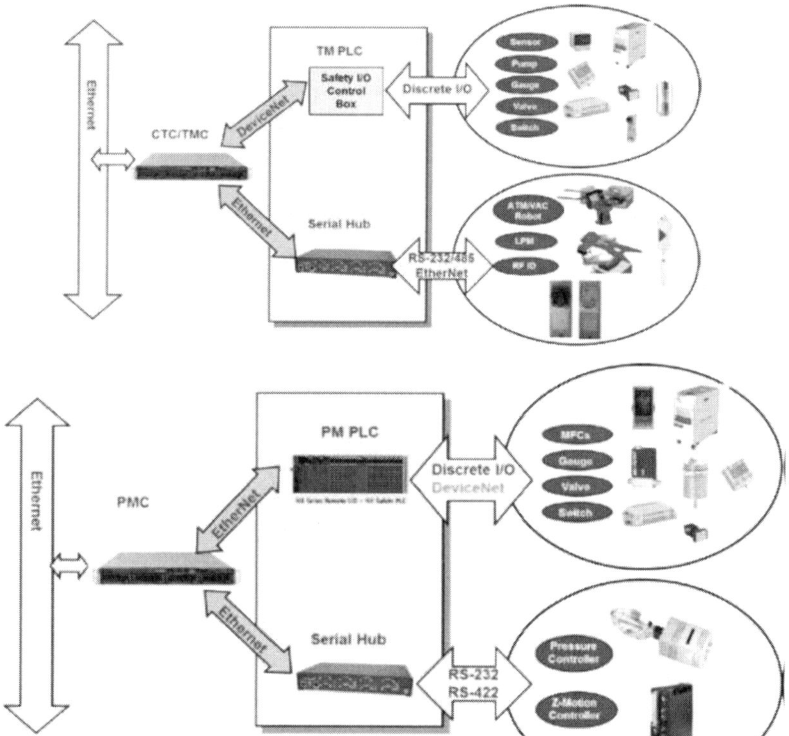


10.1.5 CTC 와 PMC/ TMC 시스템 구성

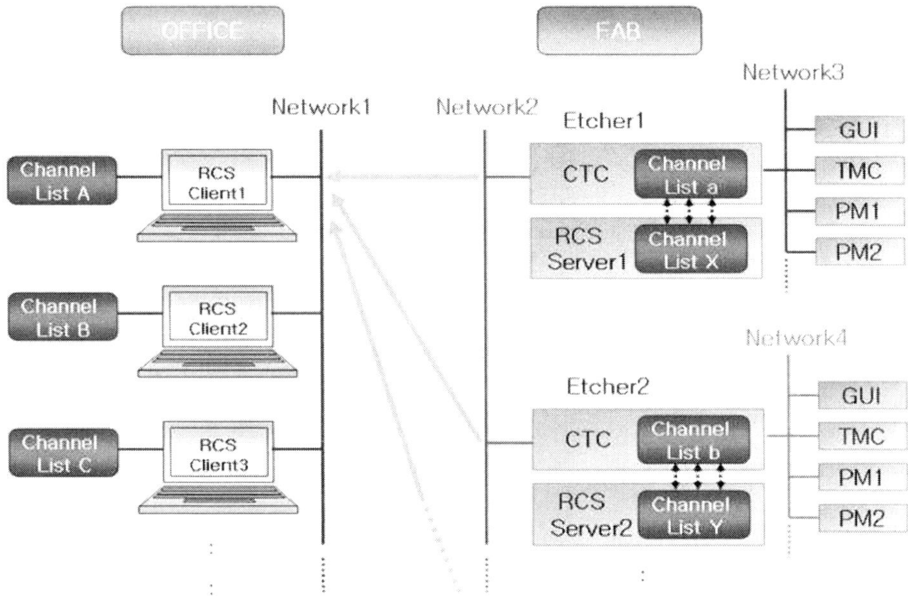


10.1.6 Office Host Computer 와 FAB CTC, TMC, PMC 간 네트워크 구성도

사무실 Host Computer와는 TCP/IP를 기반으로하는 이더넷 통신으로 연결되어 있다. 사무실 호스트 컴퓨터와 FAB 장치 간에는 1:다중 통신을 수행한다.

## 10.2 반도체 제어 장치 시스템 콘트롤러(HW) 구성

반도체 제조 장치 제어 장치인 시스템 콘트롤러의 하드 웨어 구성은 기능별로 별도의 콘트롤 보드(Control Board)로 구성되어 있다. 이들의 각 기능에 대해 알아보자.

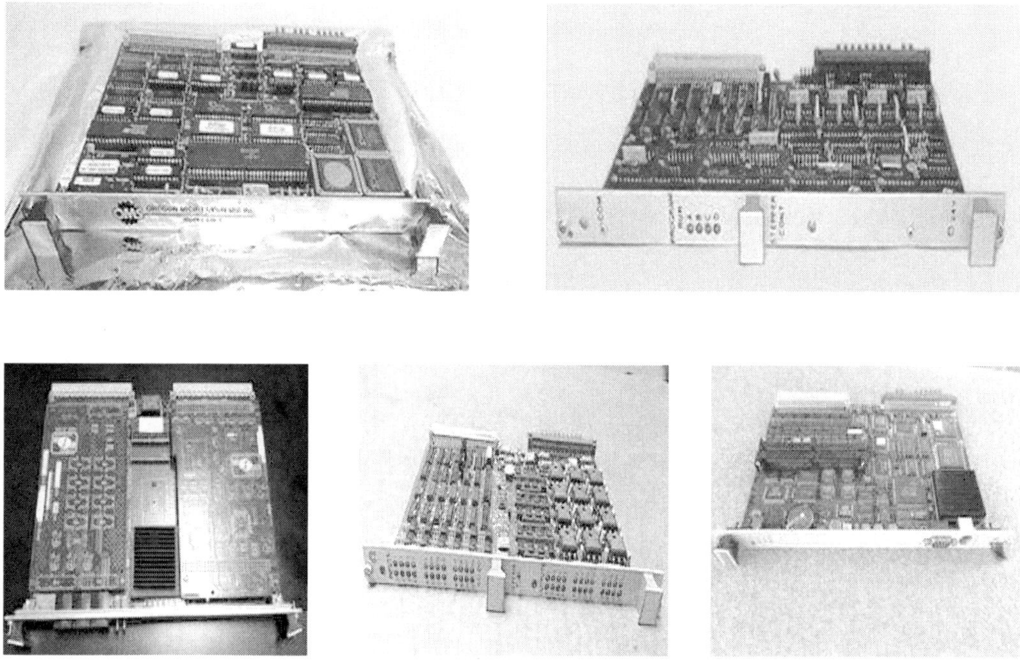

10.2.1 각 종 시스템 콘트롤 보드(Board)

(a) Mian Control Board

Main board로 각 종 연산을 담당한다.

(b) AIO Board

Analog 데이터의 input, output 제어 신호를 관장한다.

(c ) DIO Board

Digital 데이터의 input, output 제어 신호를 관장한다.

(d ) VGA Board

Video 제어 신호를 관장한다.

(e ) Robot Control Board

Transfer Robot 등 Robot 제어 신호를 관장한다.

(f ) Motor Control Board

Servo Motor, Stepping Motor 등 제어 신호를 관장한다.

(g ) Vacuum Control Board

APC Valve 등 진공관련 제어 신호를 관장한다.

(h ) Temperature Control Board

Heater 등 온도관련 제어 신호를 관장한다.

(i ) MFC Control Board

MFC 등 가스 Flow 관련 제어 신호를 관장한다.

이외에도 여러 가지 제어 장치 관련 시스템 콘트롤 보드가 장착되어 있다.

# 반도체 장비요소 기술공학

초판 1쇄 발행 | 2022년 10월 10일
초판 2쇄 발행 | 2025년 01월 20일

지은이 | 최 재 성
펴낸이 | 조 승 식
펴낸곳 | (주)도서출판 북스힐

등 록 | 1998년 7월 28일 제22-457호
주 소 | 서울시 강북구 한천로 153길 17
전 화 | (02) 994-0071
팩 스 | (02) 994-0073

홈페이지 | www.bookshill.com
이메일 | bookshill@bookshill.com

정가 20,000원

ISBN 979-11-5971-456-6

Published by bookshill, Inc. Printed in Korea.